Heinz Klandt, Sven Heidenreich

Empirische Forschungsmethoden in der Betriebswirtschaftslehre

Heinz Klandt, Sven Heidenreich

Empirische Forschungsmethoden in der Betriebswirtschaftslehre

Von der Forschungsfrage zum Untersuchungsdesign, eine Einführung

DE GRUYTER
OLDENBOURG

ISBN 978-3-486-58425-7
e-ISBN (PDF) 978-3-486-70972-8
e-ISBN (EPUB) 978-3-11-052930-2

Library of Congress Cataloging-in-Publication Data
A CIP catalog record for this book has been applied for at the Library of Congress.

Bibliografische Information der Deutschen Nationalbibliothek
Die Deutsche Nationalbibliothek verzeichnet diese Publikation in der Deutschen
Nationalbibliografie; detaillierte bibliografische Daten sind im Internet über
http://dnb.dnb.de abrufbar.

© 2017 Walter de Gruyter GmbH, Berlin/Boston
Umschlaggestaltung: Tolga TEZCAN/iStock/Thinkstock
Satz: le-tex publishing services GmbH, Leipzig
Druck und Bindung: CPI books GmbH, Leck
♾ Gedruckt auf säurefreiem Papier
Printed in Germany

www.degruyter.com

Vorwort

Das hier vorgelegte Manuskript basiert auf den Erfahrungen der Autoren mit eigenen wirtschaftswissenschaftlichen Forschungstätigkeiten aus über vier Jahrzehnten sowie einigen Jahren zusätzlicher Auswertungstätigkeit für Fremdprojekte insbesondere im psychologischen, betriebswirtschaftlichen sowie pädagogischen und soziologischen Bereich.

In der akademischen Lehre baute Prof. em. Dr. Heinz Klandt auf einer Vielzahl von thematisch entsprechenden Veranstaltungen auf, die er an verschiedenen Universitäten sowie im Zusammenhang mit Doktorandenkolloquien im Rahmen von wissenschaftlichen Konferenzen (RENT, G-Forum, AGSE) durchgeführt hat. Als Leiter des Fachgebietes „Methoden empirischer Wirtschafts- und Sozialforschung" der WiSo Fakultät der Universität Dortmund war er 1990–1998 sowohl für entsprechende Einführungsveranstaltungen mit über 3000 Studierenden der WiSo-Fakultät verantwortlich als auch für das Curriculum der entsprechenden Wahlfachstudenten. Jun.-Prof. Dr. Sven Heidenreich war in seiner Tätigkeit an der EBS Universität für Wirtschaft und Recht und später an der Universität des Saarlandes für vielfältige Lehrveranstaltungen im Bereich der empirischen Methodenlehre verantwortlich.

Der konkrete Anstoß zu diesem Buch ergab sich unmittelbar aus den zwischen 2003–2012 im Rahmen des formellen Doktorandenstudiums an der EBS Universität für Wirtschaft und Recht von Prof. em. Dr. Heinz Klandt realisierten 17 Doktorandenseminaren mit insgesamt mehr als 250 Teilnehmern.

Zu besonderem Dank sind die Autoren Herrn Prof. Dr. Detlef Müller-Böling verpflichtet, der vor 1990 in Dortmund durch thematisch ähnliche eigene Veranstaltungen, Publikationen und intensive persönliche Diskussionen und Zusammenarbeit über einen längeren Zeitraum hinweg den Ausgangspunkt dieser Publikation wesentlich mitgeformt hat, was bereits Mitte der 1990er-Jahre zu einer gemeinsamen Publikation führte[1], aus der 1995 ergänzend auch ein multimediales interaktives Lernsystem (Habacuk[2]) entstand.

Für ihre Kommentierung erster Versionen des Manuskriptes möchte sich Prof. em. Dr. Heinz Klandt auch bei seinen ehemaligen Mitarbeitern Dipl.-Psych. Dr. Simone Chlosta, Dipl.-Kfm. Dr. Tobias Johann, Dipl.-Psych. Dorothea Kissel, Dipl.-Kfm. Dr. Hendrik Koch, MSc. Dr. Stavroula Laspita herzlich bedanken. Für die Kommentierung und formattechnische Überarbeitung späterer Versionen des Manuskriptes

---

1 Müller-Böling, Detlef; Klandt, Heinz: Methoden Empirischer Wirtschafts- und Sozialforschung: Eine Einführung mit wirtschaftswissenschaftlichem Schwerpunkt. Köln, Dortmund 1993, 3. Auflage 1996, ISBN 3-9804655-2-7 (98 Seiten).

2 Urbaniak, Hans; Klandt, Heinz: Methoden empirischer Wirtschafts- und Sozialforschung: Eine interaktive multi-mediale Einführung mit HABUCON (mit beiliegender CD-ROM), Köln, Dortmund 1996, ISBN 3-9802285-9-2 (94 Seiten).

https://doi.org/10.1515/9783486709728-202

möchten die Autoren Herrn Jan F. Killmer, Herrn Benedikt Schnellbächer, Herrn Pascal Thiel sowie Frau Annabelle Krick, Frau Verena Jörg und Frau Jolin Millemann danken. Ein besonderer Dank gilt darüber hinaus den Herren Dr. Benjamin Weber und Jan A. Millemann für die tatkräftige Unterstützung bei der Erstellung des Kapitels 8.2.6.

Mit Blick auf die subjektiven Einschätzungen der Autoren bezüglich der Bedeutsamkeit im betriebswirtschaftlichen Forschungskontext sind die einzelnen inhaltlichen Teile unterschiedlich tief und breit entwickelt und daher auch in unterschiedlicher Weise auf Ergänzungen durch andere Publikationen ausgerichtet, auf die an gegebener Stelle nach Möglichkeit hingewiesen wird. Es wurde auch eine Reihe von Anregungen aus dem Kreis der Doktoranden in dieses Buch aufgenommen, ohne dass dies im Einzelnen im folgenden Text erkennbar wird. Alle noch vorhandenen konzeptionellen und inhaltlichen Schwächen und Fehler bleiben selbstverständlich in der Verantwortung der Autoren.

Berlin & Saarbrücken, im Sommer 2017

Heinz Klandt & Sven Heidenreich

Inhalt

Abbildungsverzeichnis

https://doi.org/10.1515/9783486709728-203

Tabellenverzeichnis

https://doi.org/10.1515/9783486709728-204

1 Einleitung und Grundlagen

1.1 Einleitung

1.1.1 Ziele und Zielgruppen des Buches

Ziel dieses Buches ist es, dem Leser eine *grundlegende Verständnis- und Handlungs- kompetenz* für den Entwurf und die Durchführung wirtschaftswissenschaftlicher empirischer Studien, insbesondere in der Disziplin Betriebswirtschaft zu eröffnen. Es geht in diesem Buch thematisch um die *Generierung und Erschließung empirischer Daten* für wissenschaftliche Auswertungen. Der Kernbereich des Buches bezieht sich also auf den *Entwurf und die Umsetzung eines Forschungsdesigns* ausgehend von vorgegebenen oder selbstentwickelten Forschungsproblemen bzw. inhaltlichen For- schungsfragen. Auf dem Forschungsdesign aufbauende Fragen der Auswertung der Daten bleiben entsprechenden Lehrbüchern der *qualitativen* (z. B. inhaltsanalytische Volltextauswertung etc.) oder *quantitativen* Analyse (mathematische Statistik) über- lassen, wenn auch in diesem Buch immer wieder Grenz- und Schnittstellenaspekte hierzu behandelt werden. Im Sinne einer retrograden Definition der Aufgabenstel- lung bei der Konzeptionierung eines Forschungsdesigns ist es allerdings bedeutsam, bereits im Moment der Planung über Vorstellungen der (z. B. statistischen) Auswer- tung zu verfügen, um eine Angemessenheit der Datenstrukturen, Messniveaus etc. zu gewährleisten.

Das Buch setzt bei der Wissenschafts- und Erkenntnistheorie (Epistemologie) als Teilbereiche der Philosophie an und führt – wie gerade erläutert – bis zu den Schnitt- stellen der Datenauswertung. Bei dem letzteren Punkt wird insbesondere auf die je- weiligen statistischen Methoden eingegangen.

Obwohl in den letzten vier Jahrzehnten auch in Deutschland in der betriebswirt- schaftlichen Forschung vermehrt originäre empirische Forschungsarbeiten realisiert wurden und werden, muss der einschlägig interessierte Leser bislang auf inhaltlich meist eher soziologisch oder psychologisch ausgerichtete Lehrbücher zurückgreifen und vermisst dementsprechend den direkten betriebswirtschaftlichen Anwendungs- bezug. Diese Lücke soll mit dem vorgelegten Buch geschlossen werden.

Zielgruppe des Buches sind demnach Studierende und Forscher im wirtschafts- wissenschaftlichen, insbesondere im betriebswirtschaftlichen, akademischen Be- reich, die empirische Studien konzeptionieren und Erhebungsarbeiten durchführen wollen.

Dementsprechend soll dem Leser einerseits die Beurteilung der Standards empi- rischer Studien bzw. andererseits die kritische Hinterfragung der Qualität von empiri- schen Studien, die in wissenschaftlichen Zeitschriften und Printmedien vorgefunden werden, ermöglichen. Folgende zwei zentrale Fragestellungen sollen damit beantwor- tet werden:

https://doi.org/10.1515/9783486709728-001

– Wieweit darf man dem Inhalt der jeweils dokumentierten Studie vertrauen? Werden die „professionellen Regeln" eingehalten?
– Welches sind die Stärken, welches die Schwächen der aufgefundenen und möglicherweise in der eigenen Arbeit zu zitierenden Studie?

Des Weiteren soll der Leser in den Stand gesetzt werden, den Zugang zur Entwicklung eines professionellen Niveaus für die eigenen empirischen Studien zu finden.

Das Buch kann allerdings nur einen Überblick und ersten Einstieg in die in der Betriebswirtschaft wichtigen Methoden der empirischen Forschung geben. Die Vertiefung einzelner Forschungsformen, Datensammlungstechniken, Stichprobenverfahren etc. bleibt jeweils spezialisierten Monografien vorbehalten.

1.1.2 Inhaltsübersicht

Das Buch beginnt mit der Schnittstelle zur Wissenschafts- bzw. Erkenntnistheorie und gibt eine kurze Darstellung wissenschaftlicher Grundpositionen, Schulen und Richtungen, die für den hier fokussierten Forschungsansatz von Wichtigkeit sind. Die Darstellungen des Buches sind hierbei auf den aktuellen Mainstream empirischer betriebswirtschaftswissenschaftlicher Forschungsarbeiten ausgerichtet. Es wird z. T. aber auch auf alternative Ansätze hingewiesen bzw. auf die Grenzen des hier gewählten Wissenschaftsansatzes, der in der angelsächsischen Literatur mit dem Begriff „Science" belegt ist, also einem Forschungsansatz, der zunächst im naturwissenschaftlichen Bereich („Natural Science") entstanden ist und von dort auf die Sozialwissenschaften übertragen wurde. Die Abbildungen 1.1 und 1.2 geben einen Überblick über die Hauptthemen, die in diesem Buch behandelt werden, ohne alle Besonderheiten in Teilbereichen der BWL (wie Finanzierung, Wirtschaftsinformatik, Logistik, Entrepreneurship etc.) abzudecken.

Die strukturorientierte Übersicht (Abbildung 1.1: Übersicht Forschungsansätze) geht von zwei grundlegenden *Wissenschaftsmotiven* aus: Dem *theoretischen* Wissenschaftsmotiv, das auf das *Erkennen* der Realität, der „Welt" ausgerichtet ist, sowie dem *technologischen (praxeologischen)* Wissenschaftsmotiv, das sich auf die *Gestaltung* bzw. die Veränderung der Welt richtet.

Als *Forschungsstrategien* der Erkenntnisgewinnung wird einerseits die *Explorationsstrategie* der Forschung unterschieden, die auf ein erstes Ertasten der Realität abzielt. Diese empfiehlt sich, wenn einzelne Hypothesen oder ein komplexer Bezugsrahmen (als einem System von Hypothesen) entwickelt werden sollen. Als zweite (erkenntnisorientierte) Forschungsstrategie wird die *Prüfstrategie* (oder nach dem Denkmuster von Popper (2005) besser bezeichnete *Falsifikationsstrategie*) vorgestellt, deren Ziel die Überprüfung einzelner Hypothesen oder ganzer Hypothesensysteme, sprich Bezugsrahmen, ist. Als dritte Forschungsstrategie wird hier die *Konstruktionsstrategie* (Kieser, 1992; Müller-Böling, 1992) eingeführt, die primär auf das technolo-

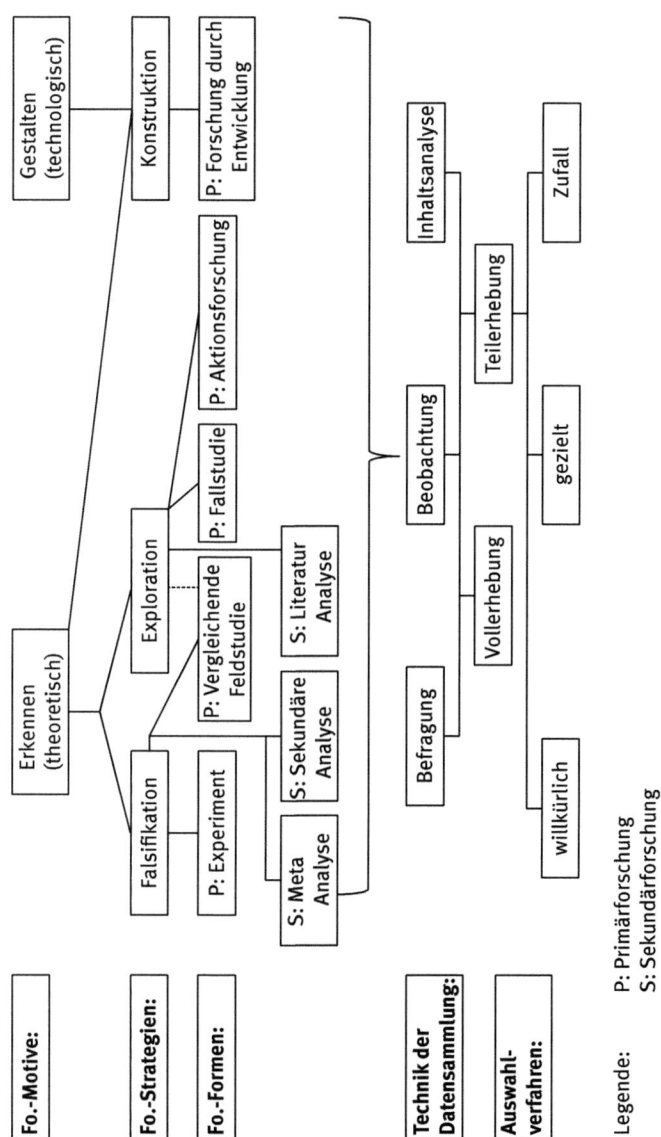

Abb. 1.1: Übersicht Forschungsansätze. Quelle: eigene Darstellung.

gische Forschungsziel, also die Veränderung der Realität ausgerichtet ist. Während unter dem Gesichtspunkt des theoretischen Wissenschaftsmotivs das Kriterium der *Wahrheit* herrscht, ist im Sinne der Konstruktionsstrategie und der damit verbundenen Gestaltungsintention, das Kriterium der *Funktionalität* bzw. das Kriterium der *Nützlichkeit* thematisiert. Diese Strategie versucht einen Gewinn an Erkenntnis zu erreichen, indem sie Realität gestaltet. Damit wird die klassische Reihenfolge „erst erkennen, dann gestalten" durchbrochen und über das Gestalten ein Weg zum Erkennen eröffnet.

Als primäre Forschungsformen, die auf die Generierung neuer (originärer) Daten für die Zwecke der Forschung ausgelegt sind, werden neben der *Fallstudie* das *Experiment* und die *vergleichende Feldstudie* sowie die *Forschung durch Entwicklung* und die *Aktionsforschung* vorgestellt. Daneben werden als die Formen der sekundären Forschung, die auf die Verwendung bereits vorliegender Daten zielt, *die Sekundäranalyse* und die *Metaanalyse* diskutiert und letztere von der *traditionellen (qualitativen) Literaturanalyse* abgegrenzt. Hinzu treten die Sonderformen wie die *Netzwerkanalyse* (inkl. der Soziometrie) und die *Mehrebenenanalyse*.

Auf einer weiteren Ebene der Grafik sind die drei *Haupttechniken der Datensammlung* in Form der *Beobachtung* (als ursprüngliche naturwissenschaftliche Datensammlungstechnik), der *Befragung* (die im wirtschaftswissenschaftlichen Bereich dominant ist) sowie der *Inhaltsanalyse* (meist als Dokumentenanalyse, auch bezogen auf Websites) aufgeführt.

Mit Blick auf den Umfang des *Einschlusses von Entitäten (Fällen)* der *jeweiligen Grundgesamtheit* wird differenziert zwischen der *Vollerhebung*, bei der alle Einheiten einer Grundgesamtheit eingeschlossen werden, und der *Teilerhebung*, bei der eine bestimmte Auswahl von Einheiten der Grundgesamtheit getroffen wird. Bei den Teilerhebungen lassen sich drei Qualitätsebenen differenzieren. Die *willkürliche Auswahl*, bei der meist leicht erreichbare Einheiten der Grundgesamtheit in die Erhebung einbezogen werden (*convenience sample*), die *gezielte Auswahl*, die nach wohl definierten Kriterien absichtsvoll die einzubeziehenden Fälle auswählt, und last but not least die *Zufallsauswahl* (*random sample* als *repräsentative* Stichprobe). Letztere ist die Art von Stichprobe, die im wichtigen Kontext der Prüfung von Hypothesen die notwendigerweise anzustrebende Variante der Stichproben darstellt (Prüfstrategie). Gezielte Teilerhebungen können z. B. unter Gesichtspunkten der Exploration von besonderem Interesse sein. Die willkürliche Auswahl sollte tunlichst vermieden werden und nur, wenn alternativlos im jeweiligen Kontext, in Betracht gezogen werden.

Die Abbildung 1.2 greift auf die vorgenannte Strukturübersicht zurück und fügt die dort aufgeführten und weiteren Elemente in einem prozessualen Kontext zusammen.

Auf der obersten Ebene sind hier die *Forschungsmotive* und das *Forschungsproblem* angesiedelt, die sich gegenseitig beeinflussen. Auf die Forschungsmotive wurde bereits bei der strukturorientierten Übersicht kurz eingegangen. Das Forschungsproblem kann einerseits von außen an den Forschenden herangetragen werden (insbesondere bei *Auftragsforschung* oder aber auch bei *fester Themenvergabe* in einem Prüfungsverfahren). Im anderen Fall bleibt es dem jeweiligen Forschenden in eigener Regie überlassen, sein Forschungsproblem auszuwählen; diese Auswahl hat oft einen wertsetzenden Charakter

Auf der Basis des Forschungsmotivs und des jeweiligen Forschungsproblems ist eine Entscheidung bezüglich der *Forschungsstrategie* zu treffen. Diese Entscheidung

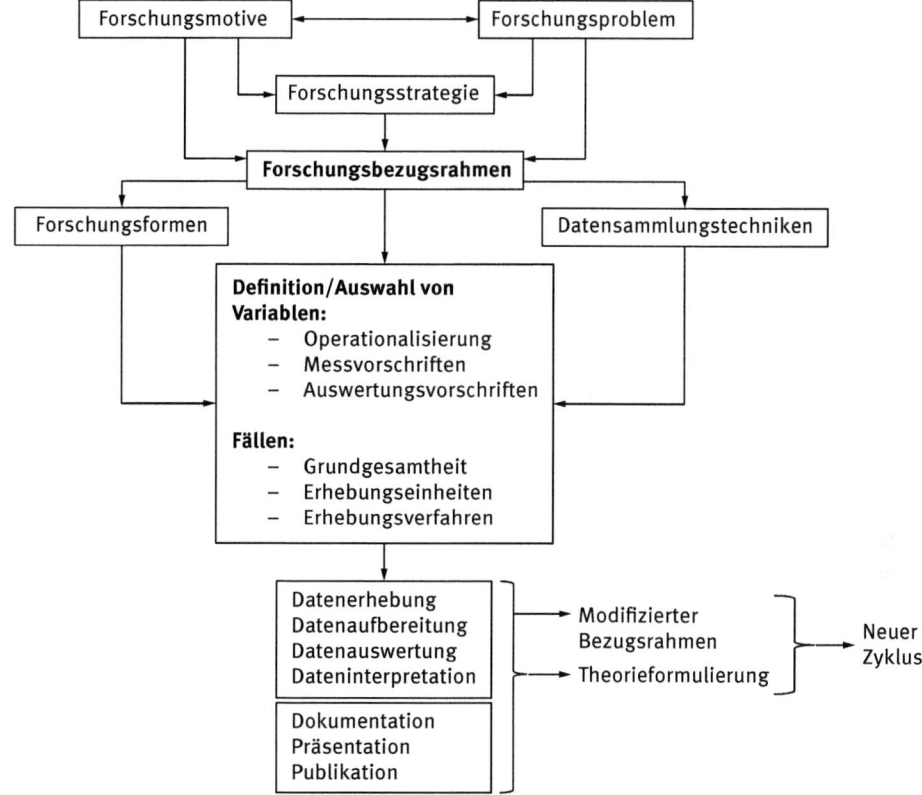

Abb. 1.2: Übersicht Forschungsprozess. Quelle: eigene Darstellung.

kann aber auch als ein konsekutives „Sowohl-als-auch" verstanden werden. Sehr oft wird nämlich zunächst mit einem explorativen Ansatz begonnen, der das Feld aufarbeitet (Hypothesen- bzw. Bezugsrahmengenerierung), um dann im zweiten Schritt eine Fortführung im Sinne der Prüfstrategie zu ermöglichen (hypothesen- bzw. bezugsrahmenprüfend) bzw. dann gegebenenfalls auch der Konstruktionsstrategie zu folgen.

Basierend auf Forschungsmotiv, Forschungsproblem und gewählter Forschungsstrategie ist in einem nächsten Schritt ein *Forschungsbezugsrahmen* (auch: Ausgangsbezugsrahmen, Rohbezugsrahmen oder *heuristischer Bezugsrahmen*), also ein System von Hypothesen, zu entwickeln. Dies geschieht typischerweise auf der Basis der Sichtung des einschlägigen Literaturstandes unter Berücksichtigung der themenaffinen Theorien bzw. durch die Ermittlung der Kenntnisse in der Praxis bzw. von Praktikern (z. B. durch Expertenbefragung).

Liegt dann ein entsprechender Bezugsrahmen vor, ist eine Grundsatzentscheidung über die zu wählende *Forschungsform* bzw. eine Kombination verschiedener Forschungsformen zu treffen. Hier ist insbesondere die strukturelle Logik des Bezugsrahmens zu berücksichtigen, so z. B., ob im Bezugsrahmen für die Wirkung zwischen unabhängigen Variablen und abhängigen Variablen eine bestimmte *Wirkungszeit* berücksichtigt werden muss, die sich z B. durch die Entscheidung für eine Längsschnittuntersuchung mit zwei oder mehreren Erhebungswellen abbilden lässt.

In einem nächsten Schritt sollte dann über die *Datensammlungstechniken* entschieden werden, die einen Beitrag zur Beantwortung der Forschungsfragen geben können. Hier wird zwar häufig eine Entscheidung für nur eine Datensammlungstechnik getroffen, oft ist es aber vorteilhaft, im Rahmen einer Studie die Schwächen einer Datensammlungstechnik durch die Stärken einer anderen ergänzenden Datensammlungstechnik zu kompensieren (*multi method approach*).

Aus dem entwickelten Forschungsbezugsrahmen sind unter Berücksichtigung der gewählten Forschungsformen und Datensammlungstechniken einerseits *Fälle* und andererseits *Variablen* (Objekte) zu definieren bzw. auszuwählen. Nach der Definition der Variablen sind diese zu *operationalisieren* bzw. sind entsprechende Messvorschriften und Vorstellungen über die spätere Auswertung zu entwickeln. Bezüglich der einzubeziehenden Fälle (Entitäten, Merkmalsträger, Objekte, Subjekte) ist die *Grundgesamtheit* (gegebenenfalls unter zeitlicher, örtlicher oder sachlicher Einschränkung) zu bestimmen sowie konkret über Erhebungseinheiten und Erhebungsverfahren zu entscheiden.

Auf der Basis der zuvor getroffenen Entscheidungen und Planvorstellungen ist die *konkrete Datenerhebung* durchzuführen. Die entsprechenden Daten sind *aufzubereiten* (Beseitigung von Fehlern, Modifizierung vorhandener Variablen, Neubildung von Variablen etc.). Es schließt sich die *Datenauswertung* an, die z. B. den Einsatz statistischer Methoden auf den Plan ruft (soweit mit standardisierten Daten bzw. quantitativ gearbeitet wird) oder den Einsatz entsprechender Hilfsprogramme bei der qualitativen Analyse (Begriffsauszählungen, keyword in context) erfordert.

Schließlich sind die ermittelten Ergebnisse mit Bezug auf das Forschungsproblem und etablierter Theorien zu *interpretieren* sowie eine entsprechende *Dokumentation* bzw. weitere Sichtung von Publikationen durchzuführen und gegebenenfalls Präsentationen z. B. auf wissenschaftlichen Konferenzen oder gegenüber dem Auftraggeber zu realisieren.

Typischerweise endet der Forschungsprozess damit nicht. Zumeist wird eine Fortsetzung der Forschungsarbeit in der *Modifizierung des Ausgangsbezugsrahmens* bestehen, der seinerseits dann als Ausgangspunkt weiterer Untersuchungen genommen wird. Möglicherweise ist der Prozess der Konfrontation des Bezugsrahmens mit der Realität auch soweit gediehen, dass man schon von einer „*Theorie*" (also einem System, empirisch mehrfach bestätigter oder nicht widerlegter Sätze) reden kann, gleich ob damit ein gewisser Endpunkt erreicht ist oder ob noch weitere Fragen offen sind. Oft wird es also zu weiteren Zyklen des Forschungsprozesses kommen. Meist wirft ja Forschung mehr Fragen auf, als sie beantwortet!

1.1.3 Empirische Forschungsarbeiten in der Betriebswirtschaft: Verbreitung und Tendenzen

Bestandsaufnahmen der deutschsprachigen Betriebswirtschaftsforschung geben z. B. die folgenden Monografien und die Sammelbände:
- Martin (1989)
- Hauschildt and Grün (1993)
- K. Backhaus (2000)
- Schwaiger and Harhoff (2003)
- F. H. Witt (2013)

In den verschiedenen Teilbereichen der Betriebswirtschaft ist ein sehr unterschiedlicher Anteil an empirischen Forschungsarbeiten im Sinne des in diesem Buch dargestellten Ansatzes vorzufinden. Insbesondere die Teilbereiche der Betriebswirtschaftslehre, die einen wesentlichen Anstoß durch die angelsächsische Literatur erfahren haben, haben eine besondere Affinität zu empirischen Forschungsansätzen. Dies ist z. B. für den Bereich des *Marketings* der Fall (Homburg, 2000; Kuß, 2013), wo insbesondere im Teilbereich Marktforschung (Kuß & Eisend, 2010) oder auch der Werbewirkungsforschung eine große Vielfalt empirischer Forschungsarbeiten zu finden sind. Die empirischen Studien beschäftigen sich dort z. B. mit dem Verhalten von Verbrauchern oder mit der Erinnerung an Werbung.

Ähnlich intensiv sind empirische Forschungsarbeiten im Bereich der *Organisation* (Bronner, Appel, & Wiemann, 1999), z. B. der *Führungsforschung* zu finden, wenn es z. B. um Fragen effizienter Führung, Mitarbeitermotivation, Konfliktlösung, Verhandlung und ähnliches geht. Hierzu war und ist u. a. die Nähe zur Psychologie ein wesentlicher Anstoß.

Bereiche der Betriebswirtschaftslehre, die nur sehr wenige empirische Arbeiten zeigen, sind z. B. die betriebswirtschaftliche Steuerlehre oder der Bereich der Wirtschaftsprüfung, also Gebiete die sehr stark durch Ansätze der Jurisprudenz geprägt sind.

Eine Aufarbeitung der empirischen Forschung in der deutschsprachigen Betriebswirtschaftslehre in der Zeit nach dem Zweiten Weltkrieg liefert Albert Martin (1989), indem er die Nachkriegszeit bis etwa Mitte der 1980er-Jahre analysiert. Er stellte damals fest, dass empirische Forschung in der heute üblichen Form noch eine relativ junge Tradition in der deutschsprachigen Betriebswirtschaftslehre hat, dass die frühen Vertreter, wie etwa Schmalenbach, schon sehr praxisorientiert gedacht haben und daher in enger Tuchfühlung mit der Realität waren. Ein wichtiger Empiriepionier der deutschen BWL, der u. a. das Schwerpunktprogramm „Empirische Entscheidungstheorie" der Deutschen Forschungsgemeinschaft (DFG, 1980–1983) initiierte, ist Eberhard Witte.

Martin (1989) führt im Einzelnen die folgenden wichtigen Felder empirischer betriebswirtschaftlicher Forschung auf. Die *Führungsforschung*, die sich zu großen Teilen aus der US-amerikanischen Kleingruppenforschung in der Sozialpsychologie entwickelte, die *Organisationsforschung*, die Ende der 1960er-Jahre nach Deutschland aus den USA kommend übergreift (vgl. z. B. Keppler, 1975; Kieser, 1992), die *Entscheidungsforschung* (vgl. z. B. Witte, 1981), die Forschung zur *Arbeitszufriedenheit*, die in den USA in den 1950er-Jahren und dann in den 1960er- und 1970er-Jahren durch Soziologen, Sozialpsychologen und Betriebspsychologen wie Neuberger in die Bundesrepublik kam und letztlich die *Benutzerforschung*, die in den 1970er-Jahren begann und die mit der Verbreitung der Computertechnik in der Wirtschaft in Deutschland parallel zu den USA entstand. Hinzuzufügen wäre die *Gründungsforschung* (entrepreneurship research), die angestoßen durch Entwicklungen in den USA ab Mitte/Ende der 1970er-Jahre auch in Deutschland begann, deren Durchbruch aber im deutschsprachigen Bereich erst Ende der 1990er-Jahre stattfand.

Insgesamt gesehen gaben also die angelsächsische Literatur und insbesondere die Disziplinen der Psychologie, Sozialpsychologie und Soziologie einen wesentlichen Input bzw. einen wesentlichen Anstoß für eine empirisch orientierte betriebswirtschaftliche Forschung in Deutschland.

Jürgen Hauschildt (2003) untersuchte auf der Basis einer Inhaltsanalyse von Zeitschriftenartikeln den aktuellen Stand empirischer Forschung in der deutschsprachigen Betriebswirtschaft und verglich diese mit den zeitgleichen amerikanischen Publikationen. Er definiert zunächst den Begriff „empirische Beiträge" mit „Liefern von empirisch gehaltvollen Aussagen", d. h. Aussagen über die Realität ohne Einbeziehung von Einzelfallanalysen oder historischen Darstellungen. Bezüglich der deutschsprachigen Publikationen analysiert er Zeitschriftenartikel der ZfB, der ZfbF inkl. Schmalenbach Business Review und der DBW in den Jahrgängen 1997–2000 (siehe Tabelle 1.1). In dieser Zeit identifiziert er 513 Artikel. Hauschildt (2003) diskutiert selbstkritisch die zum Vergleich herangezogene Auswahl US-amerikanischer Zeitschriften, da hier eine gewisse Willkürlichkeit aufgrund der doch grundsätzlich anderen Ausrichtung dieser Zeitschriften verglichen mit den deutschsprachigen Zeitschriften festzuhalten ist. Es werden in den ausgewählten US-Zeitschriften dann 558 Zeitschriftenartikel identifiziert. Innerhalb der als empirisch bezeichneten Artikel gibt Hauschildt (2003) vier Unterklassen vor:

- *Eigenständige Field-Research* (explorativ oder prüfend). Hierunter fallen nach seiner Vorstellung schriftliche oder mündliche Befragungen, Labor- oder Feldexperimente, Dokumenten- bzw. Inhaltsanalysen, vergleichende Fallstudien, Case Study Research.
- *Datenbankgestützte Auswertungen*, d. h. Verwertungen von vorhandenen Daten als „Desk Research", d. h. Nutzung von Datenbanken nach ihrer Zusammenführung insbesondere mit Blick auf ökonometrische Studien.
- Bemühungen um *Verbesserung von Erhebungs- oder Auswertungsmethodik*, d. h. Konstruktion von Messverfahren, Standardisierung von Messungen, Reliabilitäts- und Validitätskontrollen, Entwicklung neuer Erhebungs- und Auswertungsme-

Tab. 1.1: Anteil empirischer Beiträge in ausgewählten deutschen Fachzeitschriften nach Jahren.

Jahr	Zeitschrift	Wissenschaftliche Beiträge		
		Absolut	Davon empirisch	%
1997	ZfB	54	22	41
	ZfbF	36	12	33
	DBW	35	35	29
	Jahressumme	125	44	35
1998	ZfB	60	15	25
	ZfbF	36	11	31
	DBW	33	5	15
	Jahressumme	129	31	24
1999	ZfB	64	16	25
	ZfbF	36	15	42
	DBW	36	9	25
	Jahressumme	136	40	29
2000	ZfB	54	18	33
	ZfbF/SBR	39	21	54
	DBW	30	11	37
	Summe	123	50	41
	Summe über alle Jahre	**513**	**165**	**32**

Quelle: Hauschildt, 2003.

thoden, Überprüfung von verzerrenden Effekten bei Nutzung unterschiedlicher Erhebungs- und Auswertungsverfahren.

– *Tertiäranalysen*, also Reanalysen früherer Untersuchungen mit anderen Verfahren oder Metaanalysen über mehrere bereits vorhandene Studien.

Hatte Albert Martin (1989) in seiner zeitlich deutlich weiter zurückliegenden Studie noch feststellen können, dass es in dem von ihm untersuchten Zeitraum eine wesentliche Expansion des Anteils empirischer Forschungsarbeiten an der Gesamtzahl der in betriebswirtschaftlichen Zeitschriften publizierten Arbeiten gab, stellen sich die von Hauschildt (2003) untersuchten Jahrgänge 1997–2000 ohne einen klaren Trend dar. So ist der Anteil empirischer Forschung bei den untersuchten deutschen Zeitschriftenartikeln 1997 bei 35 %, 1998 bei 24 %, 1999 bei 29 % und schließlich 2000 bei 41 %, d. h. im Schnitt dieser vier Jahrgänge war etwa ein Drittel der Publikationen in den benannten Zeitschriften empirischer Natur.

75 % der insgesamt 165 identifizierten empirischen Beiträge von insgesamt 513 untersuchten Publikationen fallen auf die Fächer Marketing, Finanz- und Kapitalmarktforschung und Organisations- und Personenforschung (siehe Tabelle 1.2).

Es wäre wünschenswert gewesen, auch den Anteil dieser drei Fächer insgesamt bei den untersuchten Publikationen in diesem Kontext festzuhalten, um damit den relativen Anteil bei den als empirisch eingestuften Publikationen besser beurteilen zu können (Vergleich des Anteils des Fachs an den Publikationen mit dem Anteil des jeweiligen Fachs an den empirischen Publikationen).

Tab. 1.2: Anteil von Teilbereichen der BWL an empirischen Beiträgen in ausgewählten deutschen Fachzeitschriften.

Marketing	29 %
Finanz- und Kapitalmarktforschung	25 %
Organisation/Personal	21 %
Rechnungswesen/Controlling	12 %
Andere wie z. B. Innovationsmanagement, Unternehmensgründung	13 %
Gesamtzahl der Artikel (165)	100 %

Quelle: Hauschildt, 2003.

Der Anteil der empirischen Publikationen an allen untersuchten Publikationen ist in den USA etwa doppelt so hoch wie in den untersuchten deutschsprachigen Zeitschriften.

Dieser kurze Aufriss zum Stand empirischer Forschung in der Betriebswirtschaft mag im Kontext dieses Buches genügen.

1.2 Grundlagen wissenschaftlicher Forschung

1.2.1 Was ist Wissenschaft?

Wahrig (2000) definiert *Wissenschaft* als geordnetes, zusammenhängendes, folgerichtig aufgebautes Gebiet von Erkenntnissen. Diese Definition bleibt sehr allgemein und abstrakt, sie soll daher im Folgenden mit konkreteren Inhalten gefüllt und ergänzt werden.

Der Begriff „Wissenschaft" ist in der deutschen Sprache überhaupt relativ weit angelegt und umfasst eine sehr heterogene Gruppe von Ansätzen der Wissensgewinnung. Er schließt gleichermaßen Naturwissenschaften wie Astronomie, Physik, Chemie oder Biologie ein wie auch die Wirtschafts- und Gesellschaftswissenschaften oder die Geisteswissenschaften. Er umfasst auch die akademische Auseinandersetzung mit dem Recht (Rechtswissenschaft bzw. Jurisprudenz) oder die Religionswissenschaft, die Musikwissenschaft oder Kunstgeschichte. Wenn im Kontext dieses Buches im Folgenden von Wissenschaft gesprochen wird, so ist der Begriff vorzugsweise eingeengt auf den im englischen Sprachraum üblichen Begriff „Science", d. h. auf einen Ansatz, der auf die typischen Grundvorstellungen des naturwissenschaftlichen Denkens zurückgeht und im Zusammenhang dieses Buches auf den wirtschaftswissenschaftlichen Bereich angewandt wird. Damit bleiben hier viele Ansätze, wie sie auch in der Betriebswirtschaftslehre oder der Volkswirtschaftslehre üblich sind, ausgeschlossen. Dies gilt insbesondere für Teilbereiche der Betriebswirtschaftslehre, die eine große Nähe zu Ansätzen juristischen Denkens haben.

Motiv des wissenschaftlichen Arbeitens ist zum einen ein theoretisches, d. h. auf Erkenntnis, auf ein distanziertes Verstehen der Realität ausgerichtetes Arbeiten, das versucht, die „*Wahrheit*" über die Realität zu ergründen oder zumindest Bezugsrahmen, Modelle und letztlich Theorien von Wirklichkeit einführt, die mit der Wirklichkeit bzw. Ausschnitten dieser Wirklichkeit vereinbar sind. Erweiternd wird als zweites Motiv wissenschaftlichen Arbeitens aber auch das technologische oder praxeologische Motiv gesehen, d. h. der Versuch, Gestaltungswissen (Technologien) zu erarbeiten, um damit Möglichkeiten zur Veränderung und zur Beeinflussung der Welt oder ihrer Teilsysteme zu gewinnen. Hier stellt sich vor allem die Frage nach der „*Nützlichkeit*" der Forschung (Relevanz für das praktische Handeln).

Ein erster wichtiger Aspekt des hier vertretenen Wissenschaftsansatzes ist die Forderung nach einem *systematischen Vorgehen* in der Forschung, d. h. eines Vorgehens, das im Forschungsprozess bewusst gewählte Schritte unternimmt und diese in ihrer Bedeutung auf einer Metaebene reflektiert. In diesem Sinne ist Wissenschaft ein sich *selbst reflektierender Prozess*, und insbesondere ein Prozess, in dem Rationalität, d. h. der Einsatz der menschlichen Ratio, der Vernunft bzw. der (Forschungs-)Logik einen hohen Stellenwert hat.

Ein zweiter wichtiger Gedanke ist in diesem Kontext die Berücksichtigung der *Objektivität und Nachvollziehbarkeit des Vorgehens* in der Wissenschaft. Objektivität heißt, dass nicht subjektive individualistische Vorstellungen einzelner Personen im Rahmen der Wissenschaft wichtig sind, sondern ein vom Einzelforscher möglichst unabhängiger Blick auf die Wirklichkeit, der durch eine entsprechend angelegte Dokumentation für einen Dritten, soweit er sachkundig ist, nachvollziehbar ist.

Ein zweites zentrales Grundaxiom des hier vertretenen Wissenschaftsansatzes – neben der gesuchten Konfrontation wissenschaftlicher Aussagen mit der Realität – ist das Basisparadigma der *Kausalität*, also der Vorstellung des Zusammenhangs von Ursachen und Wirkung bzw. eines umfassenden *Kausalnexus* (wie er z. B. auch schon im buddhistischen Denken ca. 500 v. Chr. zu finden ist) in der weltlichen Realität, der durch die wissenschaftliche Forschung in mehr oder weniger begrenzten Ausschnitten jeweils zur Ergründung isolierter Teilsysteme beobachtet wird. Ein finales Zurückverfolgen der Ursachen im Kausalnexus führt in letzter Konsequenz in der Philosophie zum „movetor immovens" (Gott, Urknall) als letztem Urgrund und damit weit über die hier zu behandelnden wissenschaftlicher Forschungsfragen.

Um eine Verdeutlichung der Besonderheiten wissenschaftlichen Handelns zu erreichen, ist es hilfreich, dieses wissenschaftliche Handeln und Denken dem *Alltagsdenken* gegenüberzustellen, was im Folgenden geschehen soll.

Tab. 1.3: Wissenschaftliches vs. Alltagsdenken.

	Alltag (gesunder Menschen- verstand)	Wissenschaft
Denkweise	Eher ganzheitlich	Eher analytisch, zerlegend in Variablen
Realitätserfassung	Wenig systematisch	Bewusster, systematischer, instrumentenunterstützt
Verallgemeinerungsbasis	Anekdoten, Beispiele, fallorientiert	Viele vergleichbare Fälle, variablenorientiert
Wahrnehmungsselektion	Subjektiver, parteiischer	Objektiver, Stichproben, theoretisch gesichert
Allgemeinheitsgrad von Aussagen	Vorwiegend singuläre Aussa- gen	Nur allgemeine Aussagen
Begriffsdefinition	Vager, unschärfer, offener, auch wertend	Klarer, eindeutiger, rein sachlich
Aussagenkontrolle (wahr/falsch)	Nur in bestimmten Bereichen	Stärker institutionalisiert
Werte, Gefühle	Wertend, emotional (Kondi- tionen), verdeckte Werte	Eher sachlich, neutral, explizite Werte, Entscheidungen

Quelle: eigene Darstellung.

Ein erster Vergleich von Alltag und Wissenschaft (siehe Tabelle 1.3) bezieht sich auf die jeweils verwendete *Begrifflichkeit*. Im Alltagsdenken sind Begriffe typischerweise wenig scharf abgegrenzt und offener. Oft haben sie neben dem denotativen Aspekt auch einen starken konnotativen, d. h. wertenden Aspekt. In der Wissenschaft ist dagegen ein starkes Bemühen um eine klare, eindeutige und rein sachlich ausgerichtete Begrifflichkeit festzuhalten. So ist ein ständiges Ringen um Definitionen in der Wissenschaft festzustellen. Allerdings ist es oft so, dass wichtige Begriffe von den verschiedenen Autoren auf eine unterschiedliche Weise definiert werden. Insbesondere der wirtschaftswissenschaftliche Bereich leidet unter einer Begriffsinflation, bei der sehr häufig „alter Wein in neuen Schläuchen" verkauft wird bzw. auch oft umgekehrt unterschiedliche Autoren verschiedene Dinge unter gleichen Begriffshülsen subsumieren.

Ein zweiter Aspekt ist die Frage der *Realitätserfassung* bzw. des Bemühens um den empirischen Erkenntnisprozess. Dies erfolgt im Alltagsleben gewöhnlich eher unsystematisch von den jeweiligen Lebensumständen und Neigungen getrieben und ohne Hilfsmittel realisiert. In der Wissenschaft ist und soll dieser Prozess bewusst und systematisch gestaltet sein und möglicherweise auch instrumentell unterstützt werden. Dies ist ein besonderes Anliegen der in diesem Buch dargestellten Methoden empirischer Forschung. Eng mit der Art der jeweiligen Realitätserfassung verbunden ist die Frage der *Wahrnehmungsselektion* (Stichproben der Wahrnehmung) zu sehen. Diese ist im Alltagsleben sehr subjektiv geprägt und sehr oft auch von Parteinahmen gekennzeichnet. Die Wissenschaft hingegen soll sich um einen objektiven und nachvollziehbaren, stichprobentheoretisch abgesicherten Zugang zur Wahrnehmung der Realität bemühen.

Menschen im Alltag sind gewöhnlich an Einzelpersonen, konkreten Begebenheiten bzw. an *singulären Ereignissen* interessiert. Die persönlichen Lebensumstände bestimmter Personen, Ereignisse wie Geburt, Hochzeit, Tod und Unfälle werden als bedeutsame, hoch interessante Einzelereignisse wahrgenommen. Wissenschaft im Sinne von „Science" ist dagegen an *allgemeinen Aussagen* über eine Vielzahl von Einzelobjekten und Ereignissen hinweg interessiert, nicht aber an Einzelschicksalen; sie sucht nach allgemeingültigen Aussagen

Die Denkweise im Alltag ist eher *ganzheitlich* ausgerichtet. Dies verbindet sich mit einer Verallgemeinerungsbasis, die eher anekdotisch, beispielhaft also an einzelnen, sich wie auch immer in der Wahrnehmung der jeweiligen Person einstellenden Fällen orientiert ist. Demgegenüber ist der Ansatz der Wissenschaft (im Sinne von „Science") darauf angelegt, eine Vielzahl vergleichbarer Fälle *analytisch* zu behandeln, d. h. die Phänomene gedanklich in Teilaspekte (Variablen, Merkmalsdimensionen) zu zerlegen und diese dann variablenorientiert (also nicht fallorientiert) zu betrachten.

Bezüglich der *Kontrolle des Erkenntnisprozesses* (was ist wahr oder falsch, richtig oder unrichtig) ist das Alltagsdenken eher unbestimmt. Eine Kontrolle findet nur statt, wenn die jeweilige Person dies zulässt. Die Wissenschaft bekennt sich hingegen zu einem Kontrollsystem durch die Gemeinschaft aller Forscher, also der „Scientific Community" insbesondere durch kollegiale Überprüfung, also „Peer Reviews". Dies geschieht z. B. bei der Auswahl von Konferenzbeiträgen oder bei der Aufnahme von Artikeln in wissenschaftlichen Zeitschriften. So soll durch die Dokumentation und Publikation von Forschungsergebnissen und Forschungswegen die Möglichkeit eröffnet werden, z. B. experimentelle Forschungsdesigns durch dritte Forscher nachzustellen und auf diese Weise die Ergebnisse der Forschung des publizierenden Forschers zu überprüfen. Es ist allerdings kritisch anzumerken, dass diese Wiederholung von Untersuchungen unter den Bedingungen z. B. der Feldforschung und der üblichen „Ex-post-facto-Designs" nur bedingt möglich ist. Eine tatsächlich exakt kontrollierende Replikation ist im Grunde nur auf die experimentelle Laborforschung bezogen denkbar. Es ist auch grundsätzlich die Frage zu stellen, inwieweit durch das Review von anderen Wissenschaftlern (und durch den interessierten Leser) wissenschaftliche Publikationen einer Kontrolle unterzogen werden, da eine solche Kontrolle, wenn sie wirklich greifen soll, sehr aufwendig ist. Der für eine perfekte Kontrolle notwendige Zeitaufwand dürfte in vielen Fällen das Interesse und die Ressourcen des jeweiligen Reviewers und Lesers am jeweiligen Beitrag übersteigen. Es gibt im Übrigen auch in den Naturwissenschaften quasi „historische Strukturen" wie z. B. in der Evolutionsbiologie/Paläontologie oder der Astronomie, die daher nicht experimentell arbeiten können. Mit „historisch" ist gemeint, dass kausale Wirkungen zum vorherigen Zeitpunkt jeweils eine neue Ausgangsplattform schaffen, auf der dann die Wirkungszusammenhänge zum folgenden Zeitpunkt quasi einmalig aufsetzen und wiederum eine neue Ausgangsbasis kreieren, die sich nicht wiederholen lässt.

Schließlich soll festgehalten werden, dass im Alltagsdenken *Werte und Wertungen* (oft direkt verbunden mit Emotionen) eine sehr viel stärkere Rolle spielen, als dies im wissenschaftlichen Denken der Fall ist (oder sein sollte), d. h. Alltagsdenken ist eher emotional wertend und wissenschaftliches Denken eher sachorientiert. Bezogen auf wissenschaftliches Arbeiten erscheint es den Verfassern angemessen, *Wertneutralität* anzustreben bzw. soweit bestimmte Wertentscheidungen durch den Forscher getroffen werden, diese zumindest explizit und möglichst detailliert offen zu legen und jedenfalls nachvollziehbar zu dokumentieren. Grundsätzlich kann es sicherlich keine Wertfreiheit von Wissenschaft geben. Wertfreiheit erscheint aber als Postulat sinnvoll (Max Weber). Durch die klare Offenlegung und Trennung von Wertsetzungen von der eigentlichen wissenschaftlichen Erkenntnisarbeit wird aber eine intransparente und daher gefährliche Mischung von Wertsetzungen und wissenschaftlichen Arbeiten und ihren Ergebnissen verhindert. Wertsetzungen können sich grundsätzlich auf verschiedenen Stufen des Forschungsprozesses einschleichen. Schon mit der Auswahl eines bestimmten Forschungsproblems drückt sich eine Wertsetzung aus, sodass bereits an dieser Stelle eine klare Dokumentation und Begründung dieser Wertsetzung erfolgen sollte.

1.2.2 Wissenschaftstheoretische Grundpositionen

Bei der Bestimmung des hier verfolgten Wissenschaftsansatzes sind insbesondere drei wissenschaftliche Grundpositionen zu klären.

Eine erste grundsätzliche Positionierung wissenschaftlichen Denkens ist die Antwort auf die Frage, ob es überhaupt *eine Welt außerhalb des wahrnehmenden Subjektes* gibt. Als eine Extremposition ist hier einerseits der *Realismus* zu sehen, der aussagt, dass unabhängig vom Beobachter und Forscher eine Außenwelt existiert (z. B. Locke). Als antagonistische Position dazu ist der *Idealismus* zu sehen. Hier wird im Extremfall die Vorstellung gepflegt, dass Dinge lediglich dadurch existieren, dass sie wahrgenommen werden. Berkeley formuliert in diesem Sinne „esse est percipi" (Das Sein besteht im Wahrgenommenwerden; *Solipsismus*).

Als zweites stellt sich Frage, *wie* können wir „erkennen", bzw. wo liegen *Quellen der Erkenntnis*. Hier gibt es als Extrema einerseits die Position des *Rationalismus*, der von angeborenen Ideen, Vorstellungen und Basiserkenntnissen ausgeht. Demgegenüber ist die Position des *Empirismus* zu sehen, für den die Quelle der Erkenntnis ausschließlich die Sinneswahrnehmungen, besonders die Beobachtungen sind, die wir in der Konfrontation mit der Realität machen.

Die dritte Grundfrage ist, ob es einen substanziellen *Unterschied zwischen dem wahrnehmenden Geist und dem wahrgenommenen Objekt* gibt. Hier ist einerseits die Position des *Monismus* bzw. des *Materialismus* (z. B. Thales, Demokrit, Hobbes, Marx) zu formulieren, dementsprechend Geist und Welt aus einer einheitlichen Substanz bestehen, d. h., dass Geist nichts grundsätzlich Unterschiedliches ist zu dem, was wir als materielle Welt erfahren, der Geist also sozusagen aus der Substanz der Welt besteht. Demgegenüber besteht die Position des *Dualismus* (z. B. Platon, Descartes) in der Vorstellung, dass es einen grundsätzlichen Unterschied zwischen der Welt, der Realität, die wir wahrnehmen, und dem Geist, der diese Wahrnehmung vollzieht, gibt. Diese Fragestellung wird auch als die ontologische Frage bezeichnet.

Der hier verfolgte Wissenschaftsansatz ist durch eine Nähe zum Empirismus, zum Realismus und zum Monismus gekennzeichnet. Die beiden erstgenannten Positionen sind sehr wesentlich mit der Art der Methodik verbunden, die hier vorgestellt werden soll. Die Beantwortung der ontologischen Frage betrifft den überwiegenden Teil dieser Methodologie nicht grundsätzlich.

Ein wichtiger weiterer Aspekt der Abgrenzung von „Science" gegenüber einem Wissenschaftsbegriff, wie er vorzugsweise an der philosophischen Fakultät z. B. durch die Phänomenologen, Hermeneutiker und Dialektiker gepflegt wird, ist die Frage, inwieweit man bei der Auseinandersetzung mit der Realität eher *analytisch (zerlegend, isolierend) oder aber eher ganzheitlich* vorgeht. Analytisches Vorgehen bedeutet, dass man sich mit Phänomen dadurch auseinandersetzt, dass man sie bei der Betrachtung gedanklich in Objektentitäten und deren Merkmale (Variablen) zerlegt und diese typischerweise über eine Mehrzahl von Fällen betrachtet. Demgegenüber ist der ganzheitliche Ansatz so ausgerichtet, dass er Phänomene, Erfahrungsobjekte isoliert aber nicht in Variablen zerlegt. Werden bei „Science" also Gegenstände aus ihrem Umfeld isoliert und weiter in Teilaspekte aufgelöst, die als Dimension, Variablen und Faktoren etc. bezeichnet werden können, so ist die ganzheitliche Vorgehensweise dadurch gekennzeichnet, dass ein Gegenstand der Aussage als eine Einheit betrachtet wird, die in sich geschlossen ist. Der analytische Ansatz ist typisch für die Mathematik und die formale Logik (d. h. Logistik) sowie für die Naturwissenschaften und die analytisch ausgerichteten Ansätze in den Gesellschafts- und Wirtschaftswissenschaften.

Des Weiteren ist der „Science"-Ansatz dadurch gekennzeichnet, dass er ein spezielles Interesse an *allgemeinen Aussagen*, möglichst an *Allsätzen* (immer und überall) hat. Das heißt zusammenfassend: Die analytische Wissenschaft zielt typischerweise darauf ab, kausale Aussagen über Klassen von Phänomenen zu machen, also über die Entitäten einer bestimmten Grundgesamtheit und nicht über einzelne „einzigartige" Phänomene. Demgegenüber ist in anderen Wissenschaftsansätzen, so z. B. in der Kunstgeschichte, sehr oft gerade die Beschreibung der Besonderheiten z. B. einer geschichtlichen Epoche oder eines bestimmten Kunstwerkes typisch. So kann vielleicht die Einmaligkeit der Fresken der Sixtinischen Kapelle von Michelangelo Gegenstand der Betrachtung sein oder das individuelle Kunst- oder Lebenswerk eines Dichters wie Goethe.

1.2.3 Erkenntnistheorie

Der hier vorgestellte Wissenschaftsansatz in der Wirtschaftswissenschaft hat seinen wichtigen Impuls durch das aus der Naturwissenschaft („Science") kommenden Denken, dem Positiven (dem Vorhandenen, dem wirklich Existierenden, dem Belegbaren, dem Beweisbaren) erhalten. Die überzeugenden Erfolge bei den Natur- und Ingenieurwissenschaften haben die Hoffnung beflügelt, dass man mit entsprechender Methodik auch im gesellschaftswissenschaftlichen und speziell im wirtschaftswissenschaftlichen Bereich ebenso erfolgreich sein kann.

Dieses naturwissenschaftliche Denken findet seinen zeitlichen Startpunkt im Wesentlichen nach dem Abschied vom „dunklen Mittelalter", das sich von etwa 450–1450 nach unserer Zeitrechnung – also zwischen Antike und Neuzeit – erstreckte, und damit ein ganzes Jahrtausend umfasst. Das späte Mittelalter war in Europa insbesondere durch den Denkansatz der Scholastik geprägt, die den Bewegungsspielraum des „erlaubten" Denkens und der Erkenntnis stark einschränkte und insbesondere auf die Auslegung von biblischen Texten auch in Verbindung mit der griechischen Philosophie des Aristoteles (384–322) konzentrierte.

Erst mit der *Renaissance* (also der Wiedergeburt des in Europa fast vergessenen und z. T. nur durch islamische Gelehrte tradierten, klassischen Altertums bzw. des antiken griechisch-römischen Denkens) im 14. bis 16. Jahrhundert und der Aufklärung im 17. und 18. Jahrhundert wird diese mittelalterliche Starrheit und Enge des Denkens endgültig aufgebrochen. Man kann auch sagen, dass mit Beginn der Neuzeit im späten 15. und frühen 16. Jahrhundert (also der Epoche der ersten Entdeckung Amerikas durch die Europäer bzw. Wiederentdeckung nach der Wikingerzeit) durch die Erfindung des Buchdrucks mit beweglichen Lettern durch Gutenberg und die Reformationsbewegungen durch Luther und Calvin auch die geistigen Voraussetzungen für die Ausbreitung des naturwissenschaftlichen Denkens (natural sciences) entstanden.

Als in diesem Kontext wichtigem Ansatz der *Erkenntnistheorie*, also der Antwort auf die Frage, „Wie können wir Erkenntnisse gewinnen? Was ist wahr, was ist unwahr?", soll zunächst der *klassische Rationalismus* beschrieben werden, der im 16.–18. Jahrhundert durch Descartes (cogito ergo sum), Hobbes, Spinoza, Leibniz und andere vertreten wird. Der Weg der Erkenntnis ist beim klassischen Rationalismus durch die zentrale Rolle der Vernunft (Ratio) als einzige „mögliche" Quelle der Erkenntnis charakterisiert. Der Erkenntnisprozess im Rationalismus kann dementsprechend so beschrieben werden:

Der menschliche Geist wird von seinen Vorurteilen gereinigt, der Zugang zu allgemeinen Wahrheiten und grundlegenden Prinzipien erfolgt durch geistige Intuition und derartig legitimierte Grundwahrheiten bilden den Schlüssel zur Ableitung weiterer Wahrheiten.

Als Erkenntnis wird betrachtet, was wahr und widerspruchsfrei ist, was berechen- und beweisbar ist. Derartig gewonnene Erkenntnisse auch mit empirischen Inhalten zu füllen, ist eine untergeordnete Aufgabe, die eher eine motivationale Bedeutung hat.

Das heißt, die Empirie spielt im Kontext des klassischen Rationalismus eine eher unwesentliche Rolle.

Als Gegenposition entsteht der *klassische Empirismus*, wie er durch Bacon, Locke, David Hume, John Stewart Mill und anderen vertreten wird. Hier ist die Beobachtung, also die Empirie, die ursprüngliche Quelle und endgültig Instanz der Wahrheitsfindung, der Erkenntnis. John Locke formuliert: nihil est in intellectu, quod non antea fuerit in sensu (Nichts ist im Geist, was nicht vorher im Wahrnehmungssinn gewesen ist). Der *Erkenntnisprozess* kann hier so beschrieben werden:

Der Geist ist bei der Geburt leer, er muss erst durch Erfahrungen gefüllt werden. Die Sinneswahrnehmung ist damit die einzige originäre und echte Quelle der Wahrheitserkenntnis, der Geist kann hier nur zusätzliche, ergänzende analytische Beiträge liefern.

Man könnte mit Blick auf die heutige Informationstechnik auch sagen, dass der Geist einer leeren Festplatte/CPU entspricht, die erst durch den Einsatz von Software, die Regeln gibt und Fakten einbringt, nutzbar wird. Der Verstand ist gegebenenfalls von Vorurteilen zu reinigen, und die Verbindung von Einzelfällen, wie sie die Sinneswahrnehmung liefert, geschieht durch den *Induktionsschluss* (vgl. S. 28) der zu allgemeinen Erkenntnissen führt. Hier hat also die Empirie, die Erfahrung die zentrale Rolle im Erkenntnisprozess.

Immanuel Kant führt diese beiden Positionen in gewissem Sinn zusammen. Er sieht den *Erkenntnisprozess* zweigeteilt. Auf der einen Seite stehen die A-priori-Erkenntnisse. So ist menschliches Denken nur in Verbindung mit *räumlich und zeitlich ausgedehntem Denken* und *Kausalität* möglich, was eher der Position des Rationalismus zuzuordnen ist. Auf der anderen Seite ist aber a posteriori vor diesem Hintergrund die Gewinnung von Erkenntnissen nur auf der Basis von Erfahrungen, also durch die Konfrontation mit der erfahrbaren Welt denkbar und möglich, was der Position des Empirismus entspricht. Für den Erkenntnisprozess heißt dies, dass zwar gewisse Grundstrukturen des Denkens a priori angelegt sind, also wie Zeit, Raum und Kausalität vorprägend sind, es andererseits aber ohne sinnliche Erfahrung keine Erkenntnis geben kann.

„Gedanken ohne (empirischen) Inhalt sind leer, Anschauungen (also Sinneswahrnehmungen) ohne (theoretische) Begriffe sind blind" (Kant, 1781). Dies legt Kant in seiner „Kritik der reinen Vernunft" dar.

Die grundsätzlichen Überlegungen des in diesem Buch vorgestellten Wissenschaftsansatzes, soweit er sich auf die Prüfstrategie bezieht, sind stark durch die Position des *kritischen Rationalismus*, wie er insbesondere durch Popper (1902–1994) formuliert wurde, beeinflusst. Er stellt für die Suche nach Wahrheit (Erkenntnis) seinen Ansatz der Falsifikationslehre vor.

Als Regel für den Ablauf des *Erkenntnisprozesses* fordert er den Forscher auf, zunächst nach allgemeinen Gesetzen bzw. nach einheitlichen Theoriesystemen zu suchen, mit deren Hilfe die beschreibbaren Vorgänge unserer Welt grundsätzlich erklärt werden können. Kann tatsächlich ein solches einheitliches Theoriesystem entwickelt werden, verlangt er vom Forscher, alles daran zu setzen, seine Theorien wiederum zum Scheitern zu bringen (Falsifikationsforderung). Werden die aufgestellten Hypothesen bzw. Aussagensysteme falsifiziert, sollen neue oder modifizierte Systeme gesucht werden. Ein solcher induktiver Prozess kann sich nie seiner gefundenen Wahrheiten sicher sein, er bleibt immer für neue Ergebnisse der empirischen Forschung offen.

Popper ist in der Folge vielfältig kritisiert worden. So erscheint es auch den Autoren bezüglich der psychischen Gegebenheiten des Menschen fragwürdig, den einzelnen Forscher zu einem solchen misserfolgsorientierten Verhalten aufzufordern, bei dem er das, was er möglicherweise mühevoll über Jahre (oder sogar Jahrzehnte!) hinweg entwickelt hat, in der Folge wieder mit Vehemenz zu zerstören suchen soll. Dies wäre dann schon eher in der „Scientific Community" durch konkurrierende Forscher denkbar.

Ein anderer Kritikpunkt bezüglich der Relevanz des von Popper formulierten Ansatzes ist dadurch gegeben, dass im Kontext der Wirtschaftswissenschaften und durchweg auch der sozialwissenschaftlichen Aussagen allgemein, die von Popper modellhaft formulierten strikten Allsätze nach naturwissenschaftlichem Muster (insbesondere der Physik), zumeist unangemessen sind. Dass also im Kontext der Wirtschafts- und Sozialwissenschaften eher Trendaussagen, *Wahrscheinlichkeitsaussagen* (probabilistische Aussagen) typisch sind (Martin, 1989) und es nicht nur *keine endgültige Verifikation*, sondern auch *keine endgültige Falsifikation* geben kann (z. B. Engelkamp & Sell, 2011; Woll, 2014). Insbesondere im Kontext von Feldstudien besteht nicht nur die Möglichkeit von *Scheinkorrelationen*, sondern es ist auch mit *Schein**nicht**korrelationen* zu rechnen, insbesondere, wenn nach der Prüfung *linearer* Zusammenhänge der Prüfprozess nicht bezüglich *nicht linearer* Beziehungen fortgesetzt wird.

Eine weitere Kritik am Ansatz Poppers basiert darauf, dass sein Ansatz zwar subtil die Vorgehensweise im Rahmen einer Prüfstrategie, d. h. bei vorhandenen Hypothesen/Bezugsrahmen formuliert, aber weitaus weniger gut bezüglich einer Explorationsstrategie aufgestellt ist. Das heißt, er gibt nur sehr beschränkt Hinweise auf die *Generierung* von Hypothesen und die Entwicklung von komplexen Bezugsrahmen (System von Hypothesen) als Vorläufer von Theorien. Für Popper steht als Hypothesengenerierungsstrategie die Ableitung aus existierenden allgemeinen Theorien im Vordergrund, alternative Wege der Hypothesengenerierung werden kaum thematisiert. Diese Kritik ist sicherlich auch bezogen auf die heute existierende Methodenlehre der empirischen Wirtschafts- und Sozialforschung allgemein zu formulieren.

Es ist außerdem auch kritisch zu hinterfragen, inwieweit eine bewusste *Falsifikationsstrategie* (also nicht eine quasi neutrale Prüfstrategie, die gleichermaßen für eine Falsifikation wie für eine Verifikation offen ist) vermehrt zu *Artefakten* in der Forschung führt. Die Forschung zur Sozialpsychologie psychologischer Experimente (vgl. Argyris & Schon, 1974; Lück, 2013; Orne, 2009) kommt z. B. zum Ergebnis, dass die Kenntnis einer *gerichteten Hypothese* für den Versuchsleiter bedeuten kann, dass dieser z. B. auf dem Wege nicht verbaler Kommunikation Einfluss auf das Verhalten von Versuchspersonen nimmt. Eine solche Kontaminierung kann nur dadurch verhindert werden, dass der Versuchsleiter in der experimentellen Situation genauso wenig Kenntnisse der Versuchsbedingungen hat, wie dies für die Versuchsperson gilt (Doppelblindversuch). Es ist daher anzunehmen, dass ein Forscher, der eine gerichtete Hypothese, d. h. eine Hypothese, bei der der Zusammenhang zwischen zwei Variablen der Richtung nach (positiv, d. h. gleichgerichtet, oder negativ d. h. gegenläufig) formuliert ist, schon bei der Entwicklung des Untersuchungsdesigns, dann aber auch bei der Durchführung seiner Forschung, der Auswertung und Interpretation seiner Ergebnisse in wahrnehmungsverzerrender Weise durch die Formulierung seiner gerichteten Hypothesen beeinflusst ist oder sein kann (Bungard, 1984; Lück, 2013). Es wäre demnach besser, in der Art zu formulieren und zu prüfen: „es gibt vermutlich einen Zusammenhang zwischen Variable *a* und *b*" anstatt die Präzisierung zu formulieren: „wenn Variable *a* steigt, fällt Variable *b*".

Schließlich setzt sich Popper grundsätzlich nur mit dem Kriterium der Suche nach der *Wahrheit* auseinander. Die eingangs erwähnten Aspekte im Kontext eines Gestaltungsmotivs der Forschung, nämlich die Frage nach der Funktionalität von Technologien, bleiben im Hintergrund. Das in diesem Kontext naheliegende Kriterium der *Nützlichkeit* von Theorien und Technologien bleibt bei seiner Diskussion außen vor. Vielfältige Probleme der Wahrheitsfindung werden umgangen, wenn man sich damit zufrieden gibt, dass man diese Klärung offen lässt, aber pragmatisch feststellt, dass sich auf der Basis bestimmter Zusammenhänge in der Gestaltung nützliche Anwendungen entwickeln lassen (Kieser, 1992; Witte, 1981).

Es wird schließlich generell infrage gestellt (so von *Thomas Samuel Kuhn*, Physiker, 1922–1996), ob von Popper überhaupt eine realitätsnahe Beschreibung des Forschungsprozesses formuliert wird. Man könnte diesem Argument Kuhns allerdings die Schärfe nehmen, wenn man Poppers Formulierungen nicht als Beschreibung der Realität versteht, sondern eher als normative Aussage, also als eine Aussage über das Wünschbare des Verlaufs der wissenschaftlichen Forschung betrachtet. Kuhn setzt sich insbesondere mit dem Paradigmenwechsel in der Forschung und seinen Phasen auseinander. Er sieht, dass der zuvor formulierte Popper-Prozess durch gesellschaftliche Prozesse überlagert wird und dass die „Scientific Community" sich insgesamt völlig anders verhält als Popper dies postuliert. Dass z. B. ein Theoriewandel nicht sachlich kumuliert, sondern soziale, historische Faktoren (Schulen, Machtkonzentrationen) beim faktischen Theoriewandel bzw. seiner Behinderung vorwiegend prägend sind. Weitere Kritik an Popper erfolgte durch *Imre Lakatos* sowie *Paul Feyerabend* (anything goes oder wider den Methodenstreit, Methodenpluralismus).

Zum Schluss der Darstellung der für den hier verfolgten Ansatz wichtiger erkenntnistheoretischer Grundrichtungen sei auch noch eine Erkenntnisposition dargestellt, die jenseits des Mainstreams der Diskussion liegt, die aber einen ganz interessanten alternativen Gedanken zum Prinzip der Erkenntnisgewinnung beiträgt. Dies ist die Position des *empirischen Konstruktivismus* (nicht zu verwechseln mit dem radikalen

Konstruktivismus!). Vertreter dieser Position ist Paul Lorenzen (1915–1994). Hier wird der *Erkenntnisprozess* im dem Sinn formuliert, dass man nur verstehen kann, was man auch herstellen kann, d. h., als wahr wird das angesehen, was auch tatsächlich funktioniert. Diese Position beinhaltet als wissenschaftliches Handeln das Aufstellen von Behauptungen, die zu begründen sind, wobei im Gegensatz zum kritischen *Rationalismus* hier eine *positive* Rechtfertigung gefordert ist (Raffe & Abel, 1979).

In diesem Kontext könnte man insbesondere mit Blick auf das wissenschaftliche Motiv der Gestaltung als Alternative zum Rechtfertigungskriterium der *Wahrheit*, das Kriterium der *Funktionalität bzw. Nützlichkeit* diskutieren: Müssen Theorien und müssen Technologien eigentlich wahr sein oder reicht es, wenn sie lediglich nützlich sind bzw. wenn sie funktional sind? Im ingenieurwissenschaftlichen Bereich ist das in der wissenschaftstheoretischen Aufarbeitung innerhalb der BWL vernachlässigte Feld der *Entwicklung* oft in der Kombination Forschung und Entwicklung (F&E) bzw. Research and Development (R&D) typischerweise Gegenstand wissenschaftlicher Arbeiten. Das Qualitätskriterium einer solchen Arbeit, etwa der Konstruktion einer Maschine, eines Planungssystems, einer Controllingsoftware oder eines Marketingstrategiekonzeptes wäre dann als Validitätsnachweis erbracht, wenn diese Maschine (das System, die Software, das Konzept) funktional ist, d. h. tatsächlich läuft, funktioniert bzw. das versprochene Ergebnis generiert. Im Sinne des empirischen Konstruktivismus könnte man dann daraus auch – bedingt – ableiten, dass die dahinterstehende Gedankenwelt einen Wahrheitsanspruch erfüllt. Dieser ist allerdings nicht zwingend.

Dass die Verbesserung des Wahrheitsgrades nicht unbedingt sofort einer Verbesserung der Nützlichkeit entspricht, zeigt das historisches Beispiel der Navigation in der Seeschifffahrt, die lange auf der Basis des ptolemäischen Weltbildes fußte, demnach die Sonne um die Erde kreist. Auf der Basis dieser Vorstellung wurden Navigationshilfen entwickelt, die weitgehend funktional und nützlich für die Seeschifffahrt waren. Für eine gewisse Zeit auch nach den revolutionären Erkenntnissen von Kopernikus/Galilei (kopernikanische Wende: Die Erde umkreist die Sonne) war die Funktionalität erster Navigationsansätze auf der Basis dieser heute als überlegene Wahrheit gesehenen Erkenntnis zunächst einmal weniger präzise bzw. nützlich als die auf dem „falschen" Weltbild über mehrere Jahrhunderte entwickelten Navigationstechnik, die daher zunächst weiter benutzt wurden.

1.2.4 Kausalität

Ein zentrales Grundparadigma des hier diskutierten Forschungsansatzes (und des menschlichen Denkens allgemein) ist die Kausalität, d. h. die Annahme eines Zusammenhangs zwischen Ursache und Wirkung, oder anders ausgedrückt der Annahme eines Einflusses einer unabhängigen Variable auf eine abhängige Variable eines oder auch unterschiedlicher Merkmalsträger. Jede Diskussion über Hypothesen in der Form von Wenn-dann-Beziehungen (bzw. Je-desto-, Je-umso-Beziehungen) basiert zumindest implizit auf dieser Grundvorstellung. Es ist allerdings in der Philosophie vielfältig gestritten worden, ob es Kausalität wirklich gibt oder ob sie nur eine nützliche Erfindung des Menschen ist. Immanuel Kant (1710) bezeichnete die Kausalität als ein synthetisches Urteil, eine A-priori-Annahme, wie dies auch für Raum und Zeit gilt. Das heißt, nach seiner Vorstellung beruht die menschliche Idee von Kausalität nicht auf Erfahrung, sondern ist Bestandteil unserer Denkvoraussetzung. Kausalität hilft, Ereignisse zu ordnen und zu strukturieren.

Was definiert nun Kausalität? Als Prüfkriterien für das Vorliegen von Kausalität lassen sich vier Bedingungen nennen, die gleichzeitig und in gegenseitiger Abhängigkeit erfüllt sein müssen:

1. Die Variable x muss der Variable y bei der Messung ihrer Ausprägungen zeitlich voraus gehen.
2. Die Variable x und die Variable y sind ein isolierbares System (es liegt keine Beeinträchtigung durch Drittvariablen oder Störvariablen vor).
3. Die Messung von x und y ist frei von systematischen Messfehlern.
4. Es besteht eine Korrelation, d. h. eine parallele oder gegenläufige Veränderung zweier Variablen zwischen zwei Variablen x und y.

Soweit die vier Bedingungen. Leider muss man feststellen, dass bei strikter Anwendung dieser vier Bedingungen praktisch nie eine Konstellation vorzufinden ist, die man in diesem strengen Sinne als Kausalität interpretieren dürfte.

John Stuart Mill entwickelte speziell für ein Setting von einer unabhängigen Variable, einer abhängigen Variable und drei Randbedingungen seine millschen Regeln. Zwei der fünf millschen Regeln sollen hier kurz aufgeführt werden.

Wenn x die unabhängige dichotome Variable ist (mit den Ausprägungen x^+ für ein großes x und x^- für ein kleines x) und y die abhängige dichotome Variable (ebenfalls y^+ für ein großes y und y^- für ein kleines y) und A, B und C Randbedingungen sind (ebenfalls dichotom in jeweils großer und kleiner Ausprägung), dann gilt entsprechend der millschen *Methode der Übereinstimmung*:

Wenn:
$$x^+, A^+B^+C^+ \implies y^+ \quad \text{und} \quad x^+, A^-B^-C^- \implies y^+ \,,$$

dann ist x die Ursache für y.

Entsprechend gilt nach seiner *Methode der Differenz*:

Wenn:
$$x^+, A^+B^+C^+ \implies y^+ \quad \text{und} \quad x^-, A^+B^+C^+ \implies y^- \,,$$

dann ist wiederum x die Ursache für y.

Als Voraussetzung für die Gültigkeit ist festzuhalten, dass A, B und C die relevanten Randbedingungen umfassen, keine Störvariablen vorhanden sind, dass es sich um dichotome Faktoren handelt und alle relevanten Faktoren erfasst sind, d. h. ein *geschlossenes System* vorliegt. Außerdem müssen Gruppen gleichmäßiger Objekte vorliegen.

Beispielsweise könnte man sich vorstellen, dass x die Qualität des Arbeitsinhaltes beschreibt (interessant, nicht interessant), A die Bezahlung (gute – schlechte), B die Kollegen (nette – keine netten), C die Beleuchtung im Arbeitsraum (gut – schlecht) und schließlich y die gemessene Führungsleistung darstellt.

Wenn von *Kausalanalysen* die Rede ist, wird vorzugsweise an Ex-post-Erklärungen von Sachverhalten gedacht. Grundsätzlich sind aber drei unterschiedliche kausalbasierte Sichten möglich (siehe Abbildung 1.3).

Die erste ist die *Erklärung*. Hier finden wir eine bestimmte Wirkung vor, die ex post erklärt werden soll (y, explanandum). Hierzu ist eine bestimmte Ursache (x, explanans) zu finden sowie möglicherweise auch eine intervenierende variable Größe (i). Die Erklärung blickt also von der heute vorliegenden Wirkung zurück auf eine Ursache, die in der Vergangenheit liegt.

Bei der *Prognose* hingegen ist eine bestimmte Ursache gegeben, Gegenstand der Prognose ist dann eine Wirkung dieser Ursache in der Zukunft, einer Zukunft die von außen betrachtet wird und eine unbeeinflusste Verlängerung der Gegenwart bedeutet.

In der dritten Variante, der *Gestaltung*, wird eine bestimmte Ursache in der Gegenwart hergestellt, also manipulativ in die Welt eingegriffen, ebenso wie eine möglicherweise intervenierende Variable beeinflussen kann, um in der Zukunft eine gewollte Wirkung herzustellen. Hier blicken wir auch in die Zukunft, aber versuchen diese zu beeinflussen.

Bei einer wissenschaftlichen Analyse wird immer ein Teil aus einem umfassenden Kausalnexus isoliert; dies geschieht faktisch oder zumindest gedanklich, um innerhalb dieses Ausschnitts die Wirkungszusammenhänge überschaubar zu erklären.

Sichtweise	Ursache: x Explanans Gesetz + Randbedingung	Intervenierende i	Wirkung: y Explanandum
Erklärung	gesucht	gesucht	gegeben
Prognose	gegeben	gegeben	gesucht
Gestaltung	gemacht	(gegeben) gemacht	(Ziel) gewollt
Blickrichtung:	nach gestern		von heute
Erklärung	x ⟵		● y
Blickrichtung:	von heute		nach morgen
Prognose/ Gestaltung	x ●		⟶ y

Abb. 1.3: Erklären – Prognostizieren – Gestalten. Quelle: eigene Darstellung.

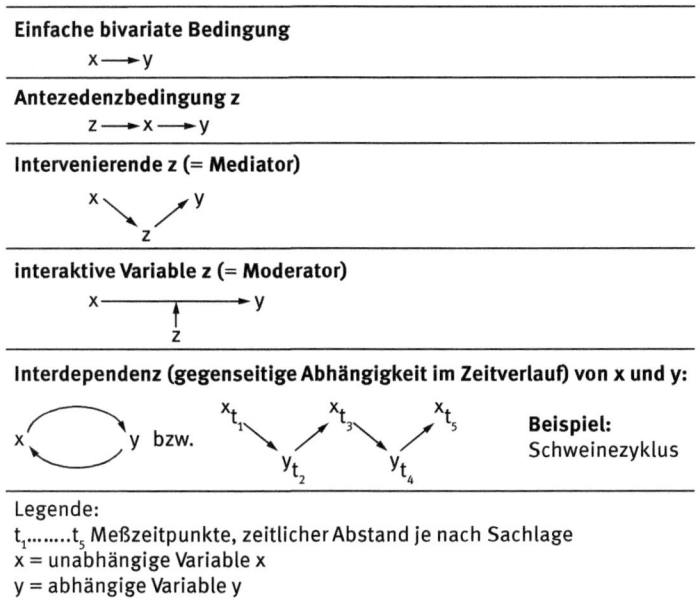

Legende:
t_1........t_5 Meßzeitpunkte, zeitlicher Abstand je nach Sachlage
x = unabhängige Variable x
y = abhängige Variable y
z = Drittvariable

Abb. 1.4: Beispiel von speziellen Wirkungskonstellationen. Quelle: eigene Darstellung.

Die einfachste Variante ist dabei die *bivariate* Erklärung einer abhängigen Variable *y* durch eine unabhängige Variable *x* (siehe Abbildung 1.4). Erweitert man auf einen *trivariaten* Kontext, so kann man zum einen die dritte Variable als *Antezedenzbedingung z* einführen, die auf *x* einwirkt, wodurch eine mittelbare Beziehung dieser Antezedenzbedingung zu *y* besteht. Die zweite bzw. dritte Variante ist, dass die Drittvariable *z* zwischen die Beziehung von *x* zu *y* tritt bzw. diese beeinflusst; daher wird sie je nach Fall als *Mediator* oder als *Moderator* bezeichnet (Diekmann, 2005).

Besonders schwierig zu identifizieren ist innerhalb einer bivariaten Analyse das Phänomen der *Interdependenz* zweier Variablen. Mit dem weitverbreiteten Querschnittsdesign einer Ex-post-facto-Survey-Untersuchung z. B. ist diese Beziehung überhaupt nicht aufzuklären. Bei Vorliegen einer Interdependenz wirkt die Variable *x* auf die Variable y, aber auch umgekehrt die Variable *y* auf die Variable *x*, und zwar in einem zeitlichen Wechsel. Entsprechende Phänomene findet man z. B. im volkswirtschaftlichen Bereich beim sogenannten Schweinezyklus oder auch in der Lohn-Preis-Spirale bzw. Preis-Lohn-Spirale. Derartige Phänomene kann man nur mit einer mehrstufigen Längsschnittanalyse aufdecken.

In Abbildung 1.4 sind die Wirkungskonstellationen übersichtlich aufgeführt.

Das Interdependenzbeispiel „Schweinezyklus" sieht so aus, dass bei einer Verknappung des Angebots von Schweinen der Preis sehr hoch ist. Dies lockt Landwirte an, sich ihrerseits mit der Schweinemast zu befassen. Eine größere Zahl von Landwirten wird also zu diesem Zeitpunkt beginnen, Ferkel aufzuziehen. Diese Ferkel werden nach einer Zeit von etwa drei Monaten schlachtreif, sodass zu einem Zeitpunkt t_1 plus drei Monate (= t_2) eine große Zahl von Schweinen auf den Markt geworfen wird, was zur Folge hat, dass der Marktpreis zu diesem Zeitpunkt kollabiert. Darauf reagieren die Landwirte zu einem Zeitpunkt, in dem sie auf eine weitere Schweinemast verzichten, weil sie möglicherweise beim Verkaufspreis noch unter die Kosten der Aufzucht der Schweine geraten sind. Dies führt dazu, dass wiederum nach einer entsprechenden Zeit von etwa drei Monaten zum Zeitpunkt t_3 eine starke Verknappung des Angebots an Schweinen vorliegt, sodass der Preis für Schweinefleisch sehr stark steigt, was dazu führt, dass wieder mehr Landwirte mit der Aufzucht von Ferkeln beginnen. Damit beginnt der Zyklus wieder von vorne.

Unter einer *intervenierenden (Mediator-)Variablen* wird eine zusätzliche unabhängige Variable verstanden, die die Beziehung zwischen der unabhängigen Variable x und der abhängigen Variable y vermittelt. Als *Moderatorvariable (Interaktion)* wird hingegen eine zusätzliche unabhängige Variable z bezeichnet, die einen Einfluss auf die Form der Beziehung zwischen der unabhängigen Variable x und der abhängigen Variable y besitzt (Diekmann, 2005).

Bei metrischem Messniveau und Erfüllung der Normalverteilungsannahme lässt sich die bivariate Beziehungsstärke durch den Bravais-Pearson-Produktmomentkorrelationskoeffizienten darstellen, dessen Quadrierung eine Aussage über die gegenseitig erklärte Varianz im linearen Kontext ermöglicht (symmetrisch).

Eine Aussage über die Beziehungsstruktur zwischen einer unabhängigen Variable x und einer abhängigen Variable y ist für den linearen Fall, d. h. einer additiv/multiplikativen Verknüpfung der Erklärungsmomente durch die einfache Regression möglich:

$$y = ax + k + f$$

für: y = abhängige Variable, x = unabhängige Variable, a = Gewichtungsparameter, k = systematische Konstante, f = Fehlergröße.

Folgende Voraussetzung ist gegeben: Die Variable x sei die unabhängige, y die abhängige, a ein Multiplikationsfaktor für die unabhängige, c eine additive Komponente und f eine additive Fehlerkomponente.

Diese kann leicht zu einer multiplen Regression erweitert werden

$$y = ax^1 + bx^2 + cx^3 + \ldots jx^i + c + f$$

Die Gleichungsgerade wird durch den Punktschwarm, der im Koordinatensystem abgetragenen Messungen für die einzelnen Beobachtungsobjekte, so gelegt, dass der Abstand der Summe der einzelnen Beobachtungspunkte zu dieser Geraden minimiert wird.

Schaut man sich diese lineare bivariate Beziehung an, wenn eine Drittvariable eingeführt wird, so lässt sich eine Reihe von Unterfällen unterscheiden (siehe Abbildung 1.5). Im Folgenden ist zunächst erst einmal eine Ausgangsbeziehung mit hoher Korrelation gewählt, also sagen wir einmal $r = 0,8$, d. h., es wird eine Varianz von

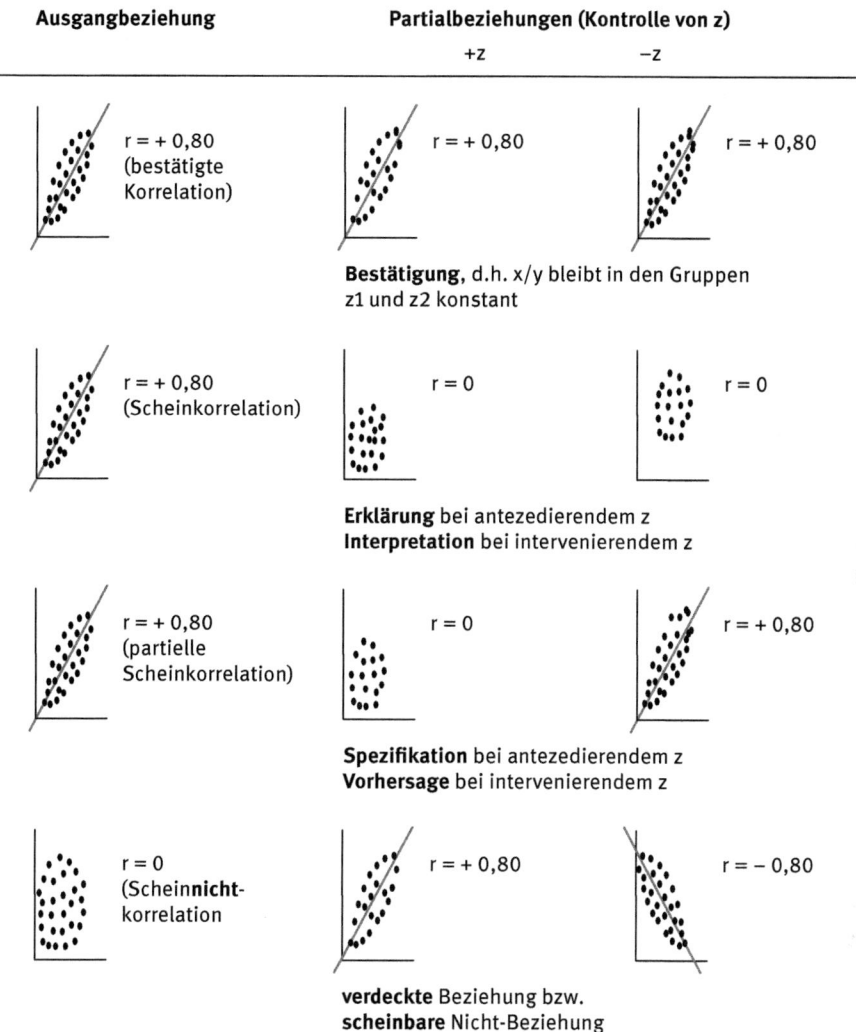

Fiktives Beispiel: x = Berufserfahrung y = Unternehmererfolg z = Geschlecht (+z = ♂, −z = ♀)

Abb. 1.5: Lineare Zusammenhänge: Mögliche Beziehungen, zwischen *x*, *y* und *z*. Quelle: Schnell, Hill & Esser, 2011.

64 % erklärt (Pearson-Korrelation). Nehmen wir an, die unabhängige Variable *x* steht für die Berufserfahrung und die abhängige Variable *y* für den Unternehmererfolg. So reden wir von einer Bestätigung dieser Beziehung, wenn nach Einführung einer Drittvariablen, z. B. *z* = Geschlecht und der getrennten Betrachtung der Ausgangsbeziehung einmal für die weiblichen Gründer und separat für die männlichen Gründer, die Beziehung in der gleichen Weise erhalten bleibt. Dies ist der erste Fall, der als *Bestätigung* bezeichnet wird.

Gehen wir von der gleichen Ausgangsbeziehung zwischen Berufserfahrung und Unternehmenserfolg aus und stellen nach Einführung der Drittvariable und separater Betrachtung der Gendergruppen dieses Beziehungszusammenhangs fest, dass die ovale Punktwolke sich in zwei kreisförmige separate Punktwolke auflöst, so sprechen wir von einer *Erklärung*, insoweit die z-Variable als antizedierende Größe betrachtet wird, und von einer *Interpretation* bei einer als intervenierend betrachteten z-Variable. In diesem Fall sind die Partialbeziehungen jeweils gleich null.

Im dritten Fall haben wir wieder die Ausgangbeziehung Berufserfahrung und Unternehmenserfolg, die eine hohe Korrelation zeigt. Bei Einführung der Drittvariablen Geschlecht bleibt die Ursprungsbeziehung für die männlichen Personen bestehen, während sie bei den weiblichen Personen zu einer Nullkorrelation wird. In diesem Fall wird für eine antizedierende z-Variable von einer *Spezifikation* gesprochen und bei einer intervenierenden z-Variable von einer *Vorhersage* (Schnell, Hill, & Esser, 2011).

Im letzten Beispielfall finden wir bei der Ausgangsbetrachtung *keine* lineare Korrelation, d. h., wir haben hier eine kreisförmige Punktwolke ($r = 0$). Bei Einführung der z-Variable stellen wir aber fest, dass diese Punktewolke dadurch zustande kommt, dass einmal eine positive lineare Beziehung vorliegt, z. B. für die männlichen Befragten, während zum anderen eine negative lineare Beziehung für die weiblichen Befragten vorliegt. Für die Ausgangsbetrachtung der bivariaten Beziehung würden wir dann von einer *Schein**nicht**korrelation* reden bzw. von einer *verdeckten* bzw. einer *scheinbaren Nichtbeziehung* sprechen, während bei den partiellen Beziehungszusammenhängen von einer positiven oder negativen Beziehung gesprochen werden kann.

- Antezedenzvariable

$$\begin{array}{ccc} t_1 \rightarrow & t_2 \rightarrow & t_3 \\ z & y & z \end{array}$$

- Intervenierende Variable

$$\begin{array}{ccc} t_1 \rightarrow & t_2 \rightarrow & t_3 \\ x & z & y \end{array}$$

- Scheinkorrelation (r = hoch)
- *Schein**nicht**korrelation* (r = niedrig)

$$x \dashleftarrow\!\!\!\dashrightarrow y$$
$$\searrow z \nearrow$$

Sehr oft ist es so, dass die Forscher sich im betriebswirtschaftlichen und sozialwissenschaftlichen Bereich damit begnügen, *lineare Beziehungszusammenhänge* zu überprüfen, aber die Vielzahl möglicher, nicht linearer Beziehungen außer Betracht lassen. Daher seien zwei Beispiele für nicht lineare Beziehungszusammenhänge aufgeführt, die zeigen sollen, dass eben auch solche Beziehungszusammenhänge durchaus vielfältig in der Realität vorkommen können (siehe Abbildung 1.6).

Zum einen wird das Beispiel einer *U-Beziehung* bzw. anschließend die *umgekehrte U-Beziehung* vorgestellt. Schaut man sich z. B. das Alter von Menschen an und setzt dieses in Beziehung zur Krankheitsanfälligkeit, wird man feststellen, dass in sehr jungen Jahren und in sehr alten Jahren die Krankheitsanfälligkeit besonders hoch ist, während sie in der mittleren Altersstufe eher niedrig ist. Würde man einen solchen Zusammenhang mittels einer linearen Analyse anschauen, so würde man eine Nullkorrelation zwischen Krankheitsanfälligkeit und dem Alter feststel-

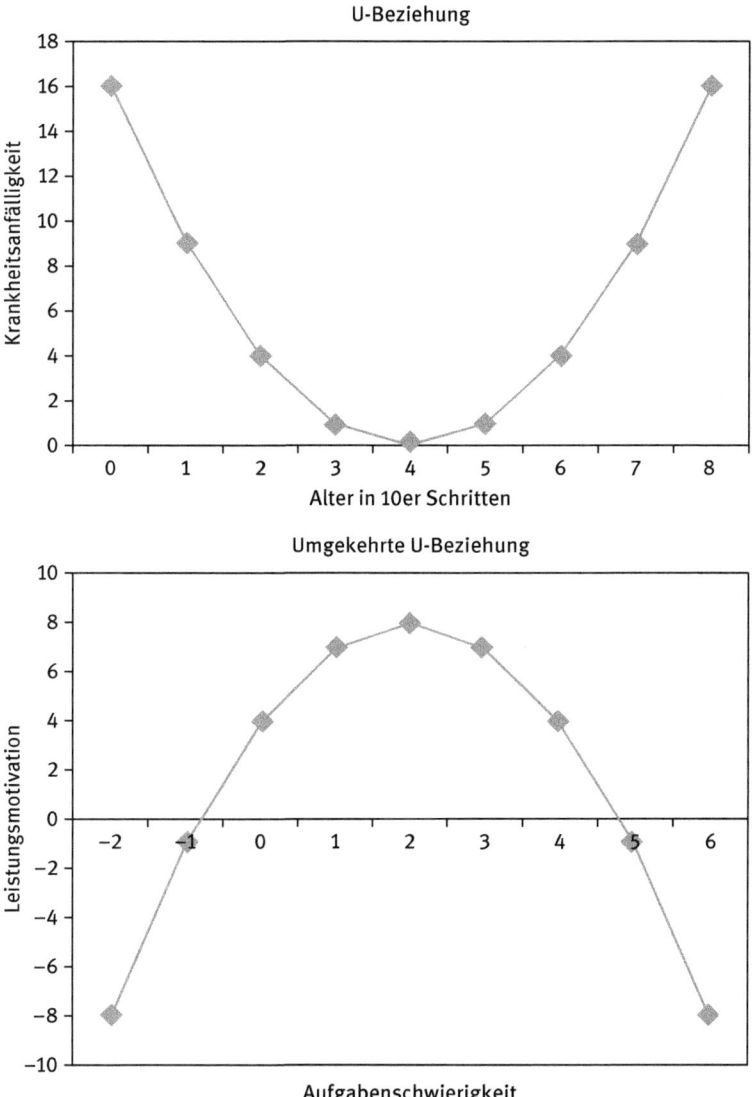

Abb. 1.6: Beispiele für nicht lineare Zusammenhänge. Quelle: Eigene Darstellung.

len, d. h., man würde keinen Beziehungszusammenhang aufdecken, obwohl dieser Beziehungszusammenhang hoch signifikant ist. Als Beispiel für eine *umgekehrte U-Beziehung* sei das Verhältnis zwischen Aufgabenschwierigkeiten und Leistungsmotivation angeführt. Die Leistungsmotivation gilt nach David McClelland (1967) als Leitmotiv unternehmerischer Aktivität. Nun stellt sich heraus, dass hochleistungsmotivierte Probanden mittelschwere Aufgaben bevorzugen, da sie einerseits nicht interessiert sind an Aufgaben, die so leicht sind, dass sie ihre Leistungsfähigkeit nicht unter Beweis stellen können. Andererseits vermeiden Hochleistungsmotivierte aber auch extrem schwierige Aufgaben, für die sie keinerlei Lösungschancen sehen. Auch hier würde eine bivariate lineare Untersuchung zu einer Nullkorrelation und damit zu einer *Scheinnichtkorrelation* in dem Sinne führen, dass außerhalb einer linearen Betrachtung eben doch ein sehr deutlicher Beziehungszusammenhang festzustellen ist.

Die Möglichkeiten nicht linearer bi- und multivariater Zusammenhänge sind unendlich groß, sodass hier lediglich noch einmal ein Hinweis auf das Beispiel einer *S-Kurve* gegeben werden soll, die z. B. in der Innovationsforschung eine große Rolle spielt oder wie in dem vorgelegten Zusammenhang sich bei der Beziehung zwischen Gründungswahrscheinlichkeit und Neurotizismus nachweisen lässt (siehe Abbildung 1.7).

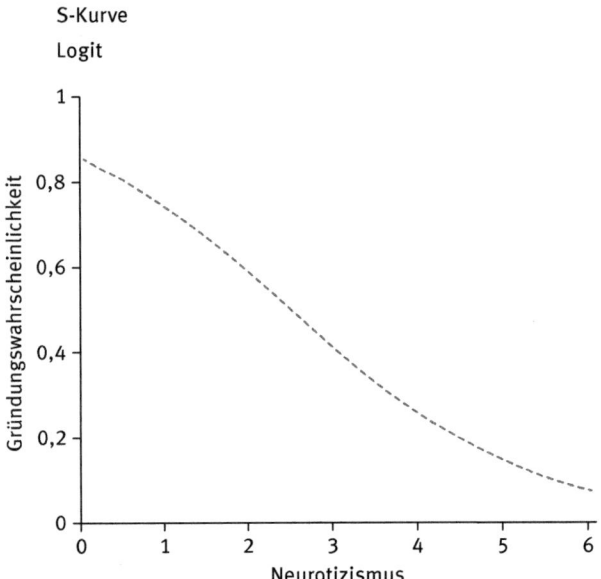

Abb. 1.7: Nicht lineare Zusammenhänge. Quelle: (Chlosta, 2005).

1.2.5 Induktion und Deduktion

Im Zusammenhang mit der Behandlung des klassischen Empirismus wurde bereits Bezug genommen auf den sogenannten *Induktionsschluss*. Dieser beschreibt den Schluss von einzelnen Beobachtungen bzw. allgemein bei einer Vielzahl von Fällen auf eine allgemeine Aussage (Hypothese, Gesetzlichkeit). In der Terminologie der Inferenzstatistik spricht man hierbei von dem Schluss von den in der Stichprobe vorgefundenen Befunden auf die Verhältnisse in der Grundgesamtheit (Reichertz, 2000).

In Anlehnung (bzw. Erweiterung, was die Falsifikation angeht) an die Vorstellungen Poppers kann hier festgestellt werden, dass dieser Induktionsschluss logisch nicht abzusichern ist und daher keine Endgültigkeit besitzt, d. h., dass weder endgültig durch Bestätigung einer Hypothese oder eines Hypothesengebäudes (Bezugsrahmen) eine zwingende, dauerhafte Verifikation erreicht werden kann, noch dass eine endgültige Falsifikation möglich ist. Letzteres gilt zumindest soweit man es nicht mit Allsätzen zu tun hat, wie dies in der Argumentation Poppers zugrunde gelegt ist und bei denen schon ein einziger Gegenfall eine Falsifikation darstellt. In diesem Sinne kann die allgemeine Aussage „alle Schwäne sind weiß" (anders formuliert „wenn ein Beobachtungsobjekt ein Schwan ist, dann ist er von weißer Färbung") schon durch einen einzigen schwarzen Schwan widerlegt werden. In den Gesellschafts- und Wirtschaftswissenschaften verlässt man allerdings durchgängig den Bereich der zeitlich-räumlich-sachlichen Allsätze und hat es eher mit Quasigesetzen bzw. probabilistischen Aussagen, Tendenzaussagen zu tun. Das heißt, die meisten Forschungsergebnisse sind beschränkt durch *räumliche* Eingrenzungen (wie z. B. auf die „Wirtschaft in Westeuropa"), *zeitliche* Eingrenzungen (historisch „die Entwicklung in der Nachkriegszeit" oder „die postindustrielle Gesellschaft") oder *sachliche* Eingrenzungen, und lassen auch Abweichungen einzelner Fälle zu.

Korrelationsstatistisch gesehen könnte es ohnehin so sein, dass man es irreführender Weise z. B. in einer Ex-post-facto-Studie bezüglich der Verifikation mit einer *Scheinkorrelation* oder bezüglich der Falsifikation mit einer *Schein**nicht**korrelation* zu tun hat, die durch Einwirkungen nicht erfasster Drittvariablen im weiteren Kausalnexus entstehen, wenn in einer Studie – und dies ist durchgängig der Fall – nur ein beschränkter Ausschnitt aus dem komplexen Gesamtkausalnexus betrachtet wird. Meist greift die verbreitete „*ceteris paribus*" Annahme zu kurz und stellt eher den Ausdruck einer Hoffnung, denn einer berechtigten Annahme dar, da die Verhältnisse eben gerade nicht stabil sind.

Soweit dies möglich ist, ist demnach ein logischer bzw. speziell mathematischer Beweis einem Induktionsschluss vorzuziehen. Beispielsweise bei der Bestimmung der Winkelsummen von Dreiecken, bei der auch die Ausmessung mehrerer Tausend Dreiecke bei gewisser Streuung durch Messfehler zwischen 178 und 182° das durchschnittlich ermittelte Messergebnis der Winkelsumme von 180° immer noch nicht beweisen würde, dass die Aussage „die Summe der Innenwinkel eines Dreieckes beträgt 180°" endgültig einen Wahrheitsgehalt hat, was aber der entsprechende mathematische Beweis zwingend belegen kann. Leider sind für die meisten in einer Realwissenschaft wie der Wirtschaftswissenschaft interessierenden Aussagen derartige mathematische Beweise nicht zu führen.

Im Gegensatz zur Induktion ist der Schluss der *Deduktion* von einer zwingenden Logik gekennzeichnet, vorausgesetzt es gibt ein sicheres *Gesetz* (d. h. in praxi vielfach validiert) und es sind die entsprechenden *Randbedingungen* zu diesem Gesetz in der zu untersuchenden Realitätssituation als tatsächlich gegeben bekannt. Dann, aber auch nur dann, lässt sich von einer Gesetzesaussage ausgehend eine Ableitung für ein *singuläres Ereignis* vornehmen (Reichertz, 2000).

Wie sieht der Ablauf einer solchen Deduktion im Einzelnen aus? Hier wird zwischen *explanans* und *explanandum* differenziert, d. h. zwischen dem, was zu erklären ist (explanandum, also das singuläre Ereignis) und dem Element, das dieses Ereignis erklären soll (explanans). Das explanans besteht in einer Gesetzesaussage (z. B. – wenn wir dies einmal wirklich als Gesetz betrachten wollen – „wenn die Werbung erhöht wird, steigt der Umsatz"). Zum zweiten gehört zum explanans die Benennung der Randbedingungen (Prämissen, Antezedenzbedingungen), z. B. wie der Benennung des singulären Ereignisses (etwa die Werbung im Betrieb A wurde um 50 % erhöht). Das zu erklärende Phänomen (explanandum) wäre demnach in unserem Beispiel der steigende Umsatz.

Geht man nun davon aus, dass die Gesetzesaussage wahr ist, dass die Randbedingungen, wie sie formuliert wurden, auch mit der Realität übereinstimmen, ist die Folgerung zwingend. Das Gedankengebäude der Deduktion wird allerdings dadurch gestört, dass möglicherweise Fehler in den Prämissen gemacht werden; d. h., die vorausgesetzten Randbedingungen (wie z. B. die Festlegung auf „ceteris paribus") nicht erfüllt werden. In diesem Fall ist dann auch die logische Schlussabsicherung nicht stimmig; d. h., sie führt zu falschen Ableitungen. Ein weiterer Störfaktor kann durch das Setzen realitätsferner Annahmen entstehen. Geht man z. B. in einem Modell, das man zur Erklärung oder Prognose der Absatzpreise in der Parfümindustrie im Jahr 2020 benutzen möchte, von einem vollkommenen Markt aus (also einem örtlich-zeitlichen Punktmarkt mit vollkommener Information, homogenen Gütern und nicht vorhandenen Präferenzen aufseiten der Käufer), kommt man zur fälschlichen Vorstellung, dass der Preis für ein Parfüm gleich den Erstellungskosten dieses Gutes wäre. Wir wissen aber, dass das eben aufgrund der nicht gegebenen Prämissen des vollkommenen Marktes durchweg in der Realität eine empirisch nicht haltbare Annahme darstellt. In dem Maße wie im wirtschaftswissenschaftlichen Bereich strenge Gesetze und streng definierte Theorien nicht existieren und damit strenge Deduktionen nicht möglich sind, hat somit der Induktionsschluss mit all seinen Unsicherheiten und Unwägbarkeiten doch einen dominanten Stellenwert.

Es sei an dieser Stelle bemerkt, dass auch die Deduktion nicht ohne Empirie auskommt, da ja die Erfüllung der Prämissen bzw. Randbedingungen an der Realität überprüft werden muss.

1.2.6 Qualitative und quantitative Forschung: Antagonismus oder Komplementarität?

In dem hier vorgestellten Ansatz werden qualitative und quantitative Forschung als zwei Seiten einer Münze betrachtet, die sich gegenseitig im größeren Rahmen eines Untersuchungsfeldes ergänzen und daher keineswegs als sich ausschließende Alternativen angesehen werden sollten. Qualitative Forschung meint zumeist eine Forschung, die nicht oder wenig standardisiert ist, während quantitative Forschung nicht nur nach Zählen der Quantitäten, sondern gleichermaßen nach weitestgehender Standardisierung strebt.

Stärken der qualitativen Forschung werden insbesondere im Kontext der *Hypothesengenerierung* gesehen, also im *explorativen* Bereich (Explorationsstrategie) und damit eher in der Frühphase eines Forschungsgebietes oder Einzelvorhabens. Qualitative Forschung kann aber auch in der Folge einer umfangreichen quantitativen Erhebung und Auswertung zur vertiefenden Interpretation und Klärung ambivalenter Ergebnisse herangezogen werden (Strauss, 1994).

Die *Domäne der quantitativen Forschung* ist die Überprüfung von Hypothesen (Prüfstrategie, Falsifikationsstrategie). Dies drückt sich insbesondere in der Art der Operationalisierung (möglichst vollstandardisiert und mit Ratio- oder Intervallskalierung als Messniveau), in der gewählten Forschungsform (vorzugsweise das Laborexperiment oder zeitlicher Längsschnitt in einer Ex-post-facto-Felduntersuchung) und dem Auswahlverfahren (Zufallsstichprobe) aus. In der Forschungspraxis eher als in Methodentheorie findet man den Einsatz quantitativer Ansätze auch zur Exploration, so z. B. bezüglich des *„fishing for correlations"*, d. h., um Hypothesen aus vorliegendem Datenmaterial zu kreieren. Dies wird allerdings auch als *theorielose Forschung* gegeißelt. Es stellt sich in diesem Zusammenhang aber die Frage, ob Forschung notwendigerweise *theoriegetrieben* sein muss (traditionelles Verständnis) oder ob nicht auch eine *datengetriebene* Forschung wie das Untersuchen der korrelativen Struktur einer z. B. im Rahmen von betrieblichen, in Prozesserfassungen entstandenen Datenbasis fruchtbar sein kann bzw. ob nicht bei der Generierung von Hypothesen eine größtmögliche Freiheit für die Forschung bestehen sollte, die ja dann letztlich mit den strengen Regeln der Hypothesenprüfung erkenntnistheoretisch balanciert wird (Hauschildt, 2003).

Historisch gesehen wurde qualitative und quantitative Forschung insbesondere in den 1960er-Jahren im Rahmen des *Methodenstreits* (Frankfurter Schule gegenüber Kölner Schule in der Soziologie) eher als sich ausschließende Gegensätze begriffen. Hier standen sich die Positionen der naturwissenschaftlich orientierten Wissenschaft („Science", Positivismus, Popper, Adorno) einer verstehenden, *historisch-hermeneutischen Wissenschaft* (Max Weber, Albert) gegenüber. Besondere Herausstellung erfährt eine puristisch qualitative Ausrichtung im Umfeld der *„Grounded Theory"* (Glaser & Strauss, 2009; Mayring, 2007), die den Anspruch hat, allein auf der Basis qualitativer Forschung eine Theorieentwicklung zu ermöglichen; dies erscheint den Autoren allerdings schon aus stichprobentheoretischen Überlegungen als fragwürdig.

1.2.7 Probleme und Grenzen des Wissenschaftsansatzes im Sinne von „Science": vorwissenschaftliche Sprachkategorien

Ein wichtiges, im Grunde aber viel zu wenig thematisiertes Problem, ist die *Sekundarisierung der Erfahrung* und in den letzten Jahrzehnten besonders die *Medialisierung der Wahrnehmung*. Traditionell war sekundäre Wahrnehmung bzw. die über Dritte vermittelte Wahrnehmung auf den Sozialisierungsprozess im mikrosozialen Umfeld konzentriert. Dies ließ viel Raum für primäre, d. h. unmittelbare persönliche Erfahrung. Mit der Weiterentwicklung der Arbeitsteilung und mit der Einführung und Verbreitung von Massenmedien machen die Menschen aber immer weniger persönliche und unmittelbare Erfahrungen mit der Realität. Stattdessen übernehmen sie im Sozialisierungsprozess und im weiteren Leben vorzugsweise Erfahrungen aus zweiter Hand durch Massenmedien. Sei es durch Printmedien wie Zeitungen, Zeitschriften oder Bücher oder in den letzten Jahrzehnten verstärkt durch elektronische Medien wie Radio, TV, Video/DVD, Kino, Computerspiele, Internet. Soziales Lernen ersetzt also zunehmend die primäre Auseinandersetzung mit der Welt. Schon in früher Kindheit ersetzen Medien die unmittelbare Daseinserfahrung. Das bedeutet gerade in jungem Alter, dass die Grenzen zwischen Fiktion und Nonfiktion verwischen (Spielfilmszenen als Pseudowahrheitsbeleg für Realität). Selbst wenn über Realität in Medien berichtet wird (z. B. in Form von Reportagen, Dokumentationen), schafft schon die Auswahl der Berichtsthemen deutliche Verzerrungen in der Wahrnehmung. Man denke z. B. an die intensive, überproportionale Berichterstattung über kriminelles Verhalten, über Unglücke und Naturkatastrophen in den Nachrichten etc. Diese Problematik wird im Zusammenhang mit der Behandlung der Stichprobentheorie noch einmal aufgegriffen. Die Übernahme fremder Erfahrungen und Weltdeutung beginnt aber schon durch das Erlernen der Muttersprache oder weiterer Sprachen und damit durch die Übernahme von Denkkategorien und Idiomen etc., die ganz wesentlich unser vorwissenschaftliches Denken prägen und auch weit in unser wissenschaftliches Denken und Arbeiten ausstrahlen.

Durch die Prägung des Denkens aufgrund der übernommenen Alltagssprache – dies gilt gerade in einer Wissenschaft, in der sich eine umfassende wirtschaftliche Praxis nicht trennscharf von entsprechenden Wissenschaftsbereichen absetzt – ist die Einflussnahme des vorwissenschaftlichen Denkens auf das wissenschaftliche Denken ein sehr beachtenswertes Phänomen. Insofern ist die Anlage von sprachlichen Kategorien und Denkkategorien der Alltagssprache auch für wissenschaftliches Denken prägend.

1.2.8 Wertsetzungen in der Wissenschaft, Forschungsethik

Ein wichtiges Grundproblem im Umfeld wissenschaftlicher Arbeit ist die Auseinandersetzung mit *Werten*. Seit Langem wird eine Diskussion über die Möglichkeit einer wertfreien bzw. wertneutralen Wissenschaft geführt. Auf der einen Seite existiert die Forderung nach einer derartig ausgelegten Wissenschaft – auf der anderen Seite wird die Unmöglichkeit, dieses Ziel zu erreichen, behauptet. Letztlich ist eine wertfreie und wertneutrale Wissenschaft sicherlich nicht vollständig realisierbar Der Wissenschaftler sollte sich aber aufgefordert sehen, da, wo er Werte setzt und bestimmten Wertsetzungen folgt, dies offen zu legen, zu dokumentieren und eine strikte Trennung zwischen methodisch-wissenschaftlichen Arbeiten und Wertsetzungen vorzunehmen. Dies beginnt mit dem Startpunkt einer wissenschaftlichen Arbeit, also bei der Auswahl eines bestimmten wissenschaftlichen Problems, einer Forschungsfrage, und besteht zum anderen insbesondere bei der Interpretation und Diskussion wissenschaftlicher Ergebnisse bis hin zur Formulierung von Gestaltungsempfehlungen.

Ein wichtiger Aspekt der Forschungsethik ist auch in der gesellschaftlichen Verantwortung des Wissenschaftlers für den Umgang mit den Ergebnissen seiner Forschung zu sehen. Als Extremposition ist hier denkbar, dass der Forscher auf dem Standpunkt steht, alles erforschen zu dürfen und zu sollen, was möglich ist und Ergebnisse seiner Forschung ohne persönliche Verantwortung an die Gesellschaft, an die Politik und an einzelne Unternehmen weiterreichen zu müssen. Die entsprechende Gegenposition wäre dadurch gekennzeichnet, dass der Forscher in seiner Rolle als Staatsbürger und Mitmensch eine grundsätzliche persönliche Entscheidung bezüglich der Ermöglichung der Verwendung zu treffen hat. Es geht also einerseits darum, welche Art von Forschungsfragen er verfolgen darf, andererseits, dass er darüber reflektieren sollte, was mit seinen Forschungsergebnissen an positivem oder negativem Handeln innerhalb der Gesellschaft als Möglichkeitsraum eröffnet wird.

Insbesondere im Zusammenhang mit der Nuklearforschung in den 40er-Jahren sowie im Bereich der Gentechnologie seit den 90er-Jahren des 20. Jahrhunderts wird und wurde häufig die Frage gestellt, welche Verantwortung der Wissenschaftler in seinem Tun für seine Mitmenschen, die Gesellschaft und die menschliche Spezies besitzt.

Nach Entdeckung der Kernspaltung und dem Bau der ersten Atombombe und ihrem Einsatz durch die USA in Hiroshima/Japan wurde die Frage thematisiert, welche Verantwortung der Wissenschaftler für die Nutzung der von ihm entdeckten und entwickelten Forschungsergebnisse haben sollte. So setzt sich Robert Jungk in den 1950er- und 1960er-Jahren in seinen Büchern „Heller als tausend Sonnen" und „Strahlen aus der Asche" mit dieser Thematik auseinander.

In den 90er-Jahren des letzten Jahrhunderts und im dritten Jahrtausend ist die Gentechnologie bzw. der Life-Science-Bereich in die Diskussion gekommen, z. B. bezüglich der Frage, inwieweit auf frühe Formen oder Vorformen menschlichen Lebens in der Forschung zurückgegriffen werden kann, wieweit diese für bereits entwickeltes menschliches Leben instrumentalisiert werden dürfen, inwieweit etwa auch Menschen geklont werden dürfen, inwieweit gentechnisch veränderte Nahrungsmittel angeboten werden dürfen und ob gentechnisch veränderte Pflanzen und Tiere sich im freien Feld ausbreiten dürfen.

Durch Skandale (deutscher Krebsforscher, koreanischer Genforscher) sind auch weitere Fragen der *Forschungsethik* in den 1990er-Jahren und danach immer wieder thematisiert worden, d. h. insbesondere Fragen des Betruges und der Fälschung in der Wissenschaft (*misconduct in science*). Ein wesentlicher Grundimpuls wissenschaftlichen Handelns ist – oder sollte sein – das *Streben nach Wahrheit* und Objektivität. Plagiate, Ergebnis- oder Datenmanipulationen stehen im krassen Gegensatz zu diesem Fundamentalgebot wissenschaftlichen Arbeitens.

Hier stellt sich grundsätzlich die Frage nach den Hintergründen und Ursachen von unethischem Verhalten einzelner Wissenschaftler wie auch die Frage nach der Wirksamkeit der Kontrolle, z. B. durch das „*Peer Review*" innerhalb der „Scientific Community". Was führt also den einzelnen Forscher und die Forschergruppen zu einem missgeleiteten Verhalten bzw. wie kann die Organisation der Wissenschaft in der Gesellschaft derartige Verhaltensweisen identifizieren, sanktionieren bzw. verhindern? Ein wichtiger Schritt war, dass durch die DFG und die Max-Planck-Gesellschaft ein *Ehrenkodex* formuliert worden ist, in dem deutlich und klar erläutert wird, was als Betrug und Fälschung zu betrachten ist, sodass das Bewusstsein der Forschenden geschärft wird. Grundsätzlich besteht die Vorstellung, dass Wissenschaftler im Wissenschaftssystem sich sozusagen als Gruppe von Gleichen gegenseitig kontrollieren und hinterfragen, d. h. also eine Selbstkontrolle des wissenschaftlichen Systems ohne z. B. eine direkte staatliche Aufsicht oder Strafandrohung erfolgt.

Im Zusammenhang mit experimenteller Laborforschung ist eine Kontrolle durch Nachvollzug grundsätzlich praktikabel. Aber mit Blick auf andere Forschungsformen, die unmittelbare Repliken nicht ermöglichen, wie z. B. bei dem im wirtschaftswissenschaftlichen Bereich typischen „Ex-post-facto-Felduntersuchungen", ist dies grundsätzlich nur sehr bedingt oder höchstens nur in Teilen möglich. Hier können zumindest die Forderung nach einer differenzierten *Dokumentation* aller einzelnen Arbeitsschritte und die Forderung nach der Hinterlegung von Forschungsdaten plumpen Betrugsversuchen einen Riegel vorschieben.

Der *Schutz individueller, persönlicher Daten* und die Frage der Manipulation von Menschen für Forschungszwecke stellt eine weitere ethische Herausforderung an den Forscher dar. Ein anderer Blick auf die Beziehung von Wissenschaft und Werten ist die Frage nach der *Sinngebung* des menschlichen Seins bzw. des Seins überhaupt. Diese entziehen sich allerdings den Erkenntnisansätzen wie sie in dem hier darzustellenden Wissenschaftsansatz („Science") verfolgt werden können. Überdies wirft eine solche Grundannahme auch die Frage nach der Existenz eines *freien menschlichen Willens* auf. Hier ist dann die Frage nach den *Grenzen von Wissenschaft im Sinne von „Science"* positioniert. Das heißt, welche Ansprüche kann diese Forschung erheben, welche Erwartungen kann sie nicht einlösen, wo liegen die professionellen Betätigungsfelder, wo hören sie auf?

Ein Negativbeispiel für die Vermischung wissenschaftlicher und eher ideologisch religiöser, also wertsetzender Fragen, ist der Disput zwischen den *Evolutionisten* und den *Kreationisten* (hier auch „Intelligent Design"). Die Evolutionisten folgen dem grundlegenden Ansatz von Charles Darwin, der 1859 sein Werk zur Erklärung der Entstehung der Arten auf der Basis zufälliger Mutation und von Umwelteinflüssen (natürliche Auswahl) dargelegt hat. Der naturwissenschaftlichen Theorie, die die Entstehung der Welt nach aktuellem Stand vor etwa 4,6 Mrd. Jahren sieht, stellen die Kreationisten den Glauben an eine Schöpfungsgeschichte von etwa 6 000 Jahren gegenüber, wie sie in der Bibel (Genesis) dargelegt ist. Hier wird allerdings eine Wissenschaftsposition einer religiösen Position gegenübergestellt, was grundsätzlich wenig sinnvoll ist.

Es stellt sich somit die Frage, auf welche Art von Fragen kann diese Wissenschaft (im Sinne von „Science") antworten und was sind Fragen, zu denen die Wissenschaft grundsätzlich keine Aussage machen kann? Wie bereits zuvor erwähnt, basiert dieser Wissenschaftsansatz u. a. auf dem allgemeinen Paradigma kausalen Denkens. Es wird also nach *Ursachen und Wirkungen/Folgen* gefragt. Wissenschaft kann und will nicht Aussagen über die *Zielhaftigkeit oder den Sinn* menschlichen Lebens bzw. der Existenz der Welt und des Universums geben. Derartige wertsetzende religiöse und philosophische Fragen entziehen sich grundsätzlich den methodischen Möglichkeiten der Wissenschaft (im Sinne von „Science"). Manchen Wissenschaftler hält dies nicht davon ab, sich dennoch in seiner professionellen Rolle zu derartigen Fragen zu äußern.

Zusammenfassend kann also festgestellt werden, dass wissenschaftliches Handeln ethischen Überlegungen unterzogen werden sollte, dass aber die Wissenschaft keine Methodik zur Entwicklung oder Beurteilung von Wertsetzungen besitzt.

2 Bezugsrahmen, Theorie, Technologie

2.1 Vom Begriff und Satz zu Bezugsrahmen und Theorie

Bezugsrahmen und Theorien bestehen aus *Sätzen* und *Aussagen* (die je nach Entwicklungsstand einer Wissenschaft oder eines Teilgebietes einer Wissenschaft *Hypothesen* oder *Gesetze* sein können). Die Bausteine dieser Hypothesen und Gesetze sind die *Begriffe*. Es soll hier zwischen *logischen Begriffen* einerseits und *empirischen* Begriffen andererseits unterschieden werden.

Aussagen (also Gesetze und Hypothesen) bestehen aus Begriffen. Diese Begriffe sind einerseits als logische Begriffe zu bezeichnen, die eine Beziehung aufzeigen, die zwischen den empirischen Begriffen besteht (wenn dann, je desto). Empirische Begriffe beziehen sich entweder auf Merkmalsträger (Entitäten, Objekte etc.) oder Merkmalsdimensionen (Variablen, Faktoren etc.). Bei der Aussage „wenn die Produktionsmenge steigt, sinken die Stückkosten", sind die Begriffe „wenn" und „dann" logische Begriffe, die die Vorstellung einer (möglichen) kausalen Beziehung repräsentieren. Ausbringungsmenge und Stückkosten dagegen sind empirische Begriffe bzw. Variablen (Merkmale), deren Ausprägung nach entsprechender *Operationalisierung* in der Realität zu messen sind. Der hier nicht explizit gemachte Merkmalsträger dieser Merkmale könnte „die Unternehmung", „der Betrieb" oder „die Produktionsanlage" sein.

Mit Blick auf die Komplexität und Messbarkeit wird bei empirischen Begriffen zwischen overten und latenten Begriffen bzw. zwischen Beobachtungsbegriffen und Konstrukten unterschieden. Letztere Unterscheidung bezieht sich auf die Komplexität, während die erste Unterscheidung den Aufwand bei der Operationalisierung fokussiert. Aufgabe der empirischen Forschung ist es, durch Entwicklung von Operationalisierungen entsprechend definierter empirischer Begriffe diese messbar zu machen bzw. dann entsprechende Messungen durchzuführen. Bezüglich der *Messbarkeit* eines Begriffs wird zum einen von *Beobachtungsbegriffen* gesprochen, die der unmittelbaren Wahrnehmung zugänglich sind, so z. B. ein Manager als Merkmalsträger bezüglich seines Geschlechts und Alters als Merkmalsdimensionen. Demgegenüber stehen empirische Begriffe mit einem eher indirekten Zugang. Diese werden als *theoretische Konstrukte* oder *latente Begriffe* bezeichnet. Dies können Merkmalsträger wie „Betrieb" oder „Volkswirtschaft" sein oder Merkmalsdimensionen dieser Merkmalsträger wie „Wettbewerbsintensität" oder „Unternehmenserfolg". Diese theoretischen Konstrukte können nur mittelbar durch Indikatoren erfasst bzw. gemessen werden, nachdem sie entsprechend operationalisiert worden sind.

Empirie Sprache (Synonyme)

Merkmalsträger
- Objekte
- Fälle

https://doi.org/10.1515/9783486709728-002

- Subjekte
- Entität
- Units
- Cases
- (Satz/Record)

Merkmalsdimension

- Merkmal
- Eigenschaft
- Dimension
- Variable (mind. zwei Ausprägungen)
- Parameter (gestaltbar)
- Faktor
- (Feld/Field)

Merkmalsausprägung

- Werte
- Ausprägungen
- Value

Dagegen: logische Begriffe wie „und", „wenn…dann", „je…desto", „weil"…

Als *Axiomatik* lässt sich dementsprechend zusammenfassend retrograd vom Komplexen zum weniger Komplexen wie folgt formulieren:

- *Theorien* sind ein System von *Sätzen* bzw. *Gesetzen.*
- *Bezugsrahmen* sind dementsprechend ein *System von Hypothesen.*
- *Technologien* sind ein System von *Gestaltungsregeln.*
- Hypothesen und Gesetze, Gestaltungsregeln, also *allgemeine Aussagen*, werden durch logische und empirische Begriffe gebildet.
- *Logische Begriffe* geben an, in welcher Beziehung die empirischen Begriffe stehen (vor allem bezüglich Ursache und Wirkung).
- Bei den *empirischen Begriffen* sind *latente* und *overte* Begriffe zu unterscheiden, und zwar danach, ob diese unmittelbar gemessen werden können oder ob komplexe Operationalisierungen notwendig sind. Letzteres gilt insbesondere für komplexe gedankliche Gebilde (*Konstrukte*). Bei latenten Begriffen besteht jedoch auch immer das Problem, wie diese definiert werden sollen.
    - Leistung des Managements (Gewinn, Mitarbeiterzufriedenheit);
    - Erfolg einer Unternehmung (Wachstumszahlen, ROI);
    - Wert einer Unternehmung (Assets, Börsenwert);
    - Mitarbeiterzahl einer Unternehmung (Vollzeitkräfte, Jahresdurchschnitt);
    - Persönlichkeit des Unternehmens (BIG 5, Kreativität),
    - Arbeitszufriedenheit von Mitarbeitern (Absentismus, Engagement);

- globales ökonomische Wachstum (BIP, BSP);
- Reichtum einer Volkswirtschaft (per Captia Einkommen, Gesamtvermögen, Rohstoffe, Ausbildung);
- Lebensqualität (Wohlfahrtsindex, Glückbilanz).

Um eine Messung durchführen zu können, muss also ein (theoretischer) Begriff zunächst operationalisiert, d. h. messbar, gemacht werden. Dies geschieht typischerweise durch die Auswahl von Indikatoren wie z. B. den Items innerhalb einer Skala.

Wie ist nun eine *Hypothese* zu definieren? Man könnte formulieren „eine Hypothese ist eine wissenschaftlich berechtigte Annahme über die Realität, die typischerweise in einer Wenn-dann-Struktur (oder: Je-umso-/Je-desto-Struktur) formuliert wird. Schauen wir uns also z. B. die Formulierung der *„economies of scale"* an: „Wenn die Ausbringungsmenge steigt, dann sinken die Stückkosten". Oder die Formulierung der *economies of scope*: „Bei einer größeren Bandbreite an Produkten und Märkten, steigt durch die Synergien die Wirtschaftlichkeit".

Hypothesen und Gesetze differenzieren sich voneinander grundsätzlich nicht in der Art ihrer Formulierung, d. h., eine Hypothese unterscheidet sich rein äußerlich gar nicht von einem Gesetz, sondern lediglich dadurch, dass der *Wahrheitsgehalt*, die *Sicherheit des Zutreffens* dieser Aussage insofern höher ist, als diese Aussage vielfach geprüft und dabei nicht widerlegt wurde. Ist dies der Fall, so spricht man von *Gesetzen*, von *Invarianzen* oder auch von *nomologischen Aussagen*. Mit diesen kann man dann entsprechende singuläre Ereignisse aus der Retrospektive erklären (ex post) bzw. aus der Prospektive prognostizieren (ex ante).

Im naturwissenschaftlichen Bereich sind Gesetze typischerweise ohne räumliche und zeitliche Einschränkung formuliert; sie gelten also immer und überall. Im wirtschaftswissenschaftlichen Bereich sind die Zusammenhänge, die formuliert werden, zumeist aber nur probabilistischer Natur, d. h., wir haben es mit stochastischen oder Wahrscheinlichkeitsaussagen zu tun. Anstelle der Formulierung „wenn eine Organisation größer ist, dann hat sie einen höheren Formalisierungsgrad" (oder: „je größer eine Organisation ist, umso formaler ist sie"), lässt sich eher formulieren: „Wenn eine Organisation mehr als 50 Mitglieder hat, wird mit einer Wahrscheinlichkeit von 90 % ein formalisiertes Controllingsystem eingerichtet".

So wie die Hypothesen in der wissenschaftlichen Entwicklung die Vorstufe von Gesetzen sind, so wird im Folgenden der Begriff „Bezugsrahmen" (reference frame) im Sinne einer gedanklichen Vorstufe für eine Theorie verwendet. Dieser wird je nach Anlage und Aufgabe auch als *theoretischer, konzeptioneller, gedanklicher, heuristischer, statischer, dynamischer*, als *Ausgangs- oder Ergebnisbezugsrahmen* bezeichnet. Nach Kirsch (1981) lässt sich formulieren, dass ein Bezugsrahmen in der einfachsten Form dadurch gekennzeichnet ist, dass er eine Reihe von empirischen Begriffen (also Merkmalsdimensionen/Merkmalsträger) aufführt, von denen angenommen wird, dass sie einmal Bestandteil einer Theorie sein könnten; hier ist noch keine kausale Komponente eingeführt, daher wäre dies ein rein „begrifflicher" Bezugsrahmen.

Die Tabelle 2.1 stellt die Begriffe Hypothese und Bezugsrahmen einerseits und Gesetz und Theorie andererseits in Beziehung. Demnach unterscheidet sich ein Gesetz von einer Theorie und eine Hypothese von einem Bezugsrahmen dadurch, dass erstere jeweils weniger komplex sind, also typischerweise nur zwei oder drei Variablen miteinander verbinden. Theorie und Gesetz unterscheiden sich andererseits von Bezugsrahmen und Hypothese dadurch, dass erstere vielfach geprüft und dabei nicht widerlegt worden sind, d. h., eine Hypothese und ein Bezugsrahmen befinden sich in einem früheren Stadium wissenschaftlicher Auseinandersetzung.

Tab. 2.1: Hypothesen und verwandte Begriffe.

Komplexitätsgrad	Validierungsgrad	
	(Noch) nicht validiert	(Vorläufig) validiert
Einfach: Element	Hypothesen	Sätze, Gesetze
Komplex: System	Bezugsrahmen	Theorie

Definition Bezugsrahmen:
- System aufeinander bezogener Hypothesen
- Geht es auch ohne Hypothesen beim Beginn einer Forschung?
- Gefahren durch Hypothesenbildung → Artefakte

Quelle: eigene Darstellung.

Ein Gesetz ist dementsprechend eine vielfach überprüfte und nicht widerlegte Aussage während eine Hypothese eine Aussage darstellt, die noch nicht entsprechenden Überprüfungen unterzogen worden ist und sich daher noch nicht bewähren konnte.

Je nachdem, welche Bedeutung die empirische Komponente hat, kann man zwischen zwei unterschiedlichen Typen von Theorien, nämlich *empirischen Theorien* auf der einen Seite und *formal-logischen Theorien* auf der anderen Seite unterscheiden. Empirische Theorien sind verbunden mit den Erfahrungs- oder Realwissenschaften und mit einer Forschungsmethode, die sich auf Erfahrung stützt, um durch Konfrontation von theoretischen Aussagen mit der Realität wissenschaftliche Erkenntnisse zu gewinnen. In diesem Prozess findet ein Wechsel zwischen Wahrnehmung (Empirie) und gedanklicher Reflexion (Theoriebildung) statt. Theorie und Empirie sind demnach keine Gegensätze, sondern stehen notwendigerweise bei Realwissenschaften in direktem Austausch miteinander. Realwissenschaften sind z. B. die Wirtschaftswissenschaft, die Soziologie oder die Psychologie.

Von diesem Vorgehen ist die formal-logische Theorie zu unterscheiden, wie wir sie in der Mathematik und in der formalen Logik (Logistik) vorfinden, die streng axiomatisch aufgebaut sind.

Ergebnis des jeweiligen Erkenntnisprozesses ist ein Theoriegebäude und damit auch ein Lehrgebäude bzw. eine einschlägige Lehre, z. B. die Betriebswirtschaftslehre.

In der Alltagssprache kennen wir auch ein anderes Verständnis dieses „Gegensatzpaares" *Theorie und Praxis*. Hier wird Theorie als etwas verstanden, das als abgehobenes Denken weitestgehend unabhängig von der Realität stattfindet und demnach wirklichkeitsfremd ist (Albert, 1957). Als Gegensatz dazu wird die Praxis als lebensnah, wichtig und nutzbringend betrachtet. Hier mag die Bemerkung, die dem Gestalt- und Sozialpsychologen Kurt Levin (1890–1947) zugeschrieben wird, ein anderes Licht auf die Beziehung zwischen Theorie und Praxis werfen. Er formulierte „Es gibt nichts Praktischeres als eine gute Theorie". Damit ist ausgedrückt, dass sich eine gute Theorie eben dadurch auszeichnet, dass sie durch die Entstehung über empirische Erfahrungen eine enge Verbindung mit dem realen Leben hat bzw. die beste Grundlage für praktisches Handeln darstellt. Damit ist man auch beim Begriff der Technologie. Ist die Theorie ein System von Gesetzen, das ein Verstehen der Wirklichkeit ermöglicht, so ist die *Technologie* ein System von Gesetzmäßigkeiten, das Gestaltungswissen *erschließt*, Aussagen über Handlungsmöglichkeiten und Instrumentarien darstellt.

2.2 Qualitätsaspekte: Anforderungen an empirische Aussagen

Hinsichtlich der Forschung Dritter, aber auch bezogen auf die eigenen Forschungsaktivitäten stellt sich notwendigerweise die Frage nach der Bewertung der Qualität dieser Aktivitäten und damit nach einschlägigen Kriterien.

Nach Müller-Böling and Klandt (1993) sind:
- der Informationsgehalt
- die Glaubwürdigkeit und
- die Verwertbarkeit (Relevanz, Nutzen)

die zentralen Aspekte der Qualität von Forschung. Der *Informationsgehalt* einer wissenschaftlichen Untersuchung bemisst sich grundsätzlich auf der Basis der Anzahl einbezogener Merkmalsträger bzw. Fälle einerseits, und zum anderen auf der Basis der Anzahl der operationalisierten und gemessenen Variablen (Merkmalsdimensionen). Diese Informationsmatrix stellt den Informationsinput dar, der aus der Realität gewonnen wurde und für die Auswertung der jeweiligen Studie zur Verfügung steht. Dieser Informationsinput ermöglicht und begrenzt zugleich die empirische Einsicht in die Realität.

Die *Glaubwürdigkeit* wird insbesondere unter dem Gesichtspunkt der Nachvollziehbarkeit und damit unter dem Gesichtspunkt der Dokumentation der Vorgehensweise, der verwendeten Erhebungsinstrumentarien etc. geprägt. Je deutlicher die Darstellungsauskunft über die Grundpopulation, die Verfahrensweise bei der Messung, die gewählte Forschungsform, die begründete Auswahl der Fälle, die Datensammlungstechniken, Erhebungsverfahren, desto größer fällt letztendlich die Glaubwürdigkeit aus. Wie ist die Glaubwürdigkeit von Aussagen zu erhöhen? Dies kann z. B. dadurch geschehen, dass eine Studie wiederholt wird, also im Sinne einer Replikation bzw. einer vergleichbaren Untersuchung zur gleichen Fragestellung, die z. B. aber in einem anderen Kultursystem oder zu einem anderen Zeitpunkt erfolgt.

Insgesamt gesehen ist bezüglich der Glaubwürdigkeit festzuhalten, dass auch die Empirie nie völlig objektiv sein kann, dass aber durch die Nachvollziehbarkeit subjektiver Entscheidungen des Forschers und durch die Dokumentation der Vorgehensweise eine hohe Glaubwürdigkeit erreicht werden kann. Werden also Operationalisierung, Auswertungsschritte, die Befunde im Einzelnen und die Gedankengänge bei der Interpretation dokumentiert, so erreicht man eine höhere Glaubwürdigkeit.

Schließlich ist ein wesentliches Merkmal der Qualität von Forschung auch in dem Aspekt der *Relevanz* der Forschungsfragen und damit auch im Weiteren in der Verwertbarkeit der Forschungsergebnisse zu sehen. Bei wissenschaftlicher Forschung sollte es daher nicht nur um „rigor" gehen, sondern immer auch um „relevance"! Dieses Postulat funktioniert offensichtlich bei den Ingenieurwissenschaften besser als in vielen Bereichen der Betriebswirtschaftsforschung, wo der Nutzen der Wissenschaft für die Praxis sich oft nur schwer erschließt.

Verwertbarkeit kann zum einen in dem möglichen Beitrag der jeweiligen Studie für die Theorieentwicklung gesehen werden. Die Verwertbarkeit empirischer Untersuchungen ist aber auch in der Beziehung zum Technologietransfer zu sehen, d. h., dass es möglich ist, die Ergebnisse empirischer Forschungsarbeiten in einem Transfer in die Praxis zu überführen und dort zu nutzen. Zum zweiten kommt der Aspekt der Orientierungsfunktion, die auch Praktikern eine Orientierung in ihrer Realitätswelt ermöglichen soll. Schließlich kann auch die Instrumentalfunktion hier greifen, wenn etwa in der Wissenschaft entwickelte Operationalisierungen zur Analyse und Diagnose realer Einzelsysteme genutzt werden.

2.3 Heuristische Bezugsrahmen als Vorformen von Theorien

2.3.1 Grundverständnis des Bezugsrahmens

Im Folgenden sollen Bezugsrahmen als ein Instrument der Strukturierung von Forschungsaktivitäten auf dem Wege zu einer Theorie vorgestellt werden. Ähnlich wird z. T. auch der Begriff „*Modell*" verwendet. Ein Bezugsrahmen umfasst in dem hier verwendeten Sinne zumindest eine Reihe von empirischen Begriffen, von denen angenommen wird, dass sie einmal Bestandteil einer Theorie sein könnten. Darüber hinaus werden je nach Präzisierungsstufe des Bezugsrahmens mehr oder weniger detailliert Beziehungszusammenhänge zwischen diesen Begriffen angegeben (Kirsch, 1981; Kubicek, 1976). Ein entsprechend präzisierter Bezugsrahmen, der Beziehungszusammenhänge ausweist, kann analog der Definition einer Theorie als ein System von allgemeinen und kritisierbaren Aussagen verstanden werden, das hinsichtlich seines Wahrheitsgehaltes überprüft werden muss.

Bestandteile eines Bezugsrahmens sind demnach:

- empirische Begriffe, d. h. insbesondere *Merkmalsträger* (Objekte) und *Merkmalsdimensionen* (Variablen);
- *Beziehungszusammenhänge*, die verbal durch logische Begriffe wie „wenn", „dann", „je desto" und „je umso" ausgedrückt werden.
- Bei begrifflichen Bezugsrahmen könnten auch Aussagen wie „ist Bestandteil von", „gliedert sich in", „wird zerlegt in" und „ist zerlegbar in" eingesetzt werden.

Ein wichtiges Ziel für den Einsatz eines Bezugsrahmens ist die Präzisierung von Begriffen (Definition, Operationalisierung, Messvorschriften etc.) und Beziehungen (Vorhandensein, Richtung, positive/negative Polung, quantifizierte Stärke) im Rahmen des Forschungsprozesses.

Kommen wir noch einmal zurück auf die Elemente eines Bezugsrahmens. Es geht um empirische Begriffe, die als Merkmalsträger oder -dimensionen in einem Bezugsrahmen auftauchen. Oftmals geht es in einem Bezugsrahmen nur um einen Typ von Merkmalsträger, wie z. B. nur um Unternehmen oder nur um Manager oder nur um Mitarbeiter. In einer grafischen Darstellung wird dieser Merkmalsträger dann oft gar nicht explizit aufgeführt, sondern ist lediglich durch seine Eigenschaften oder Variablen (Merkmalsdimensionen) veranschaulicht. Je nach Differenzierungsgrad werden Merkmalsdimensionen durch einzelne Variablen in einem Bezugsrahmen dargestellt oder komplexe Variablenblöcke, wie z. B. „interne Bedingungen des Unternehmens".

In einer frühen Stufe besteht ein Bezugsrahmen möglicherweise nur aus den bisher bekannten Begriffen, von denen erwartet wird, dass sie mögliche Bestandteile einer Theorie werden können. Bei einem fortgeschritteneren Entwicklungsstand des Bezugsrahmens sind dann Beziehungszusammenhänge zwischen den Merkmalsdimensionen eines oder unterschiedlicher Merkmalsträger zu veranschaulichen. Grafisch geschieht dies typischerweise dadurch, dass Pfeile eingefügt werden. Diese Pfeile deuten mögliche kausale Beziehungszusammenhänge an. Ist die Richtung eines solchen kausalen Zusammenhangs noch nicht klar, werden Pfeile als Korrelationspfeile in jeweils beide Richtungen eingeführt. Auf einer weiteren Konkretisierungsstufe würde dann die Kausalrichtung durch einen eingerichteten Pfeil dargestellt.

Ein nächster Schritt der Präzisierung kann bezüglich der Beziehungszusammenhänge in der Einführung von „plus" oder „minus" an den Pfeilen geschehen, d. h. die Beziehung würde als eine *positive* (steigt x, so steigt auch y) oder *negative* (steigt x, so fällt y bzw. umgekehrt) Beziehung dargestellt. Ein weiterer Präzisierungsschritt könnte durch *Quantifizierung der Stärke* des Beziehungszusammenhangs im Sinne z. B. von *Pfadkoeffizienten* eingefügt werden.

Bezüglich der *Merkmalsdimensionen* sind folgende Präzisierungsschritte denkbar: Der erste Schritt liegt in der Auswahl bestimmter Merkmalsdimensionen, Variablen, Kategorien etc. Ein zweiter Schritt liegt in der Differenzierung und Aufgliederung allgemeiner Variablen in spezielle Variablen. Es folgt eine klare Abgrenzung und möglicherweise auch eine Operationalisierung dieser Merkmalsdimensionen. Diese Art von Präzisierungen würde als terminologische Präzisierungen zu bezeichnen sein. Sie machen nur eine Bandbreite des prinzipiellen Vorkommens von Phänomenen deutlich. Als weiterer Schritt der Präzisierung der Merkmalsträger könnten Aussagen zum quantitativen Vorkommen einzelner Ausprägungen der Variablen verstanden werden, z. B. durch Angabe typischer Prozentwerte.

Im Bezugsrahmen deutet sich anhand der Pfeile auch eine bestimmte Zeitfolge an. Bedeutsam könnte auch die Quantifizierung einer möglichen *Wirkzeit* im kausalen Prozess sein: Welcher Wirkzeitraum verstreicht, bis eine Wirkung beobachtbar ist (z. B. bei einer Plakatwerbung bis zum Kaufakt)?

Schritte zur Theoriebildung können wie folgt aussehen: Ausgangspunkt einer Untersuchung wäre ein Roh- bzw. Ausgangsbezugsrahmen. Im Rahmen einer empirischen Studie sind als Fortschrittsrichtungen einerseits die *Präzisierung*, andererseits die *Modifikation* zu betrachten. Präzisierungen erfolgen bezüglich der Begriffsdefinitionen, der Entwicklung von Operationalisierungen, der Auswahl und Prüfung relevanter Variablen, der Formulierung von Orientierungs- bzw. Arbeitshypothesen und mit Blick auf die Beziehungszusammenhänge durch Formulierung korrelativer und kausaler Beziehungen, bis hin zu komplexen kausalen Netzwerken und Aussagen über Steuerungs- und Rückkopplungsprozesse im Sinne kybernetischer Netzwerke.

Zur Modifikation empirischer Begriffe kann der Bezugsrahmen Kontraktions- oder Ausdehnungsprozessen unterworfen werden. Das heißt, es können Merkmalsträger und Merkmalsdimensionen hinzugefügt oder eliminiert werden.

2.3.2 Typologie von Bezugsrahmen

Nach verschiedenen Aspekten und Kriterien lässt sich eine Typologie der Bezugsrahmen einführen (siehe Tabelle 2.2). Entsprechend des *Komplexitätsgrades* kann man zwischen *einfachen* und *komplexen* Bezugsrahmen unterscheiden, je nachdem, wie viele Elemente ein Bezugsrahmen beinhaltet, also Merkmalsträger, Merkmalsdimensionen und Beziehungszusammenhänge. Eine weitere Differenzierung wäre danach möglich, ob es sich lediglich um einen *terminologischen* Bezugsrahmen handelt, der Begriffe sammelt und gegebenenfalls nach Aspekten wie hierarchischer Gliederung, Teilmenge etc. gliedert, oder ob es in diesem Sinne ein *beschreibender* Bezugsrahmen ist, in dem er Verteilungsangaben macht oder ob es in dem Bezugsrahmen auch Explikationen von Beziehungen gibt, d. h., ob er ein *erklärender* Bezugsrahmen ist.

Zu einer sehr wichtigen Differenzierung führt die Frage, inwieweit ein Bezugsrahmen erkenntnis- oder gestaltungsorientiert ausgerichtet wird. Im Rahmen von erkenntnisorientierten Bezugsrahmen wird üblicherweise nach abhängigen und unabhängigen Variablen unterschieden, wobei eine unabhängige Variable ihrerseits auf einer anderen Stufe auch eine abhängige Variable sein kann. Wenn ein Bezugsrahmen gestaltungsorientiert ausgelegt wird, ist als weitere Differenzierung der Variablen zu klären, welche der eingeführten Variablen mögliche *Zielgrößen* sein können (z. B. der

Tab. 2.2: Typologie von Bezugsrahmen.

Nach Entwicklungsstand des wissenschaftlichen Bereichs	
Sammelnd, Ordnend	„Terminologisch"
(Hierarchisch, Teilmengen etc.)	(begrifflicher Bezugsrahmen)
Verteilungen gebend	„Beschreibend "
In Beziehung setzend	„Erklärend"
Nach dem Forschungsmotiv	
Erkenntnisorientierte Bezugsrahmen	Unabhängige „x"
Variablentypen	Abhängige „y"
	Intervenierende „z"
Gestaltungsorientierte Bezugsrahmen	Bedingungen „B"
Variablentypen	Gestaltungsparameter „G" Zielgröße „Z"
	Ergebnisgröße „E"
Nach Einbeziehung von Zeit (Messzeitpunkte)	
Strukturorientiert	„Statisch"
Ablauforientiert (Phasen)	„Dynamisch"
Kausalität und mehr: System/Steuerung/Kybernetik	
Vernetzung, Regelkreise	

Quelle: eigene Darstellung.

Erfolg eines Unternehmens) oder aber inwieweit es sich um *Bedingungen* handelt, also um Variablen, die als zumindest kurzfristig unveränderbar gelten müssen, oder aber um *Gestaltungsparameter*, d. h. Größen, die als Handlungsaktivitäten direkt oder indirekt verändert werden können. Hier ist auch ein Übergang zur *Kybernetik* bzw. Systemtheorie möglich, bei der eine umfassende (kausale) Vernetzung typisch ist und Regelkreise eine wichtige Rolle spielen. Regelkreise sind durch Soll- und Istwerte abhängiger Variablen gekennzeichnet bzw. durch Feedbackverarbeitungen.

2.3.3 Darstellungsformen des Bezugsrahmens/einer Theorie

Ein Bezugsrahmen lässt sich auf unterschiedliche Weise darstellen. Typischerweise wird aber auf eine grafische Darstellungsform zurückgegriffen. Grundsätzlich ist aber auch eine *verbale* Darstellung denkbar bzw. eine Darstellung in Form *mathematischer Terme* möglich. Beispiele für die Darstellungsformen eines Bezugsrahmens gibt die Abbildung 2.1.

Im ersten Beispiel (A) wird nur von einem Merkmalsträger ausgegangen, dem eine Reihe von Merkmalsdimension *a*, *b* und *c* bis *j* listenmäßig zugeordnet sind, ohne dass in irgendeiner Form auf Beziehungszusammenhänge zwischen diesen Merkmalsdimensionen ein Hinweis gegeben wird.

Merkmalsträger i	
Merkmalsdimension	a
	b
	c
	...
Merkmalsdimension	j

Terminologischer Bezugsrahmen (grafisch)

(A)

x_1 x_2 y x_3

Korrelativer Bezugsrahmen (grafisch)
(mit impliziten Merkmalsträgern)

(B)

$Y = f(x) = (n\text{-ach, } n\text{-power}...)$
$Y\ ax_1 + bx_2 + ... + c$

Mathematisch formalisierter
Bezugsrahmen (Funktionsgleichung)

(C)

x_1 + x_2 −   y x_3 +

kausaler Bezugsrahmen (grafisch)
1-stufig

x_1 x_2 z_1 y x_3 z_2

kausaler Bezugsrahmen (grafisch)
2-stufig (mit intervenierenden Variablen)

(D)

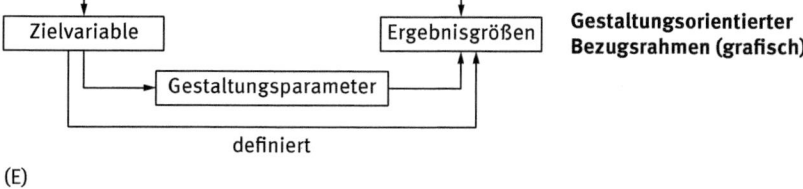

Gestaltungsorientierter
Bezugsrahmen (grafisch)

Bedingungsvariable — Zielvariable — Ergebnisgrößen — Gestaltungsparameter — definiert

(E)

Abb. 2.1: Darstellungsformen von Bezugsrahmen (Theorien). Quelle: eigene Darstellung

(B) zeigt einen korrelativen Bezugsrahmen, bei dem der Zusammenhang zwischen insgesamt vier Variablen durch doppelgerichtete Pfeile als korrelativ dargestellt wird. Dies ist eine grafische Darstellung einer frühen Stufe des Forschungsfortschritts. Mit der Differenzierung zwischen x_1 bis x_3 und y deutet sich allerdings schon die Vermutung an, dass drei Variablen als unabhängige und die vierte Variable y als abhängige Variable betrachtet werden könnten. Es wäre auch denkbar, dass an diesen Korrelationspfeilen jeweils der bivariate Korrelationskoeffizient, wie er sich aus den empirischen Daten errechnet, eingefügt wäre.

Mit den beiden nachfolgenden mathematischen Termen (C) wird im ersten Fall in ganz allgemeiner Form ausgesagt, dass die unternehmerische Aktivität y abhängig ist vom Grad der Leistungsmotivation (n-ach) und dem Grad der Machtorientierung (n-power) sowie von weiteren Variablen. In der weiteren mathematischen Darstellung ist ein entsprechender Zusammenhang für den speziellen Fall einer additiven Verknüpfung der Variablen aufgeführt.

Die nachfolgenden Darstellungen (D) zeigen einerseits einen *Einstufenzusammenhang* zwischen drei unabhängigen und einer abhängigen Variable, der durch die Richtung der Pfeile als kausale Beziehung erkennbar ist, bei der eine Variable x_1 positiv mit einer Variable y verknüpft ist, während eine Variable x_1 eine negative Verknüpfung mit dieser abhängigen Variable besitzt. In der dann folgenden, ebenfalls kausal ausgerichteten Darstellung haben wir es mit einem *zweistufigen* Beziehungszusammenhang zu tun, wo zwischen die unabhängigen Variablen x_1-x_3 zwei intervenierende Variablen i_1 und i_2 treten.

Schließlich wird noch ein Beispiel (E) für eine Darstellungsform eines gestaltungsorientierten Bezugsrahmens gegeben. Als Ausgangspunkt gibt es hier eine *Zielvariable*, die einerseits definieren kann, welcher Aspekt als *Erfolg* gewertet werden kann, und zum anderen, welche Höhe von Erfolgswert erreicht werden soll. Zwischen der Zielvariable und der Erfolgsvariable besteht also ein definitorischer Zusammenhang. Die formulierte Zielvorstellung beeinflusst kausal die Verhaltensweisen bezüglich der *Gestaltungsparameter* g_1-g_i, die ihrerseits abhängen von dem vorgefundenen *Bedingungsrahmen*, also den Einflussvariablen, die als gegeben angenommen werden müssen und zumindest kurzfristig nicht beeinflussbar sind (b_1-b_i). Diese wirken zusammen mit den Gestaltungsparametern auf den realisierten Erfolg ein.

Der Bezugsrahmen in Abbildung 2.2 steht für ein Forschungskonzept, mit dem Gründungserfolg als abhängige, zentrale Variable Y durch eine Längsschnittuntersuchung mit fünf Erhebungszeitpunkten (Wellen) erklärt werden soll. Die verschiedenen Gruppen von unabhängigen Variablen (aggregierte Darstellung der einzelnen unabhängigen Variablen) werden jeweils in den Erhebungswellen t_1-t_4 erhoben, die abhängigen Variablen „Gründungserfolg" erst in der fünften und letzten Welle.

Hinter der Abbildung 2.3 steht ein gestaltungsorientiertes Konzept. Ausgehend von einer Zielgröße (Z) wird basierend auf den internen und externen (kurzfristig als unveränderbar behandelt) Bedingungen (B) davon ausgegangen, dass eine bestimmte strategische Ausrichtung und deren operative Umsetzung den Erfolg E, gemessen durch Frühindikatoren und finale Erfolgsgrößen wie Auftragseingänge in einer Periode oder Umsatz, Gewinn, Rentabilität, kreiert.

Die Abbildung 2.4 hat einen ex-post-erklärenden Ansatz als Hintergrund und wurde im Forschungsdesign durch eine Querschnittsuntersuchung umgesetzt, bei der die

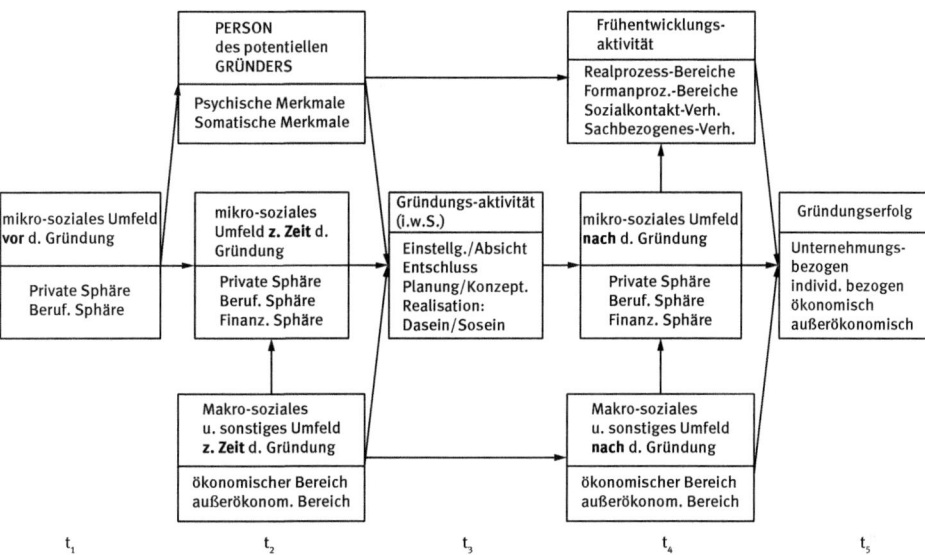

Abb. 2.2: Beispiel „erklärender dynamischer Bezugsrahmen" (fünf Zeitstufen). Quelle: (Klandt, 1984).

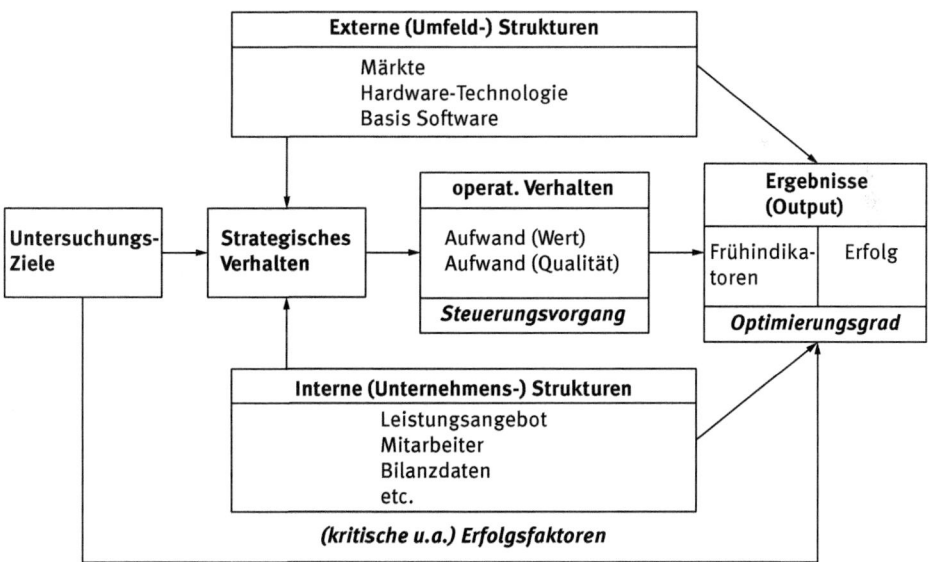

Abb. 2.3: Beispiel: gestaltungsorientierter, dynamischer Bezugsrahmen – strategisches und operatives Verhalten als Gestaltungsparameter. Quelle: (Klandt, 1990).

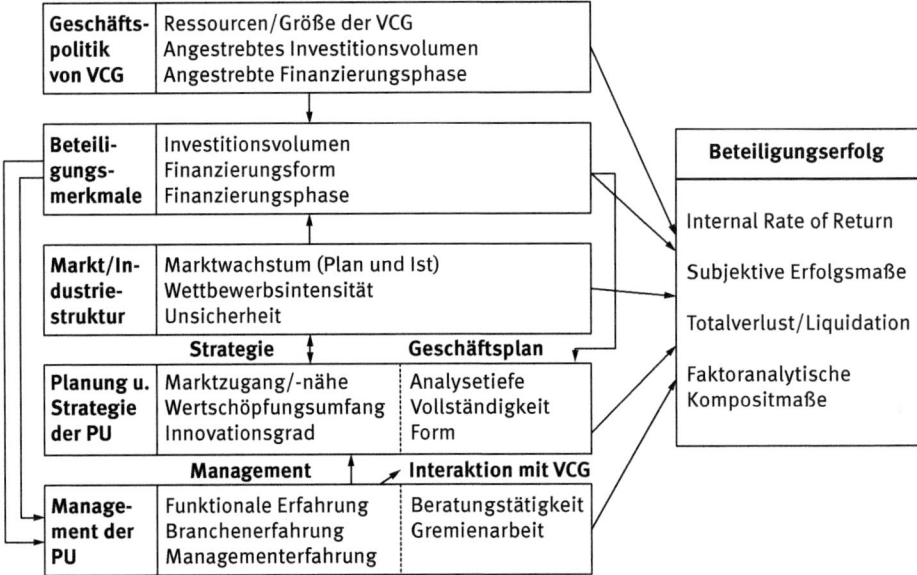

Abb. 2.4: Beispiel: erklärender Bezugsrahmen (Grobstruktur Variablenblöcke). Quelle: Schefczyk (2004).

unabhängigen und abhängigen Variablen zu einem Zeitpunkt erhoben werden. Der abhängige Beteiligungserfolg wird durch verschiedene Aspekte operationalisiert. Da auch Pfeile zwischen den Blöcken der unabhängigen Variablen eingefügt sind, wäre eigentlich eine mehrstufige, also Längsschnittuntersuchung für die empirische Umsetzung angemessen. Die Auswertung der Daten erfolgte mit dem Strukturgleichungsmodell LISREL.

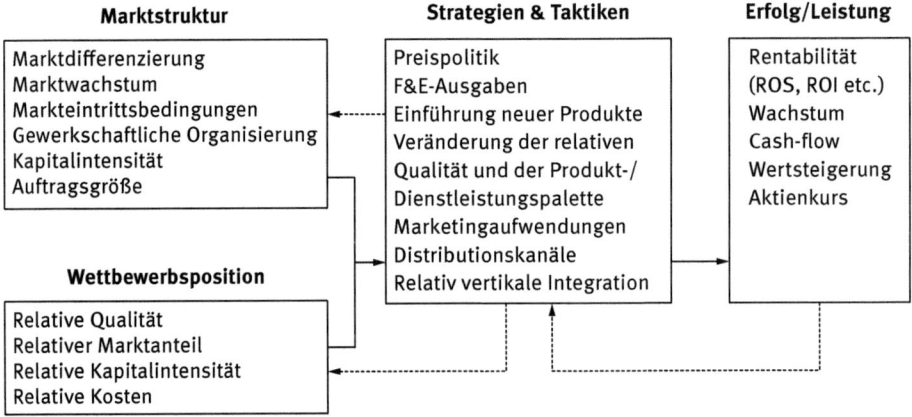

Abb. 2.5: Beispiel: erklärender Bezugsrahmen – PIMS-Studien. Quelle: (Buzzle & Gale, 1989).

Das Beispiel in Abbildung 2.5 ist – wie die drei vorhergehenden – der Erfolgsfaktorenforschung entnommen. Erfolg als Abhängige (y)gemessen durch Rentabilität, Cashflow etc.

2.3.4 Forschungsstrategische Funktionen: heuristischer Bezugsrahmen

Heuristische Bezugsrahmen können in der Forschung drei wichtige Aufgaben übernehmen (Kubicek, 1977).

2.3.4.1 Reduktions- und Selektionsfunktion

Zum Ersten haben sie die Aufgabe der Reduktion und der Selektion, d. h., aus der umfassenden Gesamtheit der unendlichen Anzahl möglicher Erfahrungsobjekte und Variablen (Merkmalsträger und Merkmalsdimensionen) wird durch einen Bezugsrahmen eine bewusste Selektion und damit Reduktion des Wahrnehmungsfeldes erreicht. Das heißt, das Wahrnehmungsfeld wird überschaubarer gemacht, aus einer Vielzahl möglicher Variablen werden diejenigen ausgewählt, die für die Untersuchung relevant erscheinen.

2.3.4.2 Steuerungsfunktion

Nachdem das Wahrnehmungsfeld überschaubarer ist, wird der weitere Forschungsprozess auf diese Elemente konzentriert, d. h., der Bezugsrahmen steuert durch schrittweises Abarbeiten der Teilbereiche den Forschungsprozess, indem er die Forschungskapazitäten und Ressourcen lenkt.

Auf der Grundlage des Ausgangsbezugsrahmens kann festgelegt werden, welche Variablen untersucht werden sollen. Dies ermöglicht abgegrenzte Analysen unter Berücksichtigung von Schnittstellen.

2.3.4.3 Integrationsfunktion

Durch die Überschaubarkeit der Elemente und Bearbeitung dieser Elemente ist es möglich, Ergebnisse verschiedener bisher vorliegender Untersuchungen und Ergebnisse der eigenen Untersuchung zusammenzuführen und zu integrieren und damit z. B. mögliche Widersprüchlichkeiten aufzudecken und in weiteren Schritten gegebenenfalls auch aufzulösen.

Die Ergebnisse von einzelnen Untersuchungen können in einem Gesamtzusammenhang eingeordnet werden, da der Ausgangsbezugsrahmen eine einheitliche konzeptionelle und terminologische Grundlage hierfür bildet.

2.4 Theorie und das Verhältnis von Theorie und Technologie

Wie schon vorher angeklungen ist, lässt sich eine *Theorie als ein System* (d. h. eine Anzahl von Elementen, die miteinander verbunden sind) von *kritisierbaren, allgemeinen Sätzen*, Aussagen bzw. Gesetzen zur Beschreibung und Erklärung der Realität verstehen (dies im Sinne des Erkenntnisziels), bei dem kausale Zusammenhänge zwischen *unabhängigen* und *abhängigen* Variablen dargestellt werden.

Betrachten wir diese Definition im Einzelnen. Zu dem, was eine Theorie ist, gibt es eine große Bandbreite von Auffassungen. Nach Kubicek enthalten Theorien typischerweise allgemeine Aussagen, also Gesetzesaussagen, die hinsichtlich ihrer *Mächtigkeit* (etwa nach dem Anspruch auf *örtliche und zeitliche Ausdehnung* und ihren *sachlichen Aspekten*) unterschiedlich sein können. Im Idealfall sind sie raum-zeitlich unabhängig, d. h., es sind Immer-und-überall-Sätze. Diese letzte Forderung ist im wirtschaftswissenschaftlichen Bereich typischerweise nicht erfüllbar. Es werden meist örtlich-zeitliche Einschränkungen bezogen auf die Grundpopulation geäußert. So werden bei aktuellen wirtschaftswissenschaftlichen Studien typischerweise nur Unternehmen in (mehr oder minder) marktwirtschaftlichen Systemen betrachtet und dies meist auch nur auf ein bestimmtes Land oder eine beschränkte Wirtschaftsregion (Deutschland, die EU, Europa etc.) bezogen. Ähnliches gilt auch bei sachlichen Kriterien wie bestimmten Größenklassen von Unternehmen oder Branchen. Das heißt, die in der Theorie beanspruchte Verallgemeinerung findet durchweg unter Einschränkungen statt.

In den Wirtschaftswissenschaften sind Aussagen typischerweise auch nur für konkrete Situationen gültig: sprich z. B. in einer Marktwirtschaft (und deswegen eben nicht auf eine Planwirtschaft/Zentralverwaltungswirtschaft bezogen), in einer Wirtschaft mit privatem Kapital/Eigentum an Produktionsvermögen (und damit nicht in einer Wirtschaft mit einer Dominanz von Staatskapital) und auf einem bestimmten historischen Entwicklungsstand (z. B. der postindustriellen Dienstleistungs- und Wissensgesellschaft). *Albert* (1957) schlägt daher vor, in den Sozialwissenschaften überhaupt nicht von Gesetzen zu reden, sondern von „*Quasigesetzen*" oder aber „*Gesetzmäßigkeiten*". Andere Autoren wie z. B. *Witte* (1981) plädieren aber dafür, dennoch von Gesetzen zu reden, da grundsätzlich bekannt ist, dass eine Formulierung von Gesetzen wie im naturwissenschaftlichen Bereich, also als Allsätze, oft nicht denkbar ist und die Kommunikation so nicht belastet wird.

Zum Zweiten wird verlangt, und hierauf geht insbesondere *Popper* (2005) ein, dass die Aussagen, die Teil einer Theorie sind, *kritisierbar* sind, d. h., dass sie in Konfrontation mit der Realität prinzipiell widerlegbar sein müssen. Ohne eine solche Widerlegbarkeit haben Aussagen keine wirkliche Aussagekraft. Eine Aussage, wie „kräht der Hahn auf dem Mist, ändert sich's Wetter oder es bleibt wie es ist" ist demnach prinzipiell keine wissenschaftliche Aussage, da sie immer stimmt, also grundsätzlich unwiderlegbar ist. Auch sind Mythen, Dogmen, Ideologien und (Offenbarungs-)Religionen nicht Gegenstand wissenschaftlicher Aussagen, da sie keine grundsätzliche Ansatzstelle für eine Widerlegung bieten. Auch manches, dem das Etikett oder

der implizite Anspruch einer Theorie anhaftet, ist dementsprechend keine Theorie. Wenn der späte *Freud* menschliches Verhalten im Wechsel der Erklärung durch *Eros und Thanatos* vornimmt, so hat dieses keinen Aussagewert, da diese beiden wohlfeilen Erklärungsmöglichkeiten nie versagen können, also auch nie widerlegt werden können.

Basis der Kritik kann zum einen die *Logik* sein, mit deren Hilfe *Deduktionen aus allgemeineren Theorien* vorgenommen werden oder die *Empirie*, d. h. eine Konfrontation der jeweiligen Aussagen mit der Realität. Letzteres steht bei der empirischen Wirtschaftsforschung im Vordergrund, sollte aber nur insoweit primär herangezogen werden, wie sich mit Mitteln der Logik aus anderen Theorien auf dem Wege der Deduktion keine Möglichkeiten der Kritik ableiten lassen. Letztere sollten deshalb den Vorzug haben, da sie dauerhaft zwingend sind und im Allgemeinen auch sehr viel weniger aufwendig in der Erarbeitung sind.

Eine weitere Forderung bezüglich der Gestaltung von Theorien ist die *Widerspruchsfreiheit*, d. h., Aussagenmengen, die Teil einer Theorie sind, dürfen sich nicht gegenseitig logisch widersprechen.

Schließlich wird von einer Theorie zu verlangen sein, dass sie möglichst *einfach* und reduziert ist. Das bedeutet, sobald sich ein Phänomen durch eine einfachere Theorie erklären lässt, wäre diese gegenüber einer komplexeren Theorie zu bevorzugen.

Das Etikett „Theorie" wird vor dem Hintergrund unterschiedlicher Anspruchsniveaus verliehen oder verweigert. In einer weniger anspruchsvollen Variante wird beim Vorliegen einer Menge empirischer Begriffe, die logisch verknüpft werden, schon von einer Theorie gesprochen, ohne dass sie bereits mehrfach mit der Realität konfrontiert war, während in der anderen Extremposition von einer Theorie zusätzlich erwartet wird, dass sie vielfältig überprüft und dabei nicht widerlegt wurde.

In diesem Sinne wäre eine *Theorie* ein widerspruchsfreies System von allgemeinen, kritisierbaren, trotz vielfältiger Prüfung nicht falsifizierten Sätzen über die Realität. Ist das Kriterium der vielfältigen Prüfung (noch) nicht erfüllt, so spricht man von einem *Bezugsrahmen* (reference frame).

Verlassen wir den Bereich, der auf Theoriebildung zielt, und kommen wir zum Gestaltungsmotiv. Hier stellt sich vor allen Dingen die Frage, wie erreiche ich, dass etwas Bestimmtes geschieht, dass die Realität verändert wird? Wie also kann ich z. B. den Umsatz in einem Einzelhandelsunternehmen steigern?

Dieser unmittelbar auf Veränderung ausgerichteten Frage ist die Entwicklung von Instrumenten, die helfen, derartige Ziele zu erreichen, gegebenenfalls vorgelagert. Hier kann es sich entweder um Messinstrumente handeln, die auch im Gestaltungsprozess zur Steuerung und Überwachung von Gestaltungsaktivitäten eingesetzt werden oder um Instrumente, die der Kanalisation von Informationen, der Kontrolle von Strukturen und Prozessen, der Analyse bzw. der direkten Einflussnahme etc. dienen.

Das Ergebnis der Entwicklung derartiger Methoden und Instrumente wird als Technik oder *Technologie* bezeichnet. Die *Theorie* lässt sich *als ein System* (d. h. eine

Anzahl von Elementen, die miteinander verbunden sind) von kritisierbaren, allgemeinen Sätzen, Aussagen bzw. Gesetzen zur Beschreibung und Erklärung der Realität verstehen (dies im Sinne des Erkenntnisziels), bei dem kausale Zusammenhänge zwischen unabhängigen und abhängigen Variablen dargestellt warden. Unter dieser Annahme ist demnach eine Technologie ein System von *kritisierbaren, allgemeinen Sätzen*, Aussagen bzw. Gesetzen zur Gestaltung der Realität entsprechend dem Gestaltungsziel, bei dem die einbezogenen Variablen zusätzlich nach Zielgrößen, Bedingungsgrößen und Gestaltungsparametern differenziert werden. Gerade aus der Sicht eines gestaltungsorientierten Lehrgebäudes wie der Betriebswirtschaftslehre sollte auf eine Differenzierung der Einflussgrößen und Bedingungen einerseits und Gestaltungsgrößen andererseits besonderer Wert gelegt werden. Die Abbildung 2.6 fasst den Inhalt des Kapitels gut zusammen.

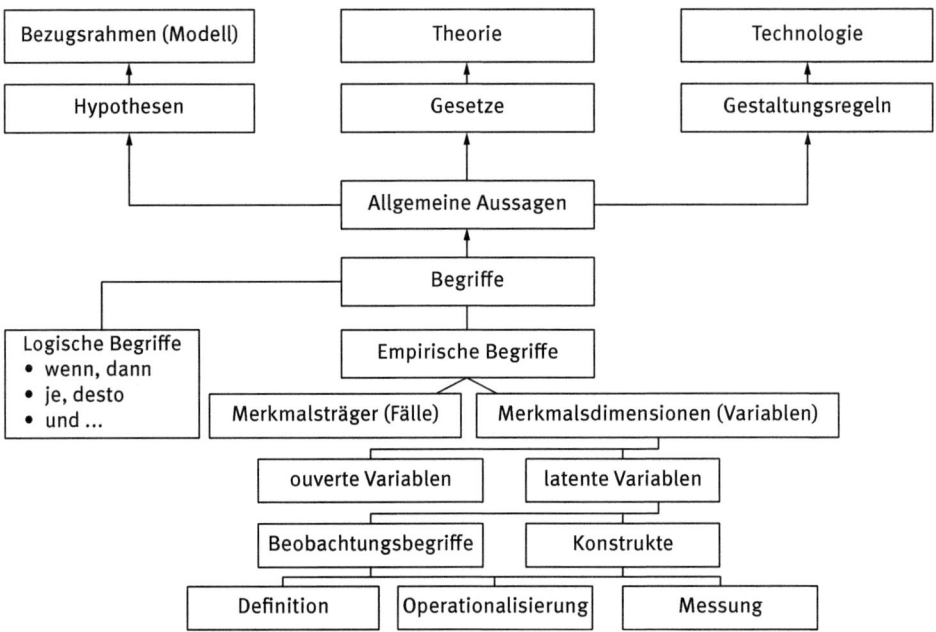

Abb. 2.6: Begriffe, Aussagen, Aussagensysteme. Quelle: eigene Darstellung.

Verbal formulierte Hypothesen, Gesetze oder Sätze haben als Bestandteile Begriffe. Diese Begriffe können entweder sogenannte empirische Begriffe sein oder logische Begriffe. Typische logische Begriffe in diesem Kontext sind z. B. „wenn – dann" oder „je – desto" bzw. „je – umso". Auch „und" oder „weil" könnten als Beispiele logischer Begriffe in diesem Zusammenhang genutzt werden.

Diese logischen Begriffe verbinden die in Abschnitt 2.1 eingeführten empirischen Begriffe, die sich entweder auf bestimmte Merkmalsträger (Objekte, Fälle, Einheiten etc.) beziehen oder aber auf bestimmte Merkmalsdimensionen, die den vorgenannten Merkmalsträgern zuzurechnen sind bzw. als Eigenschaften zugeordnet werden (auch Variablen, Faktoren, Parameter, Dimensionen etc. genannt).

Merkmalsdimensionen sind im Kern von Hypothesen und Gesetzen etc. nur dann interessant, wenn sie mindestens zwei unterschiedliche Ausprägungen haben, also Variablen sind. Diese Merkmalsausprägungen werden auch „Werte" oder im Englischen „values" genannt.

3 Operationalisieren und Messen

3.1 Die Begriffe „Operationalisierung" und „Messen"

Letztendlich macht die empirisch orientierte Denkweise es nötig, präzise Messungen der Ausprägungen der Merkmalsdimension bestimmter Merkmalsträger vorzunehmen, um sie dann innerhalb von Hypothesen oder Sätzen formuliert überprüfen zu können. Dies erzwingt eine schrittweise Präzisierung der Merkmalsträger und Merkmalsdimensionen und damit im ersten Schritt die Definition der verwendeten Begriffe.[1]

– *Die Messvorschrift* gibt an, wie der Messvorgang, also die Datenerhebung ablaufen soll.
– *Die Auswertungsvorschrift* gibt an, wie die erhobenen Daten ausgewertet werden sollen (insbesondere bei einer Vielzahl von Indikatoren bzw. Skalenbildung).

Es sind Fragen wie folgt zu beantworten:

Wie: Befragen, beobachten? Feldstudie, Experiment?
Wen: Mitarbeiter, Kunden, Management? Anzahl jeweils?
Wann: Zeitraum? Zeitpunkt? (z. B. 2010–2020)
Wie alt: Erhebungswellen: ein-, zwei-, n-fach
Wo: Geografisch? Standort?

Bei einer Definition wird ein unbekannter Begriff (Definiendum) durch bekannte Begriffe umschrieben (Definiens). Es lässt sich in diesem Zusammenhang zwischen *Realdefinitionen*, die einen Wahrheitsanspruch haben (d. h., dass diese Definition empirisch prinzipiell widerlegbar wäre) und *Nominaldefinitionen*, die nur einen Anspruch auf Zweckmäßigkeit beinhalten (d. h., hier geht man davon aus, dass die Definition hilfreich und nützlich ist). Mit Blick auf den hinreichenden Konkretisierungsgrad für die empirische Forschung lässt sich auch zwischen nicht operationalen und operationalen Definitionen unterscheiden bzw. zwischen overten und latenten Begriffen. Bei overten Begriffen wird meist nicht weiter problematisiert, wie eine Operationalisierung möglich ist, da sie auf der Hand liegt. Wird in einem Satz z. B. vom Alter eines Menschen gesprochen, so wird stillschweigend davon ausgegangen, dass die Altermessung mit der Geburt beginnt, mit dem Tod endet und typischerweise in Jahren, evtl. Monaten oder Tagen als Messeinheit angegeben wird. In wirtschaftswissenschaftlichen Untersuchungen, bei denen die Geschlechtsvariable zu messen ist, wird im Allgemeinen auch von einer einfachen, klaren Lösung ausgegangen, nach der es nur „männlich" oder „weiblich" gibt, also kein Neutrum, kein Zwitter und auch keine

---

1 Zu diesem Kapitel siehe auch Lienert und Raatz (1998).

https://doi.org/10.1515/9783486709728-003

graduelle Abstufung von Männlichkeit bzw. Weiblichkeit, die für einen Biologen möglicherweise relevant wäre. Solche overten Begriffe werden auch als Beobachtungsbegriffe bezeichnet, weil sie einer Beobachtung unmittelbar zugänglich sind.

Im Gegensatz dazu stellt sich das Problem der Begriffspräzisierung bzw. der Operationalisierung bei latenten Begriffen bzw. komplexen theoretischen Konstrukten wesentlich schwieriger dar (Berekoven, Eckert, & Ellenrieder, 2009; Greving, 2009). Ein Beispiel für einen latenten Begriff im wirtschaftswissenschaftlichen Bereich ist der Begriff des „Reichtums einer Volkswirtschaft", der z. B. durch die Pro-Kopf-Einkünfte in einem Jahr oder durch eine Aggregierung des Gesellschaftsvermögens konkretisiert werden kann. Ein anderes Beispiel wäre der „Wert einer Unternehmung", der hinsichtlich verschiedener Bewertungsmethoden, wie z. B. dem Discounted-Cashflow-Verfahren oder vielleicht auch nach dem gesellschaftlichen Ansehen eines Unternehmens betrachtet werden kann. Ähnlich komplex stellt sich z. B. auch die Messung des „Erfolgs einer Unternehmung" dar, die ähnlich wie der Wert einer Unternehmung in ihrer Einschätzung sehr davon abhängt, wer mit welcher Sicht auf dieses Unternehmen schaut: Sind es die Kapitaleigner, sind es die Mitarbeiter, die Kunden, die Lieferanten etc.; jeder Stakeholder wird eine andere Perspektive einnehmen. Beispiele für die Erfolgsmessung einer Unternehmung sind in Tabelle 3.1 zusammengetragen.

Auch Variablen, die auf den ersten Blick relativ einfach erscheinen, wie z. B. die Mitarbeiterzahl einer Unternehmung, erfordern oft im zweiten Schritt doch einen wesentlichen Aufwand bei der konkreten Erhebung oder Messung. Hier wäre z. B. zu konkretisieren, zu welchem Zeitpunkt im Jahr (Jahresanfang, Jahresmitte, Jahresende) die Mitarbeiterzahl zu messen wäre bzw. ob man möglicherweise auch einen bestimmten Jahresdurchschnitt als sinnvollen Wert der Mitarbeiterzahl nutzt. Zum anderen wäre die Frage, ob man jeden Mitarbeiter unabhängig davon, mit wie vielen Arbeitsstunden er im Unternehmen tätig ist, in diese Zählung einbezieht oder ob man auf Vollzeitäquivalente (z. B. auf 40-Stunden-Basis pro Woche) diesen Wert ermittelt. Schließlich ist auch die arbeitsvertragliche Situation zu hinterfragen, also ob man nur Mitarbeiter in Sinne von solchen Personen sieht, die Arbeitsverträge haben oder ob man auch freie Mitarbeiter oder Leiharbeiter mit entsprechenden Dienst- oder Werkverträgen hier in die Erfassung mit einbezieht.

Beispiele mehrdimensionaler, latenter Konstrukte sind die Messung der Arbeitszufriedenheit (siehe Abbildung 3.1), die Messung der Standortqualität einer Unternehmung oder der Persönlichkeit des Unternehmers. Man sieht, dass die empirische Forschungsmethodik es notwendig macht, sehr viel präziser mit Begriffen umzugehen, als wir es oft in unserer Alltagssprache tun.

Eine Operationalisierung setzt sich aus verschiedenen Bausteinen zusammen. Zum einen haben wir es mit einem „Begriff", also einer Worthülse und einem bestimmten Inhalt zu tun. Zum anderen sind zur Messung dieses Begriffs meist Indikatoren (indicare, lat. anzeigen) notwendig, also z. B. bezogen auf die Arbeitszufriedenheit, die Absentismusquote oder die Häufigkeit informeller Treffen zwischen Mitarbeitern in der Freizeit. Des Weiteren ist eine genaue Messvorschrift zu definieren sowie auch

Tab. 3.1: Beispiel für Operationalisierungsalternativen: Erfolg einer Unternehmung.

- **Überleben**
    - Existenz des Unternehmens
    - Nichtexistenz des Unternehmens
- **Größe (zu Zeitpunkt oder für Zeitraum)**
    - Mitarbeiterzahl
    - Umsatz pro Jahr
    - Gewinn pro Jahr
    - Bilanzsumme (Jahresende)
    - Anlagevermögen (Jahresende)
    - Verkaufsfläche
- **Wachstumsgrößen z. B. bezüglich**
    - Mitarbeiter
    - Betriebsfläche
    - Bekanntheitsgrad
- **Rentabilität**
    - Eigenkapitalrentabilität
    - Fremdkapitalrentabilität
    - Umsatzrentabilität
- **Relativierungen**
    - Im Branchenvergleich national
    - Im Branchenvergleich international
    - Im Branchenvergleich Vorjahr
- **Interessengruppenbezogenen (Stakeholders)**
    - Eigentümer: Gründungszufriedenheit, Reputation, ...
    - Gemeinde: Arbeitsplätze, Gewerbesteuer
    - Staat: Arbeitsplätze
    - Kunden: Qualität, Pünktlichkeit, Gewährleistung
    - Lieferanten: Solvenz, Einhaltung der Konditionen
    - Kreditgeber: Bedienung der Darlehen, ...
    - Mitbewerber: Fairness
    - Mitarbeiter: Sicherheit des Arbeitsplatzes, ...
    - Einkommen, ...
- **Abstrakt: Grad der Zielerreichung**

Quelle: eigene Darstellung.

Variable	Indikatoren 1. Ordnung	Indikatoren 2. Ordnung
Alter	Lebensjahre	
Arbeitszufriedenheit	zufrieden mit: Kollegen	Streit, Mobbing Freizeitkontakte außerhalb des Betriebes gemeinsame Kaffeepause
	Arbeitsinhalte Vorgesetzte Bezahlung	

Abb. 3.1: Indikatoren erster und zweiter Ordnung. Quelle: eigene Darstellung.

eine darauf aufbauende Auswertungsvorschrift (Sönke Albers, Klapper, Konradt, Walter, & Wolf, 2007; Raab, Unger, & Unger, 2004).

So kann man z. B. für die Messung der Mitarbeiterzahl vorschreiben, dass diese auf Basis der Personaldatei mit dem Stichtag 31.12. eines bestimmten Jahres unter Berücksichtigung aller Personen, die durch einen Arbeitsvertrag mit dem Unternehmen verbunden sind, ermittelt wird. Je präziser die Vorgabe in der Messvorschrift, umso weniger tauchen Probleme bezüglich Auswertungsvorschriften auf. Andererseits sind bei eher *qualitativen Messungen* im zweiten Schritt umfassende Vorgaben für die Auswertungen (interpretativer Spielraum) sehr wichtig.

Die Abbildung 3.2 macht deutlich, dass in sehr vielen Fällen, bei denen keine direkte Messung der Variablen etwa x oder y erfolgen kann, eine dahinterstehende Messung von Indikatoren von x_1-x_n bzw. y_1-y_n erfolgt. Bei komplexen Konstrukten ist es allerdings auch so, dass hinter diesen Indikatoren einer ersten Ordnung weitere Indikatoren einer zweiten Ordnung und möglicherweise auch Indikatoren einer dritten Ordnung stehen können. Als Beispiel sei das komplexe Konstrukt der Arbeitszufriedenheit aufgeführt, welches, wie hier angenommen wird, auf den Teilaspekten Zufriedenheit mit Kollegen, mit Arbeitsinhalten, mit Vorgesetzten und mit Bezahlung basiert. Hier besteht die Notwendigkeit, auf einer zweiten Ebene, z. B. bezogen auf die Zufriedenheit mit Kollegen, weiter zu differenzieren und als Teilaspekte beispielsweise die Häufigkeit von Streit mit Kollegen, die Häufigkeit von Kontakten mit Kollegen außerhalb der Arbeit bzw. das gemeinsame Verbringen von Kaffeepausen und Mittagspausen einzubringen.

Je nach Anspruch bezüglich des Erkenntnisgrades kann von unterschiedlichen Typen von Indikatoren gesprochen werden. So kann man differenzieren in definitionale Indikatoren im Sinne einer willkürlichen Festlegung, korrelative Indikatoren im Sinne eines häufig beobachteten gemeinsamen Auftretens und kausale Indikatoren, die die darzustellenden Variablen in einem kausalen Ursache-Wirkungs-Zusammenhang entsprechend einer kausalen Theorie benennen (siehe Tabelle 3.2).

Es soll nun auf den Begriff des *Messens* eingegangen werden. Grundsätzlich ist unter Messen eine Zuordnung von Messwerten zu bestimmten Beobachtungsobjek-

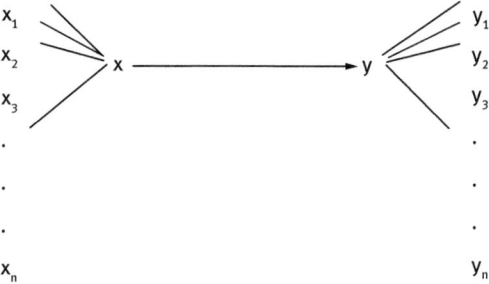

Abb. 3.2: Operationalisierung von x und y durch mehrere Indikatoren. Quelle: eigene Darstellung.

Tab. 3.2: Typen von Indikatoren.

Definitionale Indikatoren: „Jemand hat dies so festgesetzt"	Erfolg von Außendienstler = Anzahl, Abschlüsse/Jahr
Korrelative Indikatoren: „häufig beobachtetes gemeinsames Auftreten"	Zahl der beobachteten Störche zu t_1 und Geburten neun Monaten später zu t_2
Kausale Indikatoren: aus kausaler Theorie abgeleitete Ursachen/Wirkungen	Aggressiver Fahrer → Reifenverschleiß Spannung Krimiserie und Wasserverbrauchsanstieg in der Sendepause

Reihenfolge der Indikatorentypen hier: entsprechend zunehmendem Erkenntnisgrad.
Quelle: eigene Darstellung.

ten zu verstehen. Hierbei besteht die Vorstellung, dass die Messwerte zueinander Beziehungen aufweisen, die der Beziehung zwischen den Merkmalsausprägungen bei den jeweils beobachteten Objekten entsprechen (Greving, 2009). Abstrakter formuliert könnte man auch sagen: „Messen ist die Abbildung eines empirischen Relativs durch ein numerisches Relativ". Im typischen Fall kann man bei Messungen in der empirischen Forschung von Homomorphie ausgehen, d. h., die Menge der Zahlenwerte bei einem Messinstrument wird jeweils einem oder mehreren Objekten zugewiesen. Anders ausgedrückt, es besteht eine eindeutige Beziehung nur in Richtung vom empirischen zum numerischen Relativ.

Die Messvorschrift gibt an, wie der Messvorgang, d. h. also die Erhebung der Daten im Einzelnen, ablaufen soll. Die Auswertungsvorschrift gibt entsprechend an, wie die so erhobenen Daten ausgewertet werden sollen, z. B. dadurch, dass man eine Mehrzahl von Indikatoren (oder in anderer Terminologie „Items") linear oder nicht linear, ungewichtet oder gewichtet zu einer Skala zusammenfügt. Im Einzelnen wird durch die Operationalisierung festgelegt:
– Wer soll erhoben werden? Mitarbeiter, Kunden, jeweils welche Anzahl?
– Was soll erhoben werden? Welche Dimension, Merkmal: Umsatz, Alter, Größe?
– Wann soll erhoben werden? Zu welchem Zeitpunkt oder in welchem Zeitraum?
– Wo soll erhoben werden? Geografische Abgrenzung, Standort etc.
– Wie soll erhoben werden? Durch Befragung, durch Beobachtung, im Rahmen von Feldstudien oder Experimenten?

Das Messen in den Wirtschaftswissenschaften (wie auch in den sonstigen Sozialwissenschaften) ist dadurch gekennzeichnet, dass sich in vielen Fällen das Messobjekt über die Messsituation bewusst ist und damit dem Messobjekt die Möglichkeit eröffnet wird, sich mit dieser Messsituation reflektierend auseinanderzusetzen. Dies birgt die Gefahr, dass die gemessenen Reaktionen beim Messobjekt nicht auf der eigentlichen Zielebene gesteuert sind, sondern auf einer Metaebene bestimmt werden. Werden z. B. Arbeitnehmer in einem Unternehmen von einem Interviewpartner zu Problemen im Unternehmen befragt, so könnten sie Bedenken haben, dass ihre Antworten dem Arbeitgeber nicht gefallen bzw. dass sie durch ihre Antworten mit Konsequenzen zu rechnen haben. Dementsprechend würden sie evtl. ihre Antworten anpassen bzw. eine geschönte Sichtweise darstellen.

Anhand dieses kleinen Beispiels sieht man, dass der Messvorgang als solcher einen Einfluss auf das Messobjekt einnehmen kann; d. h., der Messvorgang kreiert eine eigene/neue Realität und somit wird eine Verfälschung der Messung erfolgen. Damit wird aber infrage gestellt, ob sich die Verhältnisse auf der Ebene der Messung in der Weise widerspiegeln, wie sie auf der theoretischen Ebene konstruiert worden sind (siehe Abbildung 3.3).

Das Messobjekt in den Wirtschaftswissenschaften ist sich oft der Messituation **bewusst,** kann darüber reflektieren
- z.B. Arbeitnehmer befragen:
  - – Wo kommt der Interviewer her?
  - – Was will er hören?
  - – Was geschieht, wenn ich etwas anderes sage, etwas verschweige?
daher gilt potentiell:
- Messen verändert das Messobjekt
- Messen schafft eine eigene, künstliche Realität (spez. Labor)
- Verfälschung der Messung ist zu erwarten

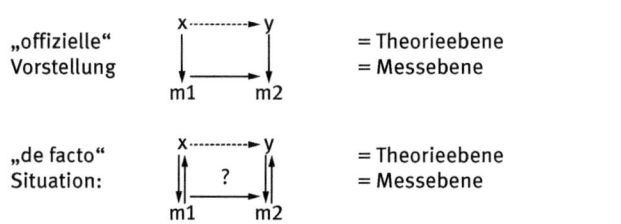

Abb. 3.3: Messen in den Sozialwissenschaften: Probleme. Quelle: eigene Darstellung.

3.2 Messniveaus

Für die praktische Arbeit insbesondere bei der statistischen Analyse ist auch der Aspekt sehr wichtig, dass man je nach Art der Operationalisierung der Messvariablen unterschiedliche Messniveaus realisiert (Greving, 2009).

Die einfachste Form einer Messung geschieht auf der qualitativen Ebene bzw. im Sinne einer *Nominalskala*. Hier werden Zahlenwerte für unterschiedliche Ausprägungen eingesetzt. Zahlenwerte haben dann keinen anderen Charakter als Benennungen wie z. B. „weiblich" oder „männlich" als Ausprägungen für das Geschlecht. Jedes Objekt, das gemessen wird, wird damit genau einer Ausprägung auf der Skala einer Merkmalsdimension zugeordnet. Beispiele wären u. a. die Branche (Zuordnung eines Messobjektes zur „Elektroindustrie" oder „Metallindustrie") oder die Rechtsform (Zuordnung eines Messobjektes zur Ausprägung „Partnerschaftsunternehmung" oder „Gesellschaft bürgerlichen Rechts"). Eine Messung auf der Ebene einer Nominalskala hat den geringsten Informationsgehalt und dementsprechend können auch nur wenige statistische Verfahren auf diese Messwerte hin angewendet werden (siehe Tabelle 3.3).

Auf der nächsten Ebene haben wir es mit Messungen auf der Ebene einer *Ordinalskala* zu tun (Rangmerkmale).

Es wird den Messobjekten jeweils ein bestimmter Rang auf einer Ordinalskala zugeordnet, wobei sich mehrere Merkmalsträger oder Objekte auch einen gemeinsamen Rang teilen können oder aber jedem einzelnen Objekt ein unterschiedlicher Rangplatz zugeordnet wird (isomorphe Messung). Ein Beispiel wäre, dass von einer Gruppe von Konsumenten jeweils fünf Produkte nach ihrer Präferenz vom ersten bis zum fünften Rang geordnet werden. Es könnte auch sein, dass man die Unternehmen einer bestimmten Branche entsprechend ihrer Marktanteile in drei Gruppen von 0–5 %, von über 5 % bis 15 % und von über 15 % bis 100 % zuordnet, also mit ungleichen Klassenbreiten arbeitet. Auch hier hätte man es mit einer Ordinalskala zu tun.

Das höchste Messniveau haben *metrische Skalen*. Für diese gilt, dass die Abstände auf der Skala jeweils auch den Abständen bei den Merkmalsträgern in den Ausprägungen entsprechen bzw. dass der Abstand zwischen jeweils zwei Skalenwerten auf allen Positionen der Skala identisch ist (Äquidistanzforderung). Innerhalb der metrischen Skalen wird noch zwischen der *Intervallskala* und der Ratioskala differenziert. Die *Ratioskala* erfüllt zusätzlich noch die Forderung, dass sie einen natürlichen Nullpunkt besitzt; dies gilt z. B. für die Anzahl der Mitarbeiter in einem Unternehmen, die Größe

Tab. 3.3: Messniveau: nominal, ordinal, metrisch.

Nominalskala (qualitative Merkmale):	
– Jedes Objekt kann genau einem Wert auf der Skala der Merkmalsdimension zugeordnet werden	z. B.: Geschlecht, Rechtsform, Branche

Ordinalskala (Rangmerkmale):	
Anforderung zusätzlich: – Rangordnung	Arbeitszufriedenheit: sehr zufrieden bis völlig zufrieden Klassifizierte Werte mit ungleicher Klassenbreite

Metrische Skalen: Intervallskala oder Ratioskala (d. h. natürliche Zahlen):	
Anforderung zusätzlich: – Die Abstände auf der Skala entsprechen den Abständen der Ausprägung der Variablen bei den Merkmalsträgern bzw. der Abstand zwischen jeweils zwei Skalenwerten sind gleich, d. h. Äquidistanzforderung – (Ratioskala: dazu natürlicher Nullpunkt)	Jahresergebnis Produktionsausschussmenge (Ratio) Alter des Unternehmens per 31.12.2020 (Ratio) Verkaufsflächen (Ratio) Mitarbeiterzahl 1.1.2020 (Ratio)

Quelle: eigene Darstellung.

der Verkaufsfläche eines Unternehmens oder das Alter eines Unternehmens, die keine Negativwerte annehmen können.

Wie bereits erwähnt, hat das in der Messung realisierte Messniveau unmittelbare Wirkung auf die Auswertungsmöglichkeiten. Hierbei gilt, dass ein höheres Messniveau immer die Auswertungsmöglichkeiten auf dem jeweils niedrigeren Messniveau miteinschließt. Auf der Ebene einer *Nominalskala* lässt sich statistisch gesehen eine Darstellung der Verteilungen in ein- oder mehrdimensionalen Tabellen mit absoluten Häufigkeiten oder auch in relativen Häufigkeiten (Prozent- oder Promillewerte etc.) anwenden. Für die Angabe eines Mittelwertes steht lediglich der Modus, d. h. die Ermittlung des häufigsten Wertes, zur Verfügung. Im bivariaten Vergleich kann man einen Vergleich zwischen Beobachtungs- und Erwartungswerten anstellen (Chi-Quadrat-Test). Hierauf bauen auch Korrelationskoeffizienten für nominalskalierte Daten auf (z. B. PHI).

Bezüglich *ordinalskalierter* Daten treten als weitere Auswertungsmöglichkeiten z. B. die Bildung eines Medianwertes, der die gesamte Verteilung in zwei gleiche Hälften teilt, oder die Bildung von Terzilen bzw. allgemeiner von Quantilen, die entsprechend eine Aufteilung der Verteilung ermöglichen, hinzu. Als Korrelationskoeffizient wird bei bivariater Analyse von Ordinalskalen häufig die Spearman-Rangkorrelation gebildet (RHO).

Mit der Gewinnung von Daten auf *metrischem Messniveau* eröffnet sich ein ungleich größeres Feld von Auswertungsmöglichkeiten, die überdies alle vorgenannten Auswertungsmöglichkeiten einschließen. Als lagetypische Kennziffern kann hier z. B. das arithmetische Mittel eingesetzt werden und die Standardabweichung als Streuungsmaß. Im bivariaten Bereich wird sehr häufig mit der Pearson-Korrelation gearbeitet bzw. werden dann im multivariaten Bereich die Faktorenanalyse, die Regressionsanalyse, Strukturgleichungsmodelle wie LISREL und weitere komplexe Analyseverfahren möglich, die allerdings z. T. zusätzliche Verteilungsannahmen machen und dementsprechend die Erfüllung dieser Annahmen bei den eingebrachten Daten verlangen (z. B. Normalverteilungsannahme).

- bei *Nominalskala* z. B.:
  - Verteilungen (absolut oder in %)
  - häufigster Wert
  - Chi Quadrat (bivariat)
- bei *Ordinalskala* z. B. darüber hinaus:
  - Median, Terzile, Quantile, allgemein
  - Spearman-Rangkorrelation
- bei *Intervallskala* z. B. darüber hinaus:
  - arithmetisches Mittel
  - Standardabweichung
  - Pearson-Korrelation
  - Regressionsanalyse
  - Faktorenanalyse
  - Strukturgleichungsmodell LISREL

3.3 Skalierung

3.3.1 Skalenkonstruktionsstrategien

Bei der Konstruktion von Skalen kann man von unterschiedlichen Denkmodellen ausgehen. Die am meisten verbreitete Vorstellung geht davon aus, dass die *Items einer Skala ein eindimensionales Konstrukt* repräsentieren, also um einen inhaltlichen Kernaussagebereich kreisen und daher eine deutliche *Homogenität* haben sollten. Ein Beispiel wäre eine Skala zur Messung von *Leistungsmotivation* bei Unternehmensgründern. Diese Homogenität wird im Konstruktionsverfahren zum einen durch die Aufnahme von inhaltlich ähnlichen Items in der Itemselektion, und zum anderen durch eine faktorenanalytische Überprüfung der Faktorstruktur sichergestellt. Die Orthogonalrotationen im Rahmen der Faktorenanalyse ist auf die maximale Unabhängigkeit der Faktoren ausgelegt, sodass sich zeigt, inwieweit es einen starken und dominanten Faktor gibt, der in sich sehr homogen ist. Schließlich wird durch die Berechnung von Homogenitätskennziffern im Sinne einer spezifischen Reliabilität (Zuverlässigkeit) die Homogenität der entstandenen Skala z. B. mithilfe von Cronbachs Alpha gemessen.

Demgegenüber ist eine andere konzeptionelle Vorstellung gegeben, wenn man davon ausgeht, dass ein Konstrukt mehrere unterschiedliche, jeweils auch separat zu erfassende und zu messende, *voneinander unabhängige Teilaspekte* beinhaltet, die aber letztlich in einem einheitlichen Punktewert zusammengebracht werden sollen. Denken wir an die Messung des Begriffs *Standortqualität*, bei dem es durchaus unterschiedliche Teilaspekte gibt, die jeweils völlig separat zu erfassen und zu messen sind: etwa die Verkehrsinfrastruktur des Umfeldes oder die Ausstattungsqualität eines bestimmten Ladenlokals getrennt von den rechtlichen Rahmenbedingungen etwa vorhandener Förderprogramme für eine bestimmte Region. Hier machen Angaben zur Homogenität dieser Teilaspekte untereinander keinen Sinn.

Wichtig ist der Hinweis, dass bei der Operationalisierung von bestimmten Begriffen Indikatoren unterschiedlicher Abstraktionsebenen eingesetzt werden. Beim Begriff Standortqualität kann auf der ersten Ebene z. B. zwischen Infrastruktur, Ladenlokal, Ausstattung und Kunden unterschieden werden. Bezogen auf die Infrastruktur kann auf der zweiten Ebene z. B. zwischen Erreichbarkeit, Vertriebsmöglichkeiten und Geschäftsumfeld differenziert werden und z. B. bezogen auf die Erreichbarkeit kann dann noch mal auf der dritten Ebene zwischen Verkehrsanbindung, Parkraum im Umfeld und Anlieferzugang differenziert werden.

Angleitner (1976) unterscheidet bezüglich der *Skalenkonstruktionsstrategie* drei mögliche Ansätze. Der erste und einfachste Ansatz ist das sogenannte *intuitiv-theoretische Vorgehen*. Auf der Basis einer intensiven Auseinandersetzung mit der einschlägigen Literatur wird eine gewisse Anzahl von Aussagen gelistet, die ein bestimmtes Konstrukt paraphrasieren und umschreiben. Diese Aussagen werden dann zur Messung des einschlägigen Konstruktes benutzt. Diese Vorgehensweise ist aber heute wissenschaftlich nicht mehr akzeptabel.

Der zweite Typ von Skalenkonstruktionsstrategien ist das *internale Vorgehen*. Diese Skalenkonstruktionsstrategie ist auf die interne Homogenisierung der Elemente mithilfe von empirisch basierten Messzahlen ausgerichtet und spiegelt damit eine *reflexive* Skala, ist aber für eine *formative* Skalenentwicklung nicht geeignet. Dieses Vorgehen ist sehr verbreitet, insbesondere in Verbindung mit dem sogenannten *Fünf-Punkte-Lickert-Format*. Als Testgütekriterium gilt hier die im Sinne der internen Homogenität der Items formulierte Reliabilität, die durch *Part-Whole-Korrelationen* bzw. *Cronbachs Alpha* gemessen wird. Der Nachweis des Testgütekriteriums Validität wird erst nach Fertigstellung der Skala in entsprechenden Validierungsuntersuchungen geführt z. B. durch Vergleiche des Einsatzes der dann vorliegenden Skala bei Extremgruppen. Wenn z. B. eine Skala der Messung der Leistungsmotivation dienen soll, die entsprechend der Leistungsmotivationstheorie von McClelland (1967) besonders ausgeprägt bei Unternehmensgründern sein müsste, wird diese Gruppe mit anderen Berufsgruppen verglichen, bei denen man von einer geringeren Leistungsmotivation ausgeht. Ein wichtiger Ansatz dieser Richtung im Zusammenhang mit der Operationalisierung latenter Konstrukte wurde in der Psychologie kultiviert, insbesondere in der *differenziellen Psychologie* und dort ursprünglich im Kontext von *Intelligenztests* unter Einsatz der faktorenanalytischen Methode.

Schließlich schlägt Angleitner (1976) als dritte Skalenkonstruktionsstrategie das *externale Vorgehen* vor. Hier werden empirisch zu überprüfende Außenkriterien bereits in der Entwicklung der Skala, also bei der Konstruktion, einbezogen und eine Selektion der Items anhand eines entsprechend definierten Außenkriteriums nach maximaler Differenzierung vorgenommen. Eine spezielle Variante ist die auf Trennschärfe der Items ausgelegte Vorgehensweise bei der Entwicklung eines biografischen Fragebogens.

3.3.2 Entwicklungsschritte einer Skala nach der internalen Strategie

Nach einem weitverbreiteten Skalenentwicklungsweg folgt man typischerweise fünf Schritten. Der erste Schritt der Skalenentwicklung ist die *Sammlung von Items* (Aussagen oder Aufgaben). Dies geschieht meist auf der Basis der vorhandenen Literatur oder auf der Basis von Expertengesprächen. Wünschenswert, aber sehr oft nicht verfügbar, ist der Aufbau einer Skala auf einer entsprechend inhaltlich ausgerichteten Theorie, wie z. B. dem umfangreichen publizierten Material zur Leistungsmotivation. Die Itembatterie bildet somit am Ende des ersten Schritts einen umfangreichen Pool von Aussagen, die das in der Operationalisierung angestrebte Konstrukt (Arbeitszufriedenheit, Dominanzstreben, unternehmendes Verhalten) widerspiegeln sollen.

Nachdem im ersten Schritt entsprechende Items zusammengetragen worden sind, besteht der zweite Schritt darin, empirisch gestützt eine *gezielte Auswahl* der Items vorzunehmen. Je nachdem, ob man eine interne oder externe Skalenkonstruktion verfolgt, wird in diesem Schritt mehr auf die *Homogenität* der Items untereinander

oder auf die *Differenzierungsfähigkeit* jedes einzelnen Items bezüglich eines Außenkriteriums geachtet. Die gesammelten Items können dazu einer Stichprobe von Personen vorgelegt werden, die möglichst große Ähnlichkeit mit der Zielgruppe haben sollte, für die das Messinstrument bestimmt ist. Hierbei lässt sich bereits ebenfalls feststellen, welche *Verständlichkeit* und *Akzeptanz* die Items bei dieser Gruppe finden:
- Ist die Formulierung sprachlich verständlich? Führt sie zu Missverständnissen und Zweifeln bei den Befragten?
- Gibt es Störgefühle, Beantwortungsverweigerungen? (Zu persönlich? Zu intim?)

Jedes Item sollte bei der Zielgruppe auch eine *Mindeststreuung* haben. Wird ein Item von allen Befragten in der gleichen Weise beantwortet, hat es also eine sehr geringe oder gar eine Nullstreuung, ist es für die Messung, gleich um welchen Inhalt es sich handelt, nicht brauchbar. Der Grund hierfür ist schlichtweg die fehlende Differenzierung zwischen den Untersuchungsobjekten.

Da dieser Ansatz aus der differenziellen Psychologie und ursprünglich aus der Intelligenzforschung kommt, redet man in diesem Zusammenhang auch gerne vom *Schwierigkeitsgrad* eines Items, d. h., es wird die Frage gestellt, wie viel Prozent der Befragten ein Item „richtig" beantwortet. Übertragen von der Intelligenzforschung auf andere Bereiche bedeutet dies z. B., wie viel Prozent der Befragten das Item bejahen. Üblicherweise wird man Items auswählen, die keinen extremen *Schwierigkeitsgrad* haben, sondern einen Schwierigkeitsgrad zwischen 20 und 80 % besitzen, also keine „schwierigen" und keine „leichten" Items.

Sehr oft wird in dieser Phase bei einer internalen Strategie, also Ausrichtung auf Homogenität der Items, auch mit *Faktorenanalysen* gearbeitet, die einen Hinweis auf die Dimensionalität des Itemmaterials geben sollen. Haben wir es mit einer homogenen, eindimensionalen Skala zu tun, wird eine sehr starke Ladung aller oder der meisten Items auf dem ersten Faktor erfolgen. Ansonsten kann man auch überlegen, auf diese Weise mehrere, jeweils in sich homogene Faktoren (auf der Basis einer Orthogonalrotation), zu ermitteln. Bei der Entwicklung einer Skala zur Messung der Leistungsmotivation (auf den Arbeiten von McClelland, Atkinson und Heckhausen basierend), wird man möglicherweise bei der Sammlung von Items feststellen, dass ein Teil dieser Items in Richtung „Hoffnung auf Erfolg" ausgelegt sind, während ein anderer Teil der Items auf den Faktor „Vermeidung von Misserfolg" ausgelegt sind. Nach der Faktorenanalyse lässt sich eine Auswahl der Items je nach der Höhe der Faktorladung entscheiden. Die erreichte Homogenität auf der Basis der Faktorenanalyse lässt sich dann durch die Berechnung der *Trennschärfen* der jeweiligen Items nachweisen. Unter Trennschärfe versteht man die Korrelation jedes einzelnen Items mit dem Gesamtpunktwert einer Skala. Da man zunächst bei Korrelation eines einzelnen Items mit der Gesamtskala eine Redundanz dadurch hat, dass das einzelne Item, das korreliert wird, bereits in dem Summenwert der Skala existiert, arbeitet man lieber mit einer „korrigierten Item-Total-Part-Whole-Korrelation", d. h., man schaut sich die Korrelation des einzelnen Items gegenüber der Summe aller anderen Items an. Führt man diese

Part-Whole-Korrelation oder Item-Total-Korrelation in korrigierter Form für jeweils alle Items durch, so kommt man zu dem üblichen *Cronbachs Alpha*, das somit ein Maß für die Homogenität einer Skala darstellt. Etwas unglücklich ist, dass dies auch generell als Reliabilität bezeichnet wird, ein Begriff der ansonsten eher mit der *zeitlichen Stabilität* von Messungen verbunden wird, also auf die Korrelation von – mit einem gewissen zeitlichen Abstand – wiederholten Messwerten abzielt.

Der nächste Schritt führt zur eigentlichen Skalenbildung, da sich nun die Frage stellt, wie diese ausgewählten Items zu einer Skala verknüpft werden sollen. Meistens werden vorbereitend die Einzelitems in ihrer Aussagerichtung bzw. Polung hinterfragt (positive oder negative Ladung in der Faktorenanalyse), d. h., liegt die positive, bejahende Beantwortung eines Items inhaltlich in Richtung der Skala oder ist es so, dass die Verneinung eines Items einen positiven Beitrag zur Skala bilden soll. Im letzteren Fall müsste man das Item vor der Bildung eines Gesamtskalenwertes zunächst *umpolen*, d. h., im Falle einer Fünf-Punkte-Likert-Skala würde man aus der eins eine fünf, aus der zwei eine vier, aus der vier eine zwei und der fünf eine eins machen.

Des Weiteren stellt sich dann die Frage der Gewichtung, d. h., ob man die Items *gewichtet* oder ungewichtet in die Bildung eines Gesamtwertes eingehen lässt. „Ungewichtet" würde bedeuten, dass alle Items mit dem gleichen Gewicht „1" aufgenommen werden, während bei unterschiedlich gewichteter Einführung z. B. auf die *Ladungszahlen*, die im Rahmen einer Faktorenanalyse ermittelt werden, zurückgegriffen werden kann und diese Ladungszahlen dann als Gewichte für die einzelnen Items eingebracht werden. Dies verbindet sich mit der Vorstellung, dass bestimmte Items einen größeren Beitrag als andere Items zur Hintergrunddimension liefern, die hier gemessen werden soll bzw. näher am inhaltlichen Kern des Konstrukts liegen.

Schließlich stellt sich die Frage, in welcher Form die Skalenwerte der einzelnen Items zusammengeführt werden sollen, inwieweit man also die übliche lineare additive *Verknüpfung* heranzieht oder ob man davon abweichend nicht additive oder auch nicht lineare Verknüpfungen der Items einsetzen will. Hierfür sollten dann aber klare konzeptionelle Vorstellungen leitend sein.

Hat man die Frage der Verknüpfung der einzelnen Items zu einer Skala gelöst, so ist zuletzt die *Qualität der Skala* anhand der typischen Gütekriterien zu bestimmen, also insbesondere die *Validität*, die *Reliabilität* und die *Objektivität*. Neben diesen zumeist genannten Testgütekriterien gibt es eine Reihe von anderen möglichen Gütekriterien, die etwas über die erreichte Qualität einer Skala aussagen kann; darauf wird im Detail in Abschnitt 3.3.4 eingegangen.

Den Gegenpol zu der internalen Strategie bildet die externe Strategie. Bei der Letzteren steht von vornherein die Validität im Vordergrund (Korrelation zu einem Außenkriterium bzw. maximale Differenzierung zwischen Extremgruppen). Aus diesem Grund ist hier die Validität normalerweise besser gewährleistet als bei der internalen Strategie, welche in der Konstruktion mehr auf die Homogenität – und damit auf die Reliabilität – abzielt.

3.3.3 Wichtige Skalierungstypen

3.3.3.1 Die Likert-Skala

Die verbreitetste Form der Skalierung ist die sogenannte Likert-Skalierung (Diekmann, 2005; Raab et al., 2004). Bei der Likert-Skala werden üblicherweise den Probanden eine Reihe einzelner Aussagen vorgelegt, die jeweils mittels sprachlich abgestufter vorgegebener Antwortkategorien eine Bewertung vornehmen. Die Antwortkategorien werden dabei mit einer bestimmten Punktzahl belegt. Im Kontext einer Leistungsmotivationsskala könnte z. B. die Aussage „meine Probleme bewältige ich grundsätzlich selbst" mit den Antwortkategorien „völlig falsch", „eher falsch", „weder richtig noch falsch", „eher richtig und „völlig richtig" belegt werden und diese dementsprechend mit einem Punktwert eins für „völlig falsch", zwei für „eher falsch" bis fünf „völlig falsch" etc. versehen werden.

Meist wird die Likert-Skala als Fünf-Punkte-Skala, d. h. mit einem neutralen Aussagepunkt in der Mitte („weder richtig noch falsch"), dargeboten. Das Problem für den Forscher ist dabei, dass Befragte, die diese Antwortkategorie ankreuzen, sich im Grunde nicht zu einer Bejahung oder Verneinung der jeweiligen Aussage bekennen, sondern indifferent bleiben. Man kann versuchen, die Befragten zu einer klaren Antwort zu veranlassen, indem man z. B. eine sechste Antwortvorgabe hinzufügt und die besagte „Antwortvorgaben" in diesem Fall zwischen „völlig falsch" über „sehr falsch", „eher falsch", „eher richtig, „sehr richtig" und „völlig richtig" laufen lässt. Je mehr Antwortkategorien man im Falle einer geraden Zahl von Antwortangaben verwendet, umso geringer ist der logische Abstand zu einem imaginären Neutralpunkt der Antwortvorgaben. Daher führt eine Verringerung der Anzahl der Antwortvorgaben eher zu einem Abbruchverhalten der Probanden als eine Erweiterung der Anzahl der Antwortvorgaben. Im Zusammenhang mit einer geraden Anzahl von Antwortvorgaben redet man auch von *„forced choice"*, da sie dem Befragten die Möglichkeit nimmt, eine neutrale Position einzunehmen (die Mitte). Hier wird der Proband zu einer definitiven Antwort bezüglich seiner persönlichen Tendenz gezwungen. Ein Vorteil der „Forced-Choice"-Daten bei der Auswertung ist, dass man eine dichotome Gegenüberstellung der zustimmenden gegenüber den widersprechenden Personen vornehmen kann.

Die Items einer Likert-Skalierung werden üblicherweise nach entsprechender Ausrichtung ihrer Polung zu einem gleichgewichtigen Gesamtpunktwert aufaddiert. Werden mehrere Indikatoren, Items etc. erfasst, ergibt sich insgesamt eine größere Zuverlässigkeit, als würde man nur ein einzelnes Item als Indikator für eine bestimmte Variable nutzen.

3.3.3.2 Guttman-Skala

Eine anderer Ansatz der Skalenentwicklung, der gelegentlich genutzt wird, ist die Guttman-Skalierung (Diekmann, 2005). Hierbei besteht ein logischer Zusammenhang zwischen den verwendeten Items dermaßen, dass diese in einer Reihenfolge dem Probanden dargeboten werden, aus der sich ergibt, dass die positive Beantwortung des zuletzt genannten Items auch immer logischerweise eine positive Beantwortung der jeweils vorgenannten Items beinhaltet. Dies sei an einem kleinen Beispiel demonstriert:

- Ich würde mit der Person X in einem Bus fahren: ja ___   nein ___
- Ich würde mit der Person X an einem Tisch essen: ja ___   nein ___
- Ich würde die Person X heiraten: ja ___   nein ___

Hierbei kann man davon ausgehen, dass eine befragte Person, die das letzte Item bejaht, auch bei den bei den beiden vorhergehenden Items zustimmt.

Es zeigt sich allerdings, dass die aus der Sicht des Forschers vorgenommenen logischen Abstufungen nicht von allen Personen in der gleichen Weise interpretiert werden, d. h. die erwartete Reihenfolge von einigen Probanden durchbrochen wird. Es werden daher im Rahmen der Guttman-Skalierung unterschiedliche Gütekriterien und Kennziffern herangezogen, die eine Aussage darüber geben, inwieweit tatsächlich eine Guttman-Skalierung vorliegt bzw. wie gut der „Fit" zum im Modell erwarteten Antwortverhalten ist.

3.3.4 Güte der Operationalisierung

Hinsichtlich der Operationalisierung von Variablen durch Skalen, aber auch bezüglich der verwendeten Datensammlungstechniken, der Forschungsformen etc. ist zu hinterfragen, welche Validität (Gültigkeit, Aussagekraft), Reliabilität (Zuverlässigkeit insbesondere im Sinne von Wiederholungskonstanz der Messung) und Objektivität (Unabhängigkeit von den durchführenden Personen) die Ergebnisse haben (Kuß & Eisend, 2010). Die Hauptgütekriterien werden bereits in Abschnitt 3.3.2 kurz angesprochen, sollen aber hier vertieft werden.

Unter *Objektivität* ist die Unabhängigkeit der Erhebung, Auswertung und Interpretation der Daten von der durchführenden Person, dem jeweiligen Forscher, zu verstehen. Je stärker ein Verfahren von den Akteuren unabhängig ist, umso objektiver ist es.

Mit dem Begriff der *Reliabilität* wird bezogen auf die Operationalisierung umschrieben, welcher Grad der Genauigkeit erreicht wird, mit dem etwas gemessen worden ist, unabhängig davon, ob tatsächlich auch das gemessen worden ist, was gemessen werden soll. Am besten ist Reliabilität durch den Grad der Übereinstimmung bei wiederholten Messvorgängen darzustellen, d. h. im Sinne einer Test-Retest-Messung. Da dies sehr aufwendig ist (= zwei Erhebungswellen), wird gerne auf die Feststellung der *Homogenität* der Items anhand von Cronbachs Alpha ausgewichen (in einer Erhebungswelle).

Mit dem Begriff *Validität* (Gültigkeit) wird dagegen der Grad, mit dem ein Test das, was er laut Operationalisierungskonzept messen soll, auch tatsächlich misst, beschrieben. Es stellt sich dementsprechend bei einer Operationalisierung die Frage, ob die gewählten Indikatoren, Items etc. auch wirklich das Konstrukt abbilden, das abgebildet werden soll, d. h., Fragen der Validität in der Operationalisierung tauchen insbesondere dann auf, wenn man es mit komplexen, latenten Phänomenen zu tun hat.

3.3.4.1 Objektivität

Entsprechend der einzelnen Arbeitsphasen wird zwischen der Objektivität bei der *Durchführung* der Messung, der Objektivität bei der *Auswertung* der Messergebnisse und der Objektivität bei der *Interpretation* der Messung und Differenzierung unterschieden.

Es stellt sich die Frage, wie man eine möglichst hohe Objektivität einer Messung belegen kann. Eine Prüfung dieses Gütekriteriums ist z. B. dadurch möglich, dass nach dem Zufallsprinzip unterschiedliche Personen (z. B. bei der Messdurchführung) eingesetzt werden und die gewonnenen Messwerte bei zufällig ausgewählten Untersuchungspersonen bzw. Objekten oder – wenn die Möglichkeit der Messwiederholung besteht – bei identischen Untersuchungsobjekten auf signifikante Unterschiede zwischen den jeweils die Messung durchführenden Personen untersucht wird. Entsprechendes gilt für die vorgenommenen Auswertungen und Interpretationen. Führen diese zu einheitlichen Ergebnissen, einheitlichen Interpretationen etc., so kann von einer hohen Objektivität ausgegangen werden. Gibt es hingegen signifikante Abweichungen zwischen den jeweils Handelnden, so ist die Objektivität niedriger. Grundsätzlich kann gesagt werden, je höher der Standardisierungsgrad im Prozess ist, umso weniger Einfluss haben die ausführenden Personen und umso höher wird die Objektivität.

3.3.4.2 Reliabilität (Zuverlässigkeit)

Die Reliabilität wird als zweites Hauptproblem der Operationalisierung benannt. Hier geht es um den Grad der Genauigkeit, mit dem etwas gemessen wird, unabhängig davon, ob das fokussierte Phänomen tatsächlich gemessen wird oder ob möglicherweise ein ganz anderes Phänomen gemessen wird. Die Reliabilität ist eine notwendige, aber keine hinreichende Bedingung der Validität, d. h., ohne ein hohes Maß an Reliabilität kann keine Validität vorliegen. Andererseits reicht aber ein hohes Maß an Reliabilität nicht aus, um die Validität zu gewährleisten.

Unter dem Begriff Reliabilität werden oftmals zwei grundsätzlich unterschiedliche Dinge zusammengefasst (Kuß & Eisend, 2010). Zum einen geht es um die *Homogenität* der Items innerhalb einer Skala. Dies wurde bereits unter den Arbeitsschritten der Konstruktion einer Skala erwähnt. Gemessen werden kann dies über einzelne Part-Whole-Korrelationen bzw. umfassend durch Cronbachs Alpha, das eine Messgröße aller möglichen, um das jeweilige Item korrigierten Part-Whole-Korrelationen, darstellt. Im Kern wird unter dem Begriff Reliabilität aber die zeitliche *Wiederholungszu-verlässigkeit* (Test, Retest) verstanden, die ihrerseits eng mit der Objektivität (Unabhängigkeit der Messergebnisse von den handelnden Akteuren (Forschern) verbunden sind. Hierzu bedarf es zumindest zweifacher Erhebungsarbeit mit identischen Testobjekten. Störend können hier interne oder externe Lerneffekte wirken. Aus Sicht des Einsatzes eines Messinstrumentes ist es dementsprechend unerwünscht, dass sich ein Lerneffekt mit diesem Messinstrument verbindet. Dies wird aber sehr oft der Fall sein. Verfügt man über mehrere Varianten einer Skala (z. B. Kurz- und Langformen, Split-Half-Varianten), so kann man diese zu unterschiedlichen Messzeitpunkten zur Wiederholung der Messung einsetzen und einen direkten Lerneffekt anhand identischer Items vermeiden.

3.3.4.3 Validität (Gültigkeit)

Unter der Validität einer Messung wird der Grad der Treffsicherheit verstanden, mit dem das, was gemessen werden soll, auch tatsächlich gemessen wird (Schnell et al., 2011). Die Validität wird als erstes Hauptproblem der Operationalisierung bezeichnet, d. h., hier ist die Frage zu beantworten, inwieweit die gewählten Items (Indikatoren) tatsächlich das zu operationalisierende Phänomen messen oder ob sie möglicherweise bei der vorgegebenen Messung ganz andere Dinge erfassen. Fragt man etwa eine Person direkt „haben Sie Steuern hinterzogen?", so kann man mit hoher Wahrscheinlichkeit erwarten, dass eine solche Frage nicht wahrheitsgemäß beantwortet wird, insofern also nicht wirklich gemessen wird, ob Steuern hinterzogen werden, sondern eher gemessen wird, wie die Neigung des jeweils Befragten zur wahrhaften Beantwortung ausgeprägt ist. Insofern kann es wichtig sein, Antworttendenzen in Richtung *sozialer Wünschbarkeit* oder im Sinne einer „Lügenskala" separat zu messen und zur Korrektur anderer Messungen zu nutzen.

In der Literatur werden verschiedene Arten von Validität unterschieden. Man spricht im einfachsten Fall von einer *Face Validity* oder *Konstruktvalidität*, wenn eine Skala unmittelbar einsichtig und auf der Basis klarer theoretischer Aussagen entwickelt worden ist und von daher eine gewisse Offensichtlichkeit der Repräsentanz eben dieses Konstruktes vorliegt. Hier bleibt naturgemäß ein sehr großer Ermessensspielraum, der eine Aussage zur Validität auf qualitativer Ebene ermöglicht.

Wesentlich präziser und objektiv fassbarer ist die externe Validität, die entweder als *konvergente* oder *divergente Validität* entwickelt werden kann. Als konvergente Validität lässt sich verstehen, wenn bei einem Konstrukt etwa bei bestimmten Gruppen von Merkmalsträgern erwartungsgemäß diese eine hohe Ausprägung besitzen bzw. hoch korrelieren, während bei der divergenten Validität darauf ausgerichtet wird, extreme Gruppen gegenüberzustellen.

3.3.4.4 Weitere Gütekriterien

Weitere sehr wichtige Qualitätskriterien sind vor allem im Einzelnen die Relevanz und Nützlichkeit einer Skala (siehe Tabelle 3.4). Hierfür gibt es keine verbreiteten quantitativen Kriterien, es macht aber Sinn, zumindest argumentativ die *Relevanz* bzw. *Nütz-*

lichkeit einer Skala im Erkenntniskontext zu begründen, also in ihrem Bezug zu entsprechenden Theorien aber auch mit Bezug zum Verwertungszusammenhang, etwa in der Personalauswahl (Eignungsdiagnostik), der Nutzung von Benchmarks, Leistungskriterien zur Steigerung der Effizienz eines Unternehmens, im Rahmen eines komplexen Controllingsystems oder Managementinformationssystems, zur Diagnose eines einzelnen Unternehmens, Mitarbeiters etc.

Ein sehr wichtiger Aspekt ist auch die *Akzeptanz* eines Messinstrumentes durch die Testpersonen. Hierbei lässt sich differenzieren inwieweit die Informationen, die vorweg über eine Skala gegeben werden, von vornherein die Bereitschaft zur Teilnahme einschränken oder nicht. Oder inwieweit bei der Durchführung einer Messung mit einer Skala ein früheres oder späteres Abbruchverhalten im Laufe des begonnenen Messvorganges festzustellen ist. Insbesondere kann es auch wichtig sein zu klären, ob die Personen, die einen solchen Abbruch vollziehen, sich von den Personen unterscheiden, die auf ein Messinstrument in Gänze reagieren. Dies führt zu Fragen der Verzerrung einer Stichprobe.

Tab. 3.4: Übersicht der wichtigsten Gütekriterien.

- **Relevanz, Nützlichkeit**
  - Im Erkenntniszusammenhang (Theoriebildung)
  - Im Verwertungszusammenhang (Lösung von Praxisproblemen)
- **Validität**
  - Konstruktvalidität
  - Externe Validität
  - Konvergente/divergente
- **Reliabilität**
  - Als zeitliche Wiederholungszuverlässigkeit (Retest)
  - (Aber: interne/externe Lerneffekte)
- **Homogenität (Gleichartigkeit)**
  - Split half, part whole,
  - Cronbachs Alpha
- **Objektivität**
  - Durchführung (bei Messung)
  - Auswertung
  - Interpretation
- **Ökonomie**
  - Zeitlicher Aufwand
  - Sachlicher Aufwand
  - Effizienz/Rentabilität
- **Normiertheit** (Nominierung)
  - Einordnung des Einzelfalls in eine Standardverteilung (z. B. Sten-Werte)
- **Testfairness**
  - Keine Benachteiligung von Subgruppen (Geschlecht, Alphabetisierung)

Quelle: eigene Darstellung.

Ein weiterer wichtiger Gesichtspunkt ist die Frage nach der *Ökonomie* einer Skala, d. h. insbesondere, welcher zeitliche Aufwand ist aufseiten der Testdurchführenden und der jeweils gemessenen Objekte zu investieren und welcher sachliche, instrumentelle, apparative etc. Aufwand ist bei der Durchführung und der Auswertung der Messung oder der Interpretation der Messergebnisse einzusetzen. Hier lassen sich dementsprechend Überlegungen zur Testeffektivität, Testeffizienz bzw. der *Rentabilität* des Testeinsatzes anstellen, d. h. dem Quotienten aus Testertrag und Testaufwand, der möglichst groß sein sollte.

Die *Testfairness* als Gütekriterium hinterfragt aus Sicht der involvierten Stakeholder eine evtl. Benachteiligung ihrer jeweiligen Interessenlagen (Sprachkompetenz, Alphabetisierung).

Für die praktische Handhabung eines Tests ist es auch wichtig, ob *Normierungsdaten* vorliegen, die z. B. eine Umrechnung von Testdaten in Sten-Werte (d. h. eine Umsetzung der Beobachtungswerte auf einen Bereich von 1–10) auf der Basis einer repräsentativen Normierungsstichprobe ermöglichen und damit die Interpretationstransparenz des Tests verbessern.

4 Forschungsmotive, -strategien und -prozesse

4.1 Motive wissenschaftlicher Forschung

Was bewegt einen Menschen dazu, Forschung zu betreiben? Warum werden Astronomie, Ägyptologie, Ökonomie oder Mathematik verfolgt? Welche Motive treiben die wissenschaftliche Forschung an?

Wissenschaftliche Forschung begründet sich in einer grundsätzlichen *Neugier des Menschen*, die Welt kennenzulernen und sie zu erklären. Es ist das Tummeln auf einer intellektuellen Spielwiese, das einen Antrieb für die Forschung bildet. Ähnlich wie bezüglich der Begründung von Kunst, bei der gelegentlich von „l'art pour l'art" also einer Begründung der Kunst aus sich heraus ohne die Notwendigkeit einer dahinterstehenden Ebene gesprochen wird, bedarf es für dieses Wissenschaftsmotiv keiner weiteren Begründung. Das heißt, hier wird *Wissenschaft* insbesondere verstanden als *Suche nach Wahrheit*, die ein Wert an sich ist und damit als *Selbstzweck* gesehen wird bzw. sich aus der menschlichen Natur erklärt. Die Erkenntnis der Welt, die Gewinnung von Wahrheiten über die Welt, ist als ursprüngliches Wissenschaftsmotiv akzeptiert.

Über dieses Wissenschaftsmotiv im engeren Sinne hinausgehend sind Wissenschaftsgebiete wie z. B. Ingenieurwissenschaften oder die Betriebswirtschaftslehre grundsätzlich darauf angelegt, nicht bei der reinen Erkenntnis, der Wahrheitsfindung stehen zu bleiben, sondern diese zu instrumentalisieren, d. h. einen *Nutzen* aus dem Wissen über die Welt zu ziehen, in dem man dieses Wissen dazu einsetzt, in das Weltgeschehen einzugreifen und die Welt zu verändern. So wird die Erkenntnis, die sich in einer vielfach verifizierten Theorie manifestiert, zum Produktionsumweg für eine Technologie, die nutzbringend eingesetzt werden kann. Dem englischen Physiker Faraday, der seinem König ein Experiment über die Wirkung einer Stromzuführung auf Froschschenkel vorführte, wird dementsprechend das Wort in den Mund gelegt: „one day you will draw taxes from it, Sir", als ihn der König fragte, was das denn überhaupt soll. Aber auch in den Demokratien des 21. Jahrhunderts muss die wissenschaftliche Forschung sich fragen lassen, welchen Beitrag/Nutzen sie kreiert, wenn dafür Steuermittel der Bürger eingesetzt werden. Bei sogenannter angewandter Forschung liegt der erhoffte Nutzen meist auf der Hand, bei der Grundlagenforschung sind die Nutzungsperspektiven meist eher nebulös. Aber auch eine reine erkenntnisgerichtete Grundlagenforschung eröffnet manchmal ungeahnt nutzbringende Perspektiven.

Es lassen sich verschiedene konkrete, operative Schritte bezüglich des erstgenannten „esoterischen" Wissenschaftsmotivs formulieren, die aufeinander aufbauen: Die *Ordnung*, z. B. durch Typenbildung (imitative vs. innovative Gründungen), die *Beschreibung* der Verhältnisse (Anzahl der Start-ups einer Region), die *Erklärung* kausaler Abhängigkeiten (Wirkung von Büromietenhöhen auf die Ansiedlung von Start-ups)

https://doi.org/10.1515/9783486709728-004

und damit das Verständnis der erfahrbaren Welt, die Durchdringung der Realität, um auf diesem Weg Orientierung und Einsichten zu gewinnen, ist die eine Seite.

Mit Blick auf das eher pragmatisch, praxeologisch bzw. technologisch orientierte Wissenschaftsmotiv sollen andererseits auf dem Wege von Prognosen, der Möglichkeit der damit verbundenen Einflussnahme, Kontrolle, der kritischen Auseinandersetzung, der Entwicklung von Visionen, Plänen und Gestaltungsumsetzungen, Schritte zur *Veränderung der Welt*, der Realität gemacht werden (Wirkung von Fördermaßnahmen, Inkubatoren auf die Qualität von Start-ups).

Bezugnehmend auf die verschiedenen Wissenschaften finden wir entweder eine stärkere Nähe zum esoterischen Wissenschaftsziel oder eine stärkere Nähe zum pragmatischen Wissenschaftsziel. So lässt sich der *Physik* ein eher esoterisches Wissenschaftsziel, also die Gewinnung von Erkenntnis, zuordnen, während den *Ingenieurwissenschaften* eher die Nähe zum Gestaltungsziel zukommt. In der *Betriebswirtschaftslehre* ist die Trennung nicht so deutlich. Aber hier finden wir z. B. die Lehre *vom* Management (nach Kirsch) im Sinne des Erkenntnisziels oder den Ansatz der Lehre *für* das Management als angewandte Betriebswirtschaftslehre (Unternehmenspolitik nach Glugos), die mehr dem Gestaltungsziel verbunden ist. In der *Volkswirtschaftslehre* stellen wir die *Volkswirtschaftstheorie* (Erkenntnisziel) der *Volkswirtschaftspolitik* (Gestaltungsziel) gegenüber.

Ein in der Wirtschaftstheorie nicht so deutlich herausgearbeiteter Unterschied besteht zwischen der *Forschung* (Erkenntnis) und der *Entwicklung* (Gestaltung) (F&E, engl. research and development, R&D), eine Terminologie, die im ingenieurtechnischen vs. physikalischen Bereich verbreitet ist. In der Betriebswirtschaft (Business) werden viele Aktivitäten unter Forschung eingeordnet, die eher der Entwicklung zugeordnet werden sollten (z. B. im Bereich Wirtschaftsinformatik). Definierend kann man formulieren: Im Rahmen der *Forschung* werden Erkenntnisse gewonnen, Theorien entwickelt und allgemeine, abstrakte Technologien erstellt. Im Rahmen der *Entwicklung* werden dagegen Instrumente, wie z. B. Steuerungs- oder Kontrolltools, konzipiert und konkretere Anwendungstechnologien entwickelt. Im betriebswirtschaftlichen Bereich könnte dies z. B. die Entwicklung einer Finanzbuchhaltungssoftware oder die Entwicklung einer Zielkostenrechnung, Balance-Score-Card oder aber von Planungssystemen bzw. Informationssystemen sein, die im Unternehmen eingesetzt werden können, sei es im Papierformat oder auch als computergestütztes Tool im Sinne etwa eines Managementinformationssystems oder eines Dokumentenverwaltungssystems. Auch die Entwicklung von Messinstrumenten, die sowohl in der Forschung als auch in der unternehmerischen Praxis eingesetzt werden können, gehört zum Bereich „Entwicklung". Die begriffliche Trennung dieser Aktivitäten ist deshalb sehr wichtig, da die Arbeits-/Verfahrensweise völlig unterschiedlich ist. In der Entwicklungstätigkeit wird meist auf eine Empirie meist verzichtet, obwohl man sehr wohl die Qualität von Entwicklungsprodukten (Instrumentarien) durch ein entsprechendes empirisches Design absichern sollte. Sehr oft werden solche Entwicklungen im

Beratungsbereich konzipiert und mit einem empirisch nicht abgesicherten Nützlichkeitsversprechen in der Praxis eingesetzt.

Versuchen wir noch einmal eine Übersicht darüber zu gewinnen, was einerseits dem *Wissensmotiv* und andererseits dem *Gestaltungsmotiv* zuzuordnen ist (siehe Tabelle 4.1).

Tab. 4.1: Grundmotive wissenschaftlicher Arbeit.

„Wissensmotiv" Erkennen der Realität = Wissenschaft i.e.S./Theorie	Beispiele
Was gibt es alles? Was kommt vor?	Welche Zusammensetzungen kommen bei Gründerteams vor?
Was ist das Typische?	Welche Rechtsform wird meist in der IT-Branche gewählt?
Was wirkt auf was?	Wie wirkt der Eigenkapitalanteil auf die Überlebenschance von Unternehmen?

„Gestaltungsmotiv" Verändern der Realität = Technik/Technologie	Beispiele
Wie erreiche ich, dass …?	Wie erreiche ich mit Werbung, dass der Umsatz um 20 % steigt?
Wie entwickle ich Instrumente, die mir helfen…?	Wie kann ich ein Instrument zur Messung meines Firmenwerts entwickeln?
Welche Wirkungsmechanismen kann ich nutzen, um … zu erreichen?	

Quelle: eigene Darstellung.

Wie eingangs erwähnt wurde, geht der hier verfolgte Wissenschaftsansatz letztlich zum einen auf eine *kausale Erklärung der Welt* aus, und zum anderen auf die *Nutzung der Kenntnisse* über kausale Zusammenhänge zur *Gestaltung der Welt*. Der analytisch basierten Erklärung gehen typischerweise Schritte voraus, die im Folgenden aufgeführt werden.

Bezogen auf die Erkennung der Realität kann man einen ersten einfachen Wissenschaftsansatz in der Beantwortung der Frage sehen, welche Phänomene in der realen Welt überhaupt vorkommen. *Was gibt es alles?* Also die Frage nach der Spanne der Möglichkeitsräume. Man könnte z. B. danach fragen, welche Zusammensetzungen kommen bei Teams vor, die ein Unternehmen gründen. Ein zweiter Schritt wäre dann die Frage, *was ist eigentlich das Typische?* Wie sehen etwa Verteilungen von Rechtsformen in der IT-Branche aus? Welche Rechtsform wird nicht gewählt? Dies würde als *Deskription* der Realität betrachtet werden. Schließlich folgt die Frage nach dem kausalen *Wirkungszusammenhang*, die meist im Zentrum der wissenschaftlichen Diskussion steht. *Was wirkt auf was?* Zum Beispiel: Wie wirkt der Eigenkapitalanteil auf die Überlebenschance eines Unternehmens? Und schließlich als Ausdruck des Gestaltungsmotivs: Wie kann ich erreichen, dass...? Auf welchem Weg, unter Einsatz welcher Mittel, Instrumentarien? Wie führe ich ein Unternehmen durch eine Branchenkrise?

4.2 Forschungsstrategien

Ausgehend von einem gewählten Forschungsproblem ist es ein wichtiger Schritt, eine Vorstellung darüber zu gewinnen, welche Merkmalsträger und welche Merkmalsdimensionen für die Erklärung der Phänomene herangezogen werden können, d. h. aus welchen Quellen und auf welcher Basis eine Formulierung von Aussagen erfolgen kann, die als Hypothesen zu bezeichnen sind (H. Witt, 2001). Dies ist Aufgabe einer *Explorationsstrategie*, die demnach in der Formulierung von Hypothesen ihr Ziel findet. Liegen entsprechende Hypothesen bzw. ein konzeptioneller Bezugsrahmen vor, setzt die *Prüfstrategie* ein, d. h. der in einer Aussage gefasste Wirkungszusammenhang zwischen zwei oder mehr Variablen wird durch Operationalisierung und Messung der relevanten Variablen mit der Realität konfrontiert. Bei diesen beiden Strategien, also der Explorations- und der Prüfstrategie, steht die Annäherung an die Wahrheit der Aussagen im Vordergrund, d. h. die Erkenntnis bzw. das Verstehen der Welt (Theoriebildung); bei der *Konstruktionsstrategie* hingegen ist der Gestaltungsgedanke dominant (Kubicek, 1976).

Grundsätzlich ist festzuhalten, dass die Methoden und die Wege der Explorationsstrategie, die der Gewinnung von Hypothesen dienen soll, wesentlich weniger differenziert ausgearbeitet sind als die Prüfstrategie bzw. die *Falsifikationsstrategie* nach Popper.

Bezüglich unterschiedlicher Stadien in der Forschung wird mit Implikation für die forschungsstrategische Ausrichtung zwischen *Entdeckungszusammenhang*, *Begründungszusammenhang* und *Verwertungszusammenhang* unterschieden. Die Explorationsstrategie bezieht sich auf den Entdeckungszusammenhang, die Prüfstrategie auf den Begründungszusammenhang und beide auf das Erkenntnismotiv. Im Kontext des Verwertungszusammenhangs steht die Konstruktionsstrategie, die auf das Gestaltungsmotiv ausgerichtet ist.

4.2.1 Explorationsstrategie empirischer Forschung

Eine Exploration, hier auch als Pilotstudie bezeichnet, dient dazu, im Rahmen des Entdeckungszusammenhangs prüffähige Hypothesen zu entwickeln.

Wie geht man nun bei der Explorationsstrategie vor? Kubicek (1976) schlägt folgende Arbeitsschritte vor:
- Erster Schritt: Darlegung der *Interessen* und Motive des jeweiligen Forschers, der *Denkschule*, der er gewöhnlich folgt.

– Dem folgt die Analyse der entsprechenden *Literatur*, der Besuch wissenschaftlicher *Konferenzen*, das Gespräch mit wissenschaftlichen Kollegen und die erste Kontaktierung von *Experten in der Praxis*.
– Auf der nächsten Stufe werden gezielt die *Widersprüchlichkeiten* von bislang vorliegenden Untersuchungen analysiert und miteinander konfrontiert.
– In einem weiteren Schritt wird eine Gegenteilsannahme getroffen, d. h. geprüft, ob auch eine *Umkehrung der Aussagen* denkbar und möglich ist.
– Es folgt der intensive *Kontakt mit der Praxis*, um den Objektbereich auch von dieser Seite her kennenzulernen. Dies geschieht z. B. durch Analyse von einschlägigen Dokumenten der Praxis, durch Gespräche mit Experten oder gemeinsamen Metaplansitzungen mit Praktikern.
– Schließlich folgt die empirische Untersuchung der einbezogenen Aspekte.

Im Laufe dieser Prozedur wird der *Ausgangsbezugsrahmen* zu einem weiterentwickelten Bezugsrahmen geformt.

Welche *Aufgaben und Funktionen* kann ein Bezugsrahmen hierbei übernehmen? Aus forschungsstrategischer Sicht kann der Bezugsrahmen drei wichtige Funktionen übernehmen.

Die erste Funktion ist die, das Wahrnehmungsfeld durch eine *Selektion* zu reduzieren, d. h., aus der Unendlichkeit aller möglichen Wahrnehmungsbereiche wird ein überschaubarer Ausschnitt gebildet.

Die zweite Funktion wird durch den Bezugsrahmen einer *Steuerungsfunktion* übernommen, d. h., ist einmal eine Reduktion des Wahrnehmungsfeldes erfolgt, so wird die weitere Beschäftigung der Forschungskapazitäten und Ressourcen innerhalb dieses engeren Bereiches gesteuert.

Schließlich dient der Bezugsrahmen der *Integration* der Ergebnisse von vorliegenden Untersuchungen Dritter sowie auch der eigenen Untersuchungsergebnisse.

4.2.2 Prüfstrategie empirische Forschung

Im Rahmen dieses Buches wird durchweg von Prüfstrategie und nicht von Falsifikationsstrategie gesprochen, um zu verdeutlichen, dass der Forscher nicht mit einem Bias (Fehlerprägung) der Widerlegung im Kopf bei der Überprüfung von Zusammenhängen arbeiten sollte bzw. gleichermaßen die *Verifikation wie die Falsifikation als nicht endgültig erreichbar* betrachtet wird (J Bortz & Döring, 2002; Rogge, 2013). Popper, der den Begriff Falsifikation entscheidend prägte, geht zwar davon aus, dass eine Falsifikation grundsätzlich endgültig ist, er betrachtet dabei allerdings nur *Allsätze* (wie „alle Schwäne sind weiß"), die durch die Identifizierung eines einzigen gegenteiligen Objektes (z. B. eines schwarzen Schwans) unmittelbar widerlegt werden können. Bei probabilistischen Aussagen, die für die Wirtschaftswissenschaft wie für die Sozialwissenschaft allgemein typisch sind, würde hingegen die Identifikation eines schwarzen Schwans die Gültigkeit der Aussage noch nicht widerlegen.

Mit Blick auf die statistischen Analysen ist in diesem Zusammenhang auch festzuhalten, dass es keine Sicherheit weder vor *Scheinkorrelationen* gibt (d. h., hier würde möglicherweise eine vorläufige Verifizierung eines Zusammenhangs angenommen), noch vor *Scheinnichtkorrelationen* (hier würde fälschlicherweise eine Widerlegung der Hypothese erfolgen).

4.2.3 Konstruktionsstrategie empirischer Forschung: technologische Orientierung

Diese ist im Rahmen der Verfolgung des technologischen Gestaltungsziels zu sehen. In diesem Rahmen werden Operationalisierungen zur Systemanalyse, zum Systementwurf, zur Systemimplementierung und schließlich zur Kontrolle genutzt. Dieses ist im Rahmen des Nutzens der empirischen Forschung weiter zu erläutern.

4.2.4 Konstruktionsstrategie empirischer Forschung nach Kubicek

Bezugsrahmen können in einer spezifischen Weise in die Forschung eingebunden werden. Kubicek (1976) schlägt hierzu eine Konstruktionsstrategie empirischer Forschung vor. Hiernach kann eine Konstruktionsstrategie empirischer Forschung als ein erfahrungsgestützter Lernprozess mit einem theoretischen Ziel beschrieben werden, der eine iterative Heuristik darstellt, die dazu dienen soll, in diversen Arbeitsschritten Erfahrungswissen zu gewinnen. Das gewonnene Erfahrungswissen soll dann zur Modifikation eines *Ausgangsbezugsrahmens* dienen bzw. allgemeiner gesagt zur Formulierung weiterführender Fragen, die ihrerseits zur Gewinnung von zusätzlichem Erfahrungswissen führen.

Ein solcher Forschungsprozess ist durch die *ständige Interaktion* zwischen den Fragen des Forschers an die Realität, der nachfolgenden Sammlung von Daten und schließlich der kritischen Reflexion der aus den Daten gewonnenen Ergebnisse charakterisiert. Diese werden auf der Basis eines Vorverständnisses bzw. vorhandener Interpretationsmuster hinterfragt. Dies geschieht zum Zweck der Differenzierung, der Abstraktion bzw. allgemein des respektiven Wechsels und führt zu neuen theoretischen Fragen an die Realität (Kubicek, 1976).

4.3 Forschungsprozess

4.3.1 Allgemeine Struktur des Forschungsprozesses

Der Forschungsprozess nimmt seinen Ausgangspunkt typischerweise im Zusammenspiel von Forschungsmotiven und Forschungsproblemen (vgl. Abbildung 1.2). Auf die Forschungsmotive, also dem reinen Wissensmotiv der Erkenntnisgewinnung auf der einen Seite und dem praxeologisch ausgerichteten Gestaltungsmotiv auf der anderen Seite, wurde bereits eingegangen. Damit ist oft auch schon eine Voreinstellung für die Auswahl des Forschungsproblems verbunden, indem dieses entweder mehr durch den Erkenntniswillen oder mehr durch eine Gestaltungsabsicht initiiert wird.

Das *Forschungsproblem*, das einem konkreten Forschungsprozess zugrunde gelegt wird, kann entweder durch die Person des Forschers frei ausgewählt und aufgefunden sein oder durch seine institutionelle Rahmenbedingung, etwa die Ausrichtung eines Forschungsinstitutes oder Lehrstuhls, definiert werden, oder sie wird von außen an den Forscher und/oder die Institution herangetragen. Dies kann sich im reinen Anstoß erschöpfen oder aber im Sinne einer Auftragsforschung mit einer konkreten Finanzierung und Beauftragung verbunden sein. Gerade mit dem Forschungsmotiv und dem Forschungsproblem verbinden sich wertsetzende Entscheidungen, während bei den nachfolgenden Prozessschritten eher eine forschungstechnische, wertneutrale Haltung erwartet werden sollte.

Basierend auf dem jeweiligen Forschungsmotiv und ausgehend von einem konkreten Forschungsproblem stellt sich zunächst die Frage nach der *Forschungsstrategie*. Kommt man aus einer eher theoretisch-erkenntnisorientierten Forschungsmotivlage, so fällt je nach Stand der Forschung bezogen auf das konkrete Forschungsproblem die Entscheidung für eine *Explorationsstrategie*, soweit wenig über den Erfahrungsbereich bereits vorliegt oder für eine *Prüfstrategie*, wenn bereits konkrete Hypothesen formulierbar sind. Liegt das Forschungsmotiv eher in gestalterisch-technologisch ausgerichteten Bereichen, so bietet sich auch die *Konstruktionsstrategie* der Forschung an. Bei komplexen *Forschungsprojekten* kann durchaus auch eine Verbindung von mehreren Strategien sequenziell erfolgen. Sehr häufig ist es so, dass man mit einer Explorationsstrategie beginnt, die erste Ergebnisse liefert, auf deren Basis dann im Sinne der Prüfstrategie weitergearbeitet wird. Möglicherweise schließt sich dann, wenn auch konkrete Gestaltungsambitionen vorhanden sind, in einem weiteren Schritt die Ausrichtung auf eine Konstruktionsstrategie der Forschung an.

Als nächster Schritt steht dann die Formulierung einzelner Hypothesen bzw. eines *Forschungsbezugsrahmens* an, in dem deutlich gemacht wird, welche Merkmalsdimensionen von welchen Merkmalsträgern untersucht werden sollen. Im einfachsten Fall dient dieser Bezugsrahmen dem ersten Sammeln und Zusammentragen der möglichen wichtigen Elemente für die Forschung, ohne dass bereits mögliche Wirkungszusammenhänge expliziert werden. Der Bezugsrahmen hat je nach Forschungsstrategie eine andere formale inhaltliche Form. Im Rahmen der Explorationsstrategie ist er relativ unstrukturiert und dient der Ideensammlung. Mit Blick auf die Prüfstrategie sollten sich einzelne Hypothesen im Bezugsrahmen zu einem System zusammenfinden, sodass die zu prüfenden Sachverhalte unmittelbar ableitbar sind. Mit Blick auf eine Konstruktionsstrategie der Forschung ist von dem Forschungsbezugsrahmen zu fordern, dass er auch eine klare und deutliche Differenzierung zwischen Aspekten des *Bedingungsrahmens* einerseits, die aus Sicht des Gestalters nicht oder nicht kurzfristig beeinflussbar sind, und des *Gestaltungsbereichs* andererseits mit dem einzelnen Gestaltungsparameter, die mittelbar oder unmittelbar beeinflussbar durch den Gestalter sind, beinhaltet.

Die *Forschungsformen* (vgl. Abbildung 1.1) sind im nächsten Schritt auf der Basis des Forschungsbezugsrahmens unmittelbar aus der Forschungsstrategie, dem Forschungsmotiv und dem Forschungsproblem ableitbar. So wird man bei der Entscheidung für eine Explorationsstrategie eher an Fallstudien denken, während mit Blick auf die Prüfstrategie vorzugsweise an experimentelle Laborforschung oder eine Längsschnittfeldforschung gedacht werden kann. Auf derselben Ebene ist auch die Entscheidung für ein oder mehrere *Datensammlungstechniken* gefordert. Diese Techniken, also die Befragung, die Beobachtung und die Inhaltsanalyse, können grundsätzlich in verschiedenen Forschungsformen und sollten auch in Kombinationen eingesetzt werden. Wobei gerade eine Verbindung von mehreren Datensammlungstechniken (*multimethod approach*) den Vorzug hat, dass die entsprechenden Nachteile einzelner Datensammlungstechniken durch die Vorteile anderer Datensammlungstechniken kompensiert werden können.

Ist der Prozess bis hierhin gediehen, folgt nun die Auswahl einerseits der *Fälle* (Merkmalsträger) und andererseits der *Variablen* (Merkmalsdimensionen) mit den Operationalisierungen. Bezogen auf die Merkmalsträger, die typischerweise die Forschungsobjekte der Untersuchung darstellen, ist die genaue Grundgesamtheit zu definieren, gegebenenfalls auch mit ihren örtlichen, zeitlichen oder sachlichen Einschränkungen. Danach sind die Erhebungseinheiten im Einzelnen zu bestimmen sowie das genaue Erhebungsverfahren/*Auswahlverfahren*. Hierauf wird getrennt im Kapitel 6 „Grundgesamtheit und Stichproben" eingegangen.

Unmittelbar aus der Struktur des Forschungsbezugsrahmens sollten auch die Variablen definiert werden, die nun je nach Datensammlungstechnik und Forschungsform zu operationalisieren sind und mit entsprechenden *Mess- und Auswertungsvorschriften* verbunden werden müssen. Hierbei sollte nach Möglichkeit auf bereits etablierte und in ihrer Qualität bereits hinterfragte (Testgütekriterien) *Operationalisierungen* zurückgegriffen werden, oder sofern derartige Operationalisierungen noch nicht vorliegen, die Entwicklung eigener Operationalisierungen eingeleitet werden.

Nachfolgend wird die konkrete *Datenerhebung* stattfinden. Die Daten sind anschließend so aufzubereiten, dass sie auswertbar werden. Nach der erfolgten Auswertung findet die Interpretation der Auswertungsergebnisse statt, die von der Messoperationalisierungs- und Forschungsebene wieder zurück auf die inhaltliche theoretische Ebene führt.

Das Forschungsprojekt bzw. der jeweilige Forschungsprozesszyklus schließt mit der *Dokumentation* der Vorgehensweise und der Ergebnisse sowie der Präsentation vor unterschiedlichen Zielgruppen. Im Falle der Auftragsforschung erfolgt diese beim Auftraggeber, in vielen anderen Fällen, indem auf Konferenzen sowie durch Monografien und vor allem Artikel in wissenschaftlichen Zeitschriften die Ergebnisse der Forschung der Gemeinschaft der Wissenschaftler („Scientific Community") vorgestellt werden.

Forschung wirft meist mehr neue Fragen auf, als sie Antworten gibt! Diese Vorstellung bewahrheitete sich sehr oft, daher ist es auch typischerweise mit einem *Zyklus* innerhalb des Forschungsprozesses noch nicht getan. Meist führen die Ergebnisse zu einem modifizierten Bezugsrahmen oder je nachdem, wie weit der Forschungsstand inzwischen gediehen ist, tatsächlich auch zur *Formulierung einer Theorie*, die diesen Namen verdient und damit zu einem neuen Zyklus, der in Erweiterung oder Präzisierung und Einengung der Forschungsfragen und des Forschungsproblems seinen neuen Anfang findet.

4.3.2 Forschungsprozesse im Vergleich: Exploration vs. Prüfung

Im Folgenden sollen einzelne Forschungsschritte synoptisch im Vergleich zwischen Explorationsstrategie und Prüfstrategie zur Verdeutlichung noch einmal dargestellt werden (siehe Tabelle 4.2). Ausgangspunkt ist in beiden Fällen das Forschungsziel bzw. die Forschungsfragestellung und das Forschungsproblem. Bezüglich der Forschungsfragestellung haben wir im Rahmen der Explorationsstrategie typischerweise nur eine relativ grobe Vorstellung. Wenn ein Bezugsrahmen zusammengestellt wird, so hat er oftmals noch wenig Struktur und sammelt eigentlich nur Begriffe, die sich auf Merkmalsträger und Merkmalsdimensionen beziehen, in der Vorstellung und Hoffnung, diese im weiteren Forschungsverlauf ordnen und präzisieren zu können. Dagegen ist bei der Prüfstrategie in jedem Fall die Notwenigkeit da, gehaltvolle Hypothesen zu kennen und diese bei der Formulierung eines Bezugsrahmens zueinander in Beziehung zu setzen. Bezogen auf die Operationalisierung kann man bei der Explorationsstrategie davon ausgehen, dass sehr oft keine Operationalisierung der nach Plan einzubeziehenden Merkmalsdimensionen vorliegt, während bei der Prüfstrategie, d. h. einer Forschungsproblematik, die weiter fortgeschritten ist, sehr oft auf vorhandene Operationalisierungen zurückgegriffen werden kann. Typische Forschungsformen für die Explorationsstrategie sind insbesondere die Fallstudie bzw. der heute weniger populäre Ansatz der Aktionsforschung.

Bei der Prüfstrategie hingegen denkt man insbesondere an ein *experimentelles Design* oder zumindest an eine *Ex-post-facto-Feldstudie* (vgl. Abschnitt 5.2.2). Beide Formen erlauben es, bei Vorliegen entsprechender anderer Voraussetzungen, die im Bezugsrahmen eingebrachten Hypothesen prüfen zu können. Bezüglich des Auswahlverfahrens wird bei der Explorationsstrategie eher mit einer anfallenden Stichrobe oder auch mit einer Extremgruppenstichprobe gearbeitet, um den Möglichkeitsraum abgrenzen zu können. Bei der Prüfstrategie dagegen ist in jedem Fall eine Zufallsauswahl, d. h. eine *repräsentative Stichprobe* (vgl. Abschnitt 7.4) anzustreben. Gegebenenfalls kann dies mit Einschränkungen auch durch eine Quotenstichprobe substituiert werden. Sowohl bei der Explorations- als auch bei der Prüfstrategie bietet es sich gleichermaßen an, die drei Datensammlungstechniken der Befragung, der Inhaltsanalyse und der Beobachtung einzusetzen. Allerdings wird bei der Explorationsstrategie

Tab. 4.2: Vergleich Forschungsprozess bei Explorations- vs. Prüfstrategie.

Explorationsstrategie	Forschungsablaufschritte	Prüfstrategie
Hypothesengenerierung	0. Ziel/Motiv	Hypothesenprüfung
Grobe Vorstellung Bezugsrahmen	1. Fragestellung	Gehaltvolle Hypothesen
Messvorschriften Erstmalig	2. Operationalisierung	Erprobte Operationalisierung
Fallstudie Aktionsforschung	3. Forschungsformen	Experiment Feldstudie (ex post facto)
Anfallende Stichprobe Extremgruppen	4. Auswahlverfahren	Zufallsauswahl Quotenstichproben
Unstrukturierte Befragung Tiefeninterview Offene Inhaltsanalyse Unstrukturierte Beobachtung	5. Datensammlungstechniken	Strukturierte Beobachtung Strukturierte Inhaltsanalysen Strukturierte Befragung
Eher qualitativ/verbal	6. Auswertung	Inferenzstatistik (Signifikanztest) Multivariate Statistik
Kreative Spekulation Entwicklung von Hypothesen	7. Interpretation	Falsifikation Bewährung Differenzierung Einführung von Drittvariablen Falsifikation
Verbal Grafisch Tabellarisch	8. Darstellung	Tabellarisch Grafisch Quantitative
Vorsichtig Besser keine Pressearbeit	9. Verwertung	Mutiger Pressearbeit/Breitenwirkung

Quelle: eigene Darstellung.

jeweils an eine eher unstrukturierte, offene Variante zu denken sein, wie z. B. das Tiefeninterview, während bei der Prüfstrategie eine strukturierte standardisierte Variante eingesetzt werden sollte, da nur diese eine präzise, auf den Punkt gebrachte Überprüfung einer Hypothese oder eines Systems von Hypothesen, also des Bezugsrahmens, ermöglicht.

Im Rahmen der Explorationsstrategie sollten die Auswertungen eher qualitativ verbal gehalten sein, während bei der Prüfstrategie ein quantitativ orientierter Ansatz im Sinne der Inferenzstatistik sinnvoll ist, z. B. der Einsatz von Signifikanztests, um die Beziehung zwischen der eigenen Stichprobe und Grundgesamtheit abschätzen zu können, sowie der Einsatz multivariater Statistiken bei entsprechenden Fallzahlen, gegebenen Verteilungsannahmen und Messniveaus vorzuziehen ist. Im Rahmen der Explorationsstrategie bleibt die Interpretation der Ergebnisse eher kreativ spekulativ. Sie dient der Entwicklung von Hypothesen. In der Prüfstrategie dagegen steht die Prüfung (Falsifikation, vorläufige Verifikation) im Vordergrund. Je nachdem, ob sich die Hypothesen bewähren oder nicht, sind Modifikation und Differenzierungen, z. B. durch Einführung von Drittvariablen, hinzuzunehmen und eine Verfeinerung der Hypothesen und damit auch des gesamten Bezugsrahmens zu realisieren. Die Darstellung bei der Explorationsstrategie bleibt im Allgemeinen verbal, grafisch und z. T. auch tabellarisch, während die Darstellung bei der Prüfstrategie eher tabellarisch-grafisch bzw. insbesondere natürlich quantitativ ist. Schließlich ist es wichtig, bei der Verwertung explorativer Strategien sehr vorsichtige Formulierungen zu machen. Die Erfahrung zeigt auch, dass in diesem Kontext eine Pressearbeit immer problematisch ist, da hier sehr oft die Darstellung der Ergebnisse die Möglichkeiten der Absicherung weit überfordert. Liegen dagegen Ergebnisse einer Untersuchung im Sinne der Prüfstrategie vor, so kann man bei der Pressearbeit und bei der Verwertung mutiger sein und entsprechende intensive Arbeit, auch mit Breitenwirkung, anstreben. Dieses Buch folgt in weiten Teilen dem klassischen eher erkenntnisorientierten theoretisch ausgerichteten Forschungsprozess, d. h. dem auf die Erkenntnis der Wahrheit ausgerichteten Motiv. Dieser Bereich ist in der Wissenschaftstheorie und in der Methodenlehre sehr viel besser ausgearbeitet als der technologisch ausgerichtete, gestaltungsorientierte Forschungsprozess. Im Folgenden soll aber auch der Aspekt einer Erforschung von wahrheitsorientierten Erkenntnissen über den Weg der Entwicklung (Einsatz der Technik), wie insbesondere die Möglichkeit des Einbringens von empirischen Forschungsansätzen in den Entwicklungsprozess, angesprochen werden.

Wie bereits im Abschnitt 4.1 angeführt, ist es im Umfeld von Naturwissenschaft und Technik üblich, von Forschung und Entwicklung zu sprechen. Damit wird implizit eine Differenzierung zwischen dem erkenntnisorientierten, rein wissenschaftlichen Bereich und dem gestaltungsorientierten, praktischen Anwendungsbereich von Technologien gemacht. Diese deutliche Trennung bzw. überhaupt Benennung entsprechender Aktivitäten ist leider im wirtschaftswissenschaftlichen bzw. betriebswirtschaftlichen Bereich insbesondere nicht üblich, obwohl Entwicklungsaktivitäten zum tatsächlichen Verhaltensrepertoire der Betriebswirtschaftslehre gehören. Beispielsweise werden Planungsinstrumente oder Instrumente des Controllings – insbesondere im Wirtschaftsinformatikbereich beispielsweise Managementinformationssysteme etc. – entwickelt. Dies artikuliert sich aber typischerweise nicht in entsprechenden Strukturen, bei denen meist nur einseitig von „Forschung" gesprochen wird, was letztlich zu einem Bruch in der Kommunikation und dem Selbstverständnis führt.

4.3.3 Abfolge/Beziehungen erkenntnisgetriebener Wissenschaft und Technik

In der traditionellen Vorstellung baut Technik (ausschließlich) auf Erkenntnissen der Wissenschaft auf, d. h., es besteht die Vorstellung, dass man zuerst Erkenntnis und eine Theorie entwickeln muss, bevor man dann die Möglichkeiten dieser Theorie in der Gestaltung durch den Einsatz von entsprechend entwickelten Techniken nutzten kann. Das heißt, Technik folgt Theorie. In der Geschichte der Technik und auch heute ist es allerdings so, dass sehr oft Phänomene und Gegebenheiten benutzt wurden, die von der Wissenschaft (noch) nicht verstanden worden sind bzw. heute verstanden werden. So hat die Menschheit das Feuer oder die Steinschleuder oder den Hebel benutzt, lange bevor entsprechende Erkenntnisse über die Prozesse, die in diesem Zusammenhang ablaufen, in der Wissenschaft erarbeitet waren. Auch heute ist es in Grenzbereichen der Technik oft so, dass der wohl verstandene, berechenbare Teil von Entwicklungsaktivitäten durch intelligentes Probieren, so z. B. beim Feintuning von Verbrennungsmotoren, zu Ergebnissen führt, die über das hinausgehen, was wissenschaftlich in der Theorie begründbar ist. Hier wird das Erkenntniskriterium Wahrheit durch die tatsächliche Funktionalität ersetzt. Dies liegt in der Nähe der Überlegungen zum empirischen Konstruktivismus. In einem anderen Zusammenhang stellt sich damit auch die Frage, inwieweit das Kriterium der *Wahrheit* möglicherweise durch ein Kriterium der *Funktionalität* oder der *Nützlichkeit* in diesem Kontext sinnvollerweise zu substituieren ist.

Eine Besonderheit stellt der Ansatz der Forschung durch Entwicklung dar. Hier wird im Grunde Technologie eingesetzt mit dem Nebenziel, auf diese Weise Forschung zu treiben, d. h., Gestaltung führt symbiotisch auch zur Erkenntnis. Wie bereits erwähnt, ist die klassische Vorstellung, dass der Forschungsprozess durch direkte, auf Erkenntnis orientierte Forschung eingeleitet wird und Technologien darauf aufbauen. Wie Abbildung 4.1 zeigt, ist aber durchaus auch ein anderer Ablauf denkbar, wo der Einstieg bei der Technologie erfolgt, die zu Gestaltungen führt und aufgrund der Funktionalität der Gestaltung Rückschlüsse gezogen werden können, die der Entwicklung einer Theorie helfen. Dieser Ansatz geht u. a. auf Szyperski und Müller-Böling (1978) zurück.

Überlegungen zu einer empirisch gestützten und empirisch geprüften Entwicklung zeigt die Abbildung 4.2. Der hier aufgeführte Prozess folgt dem Phasenentwurf bzw. der Vorbereitung, Entwicklung, Implementierung/Validierung und schließlich den Folgeaktivitäten. In der Phase des Entwurfs bzw. der Vorbereitung wird zum einen eine Umweltsystemanalyse unter Einsatz empirischer Forschungsmethodik realisiert. Zum anderen wird eine Diagnose der Aufgaben bzw. Rollen vorgenommen, die eine Analyse der Bedürfnislage der jeweiligen Handlungsträger beinhaltet. Aus den Erkenntnissen dieses ersten Schritts heraus findet der Übergang zur Entwicklungsarbeit statt, die einerseits durch Recherchen zu Detailproblemen, durch Konfrontation der Realität mit Teilergebnissen und schließlich durch Feedbackverarbeitung aus diesen Aktivitäten heraus unterstützt wird. Im Sinne einer Validierung nach erfolgter (Teil-) Implementierung folgt nun die empirische Erforschung der Nützlichkeit der entstandenen Technologie durch entsprechende Testeinsätze, Simulationen bzw. praxisbezogenen Expertenbefragungen. Dies führt zu Modifikationen der ursprünglichen Technologie, also zur Weiterentwicklung oder alternativ zur Verwerfung, zu einem er-

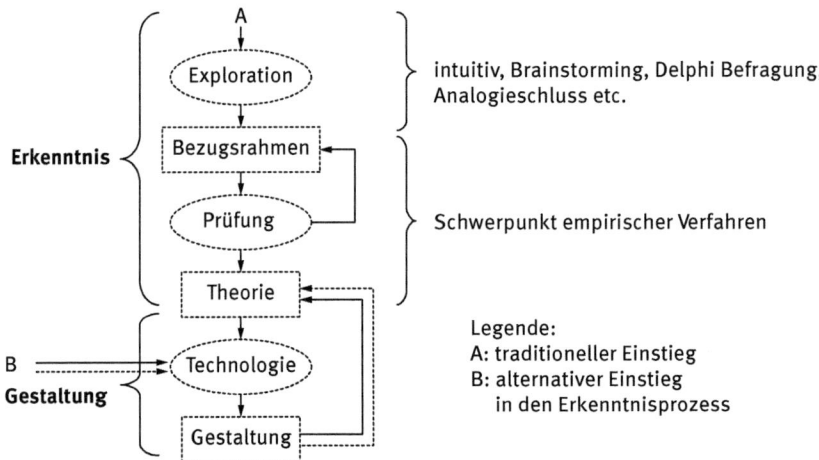

Abb. 4.1: Der Bezug von Theorie und Technologie im Prozess der Forschung und Entwicklung. Quelle: eigene Darstellung.

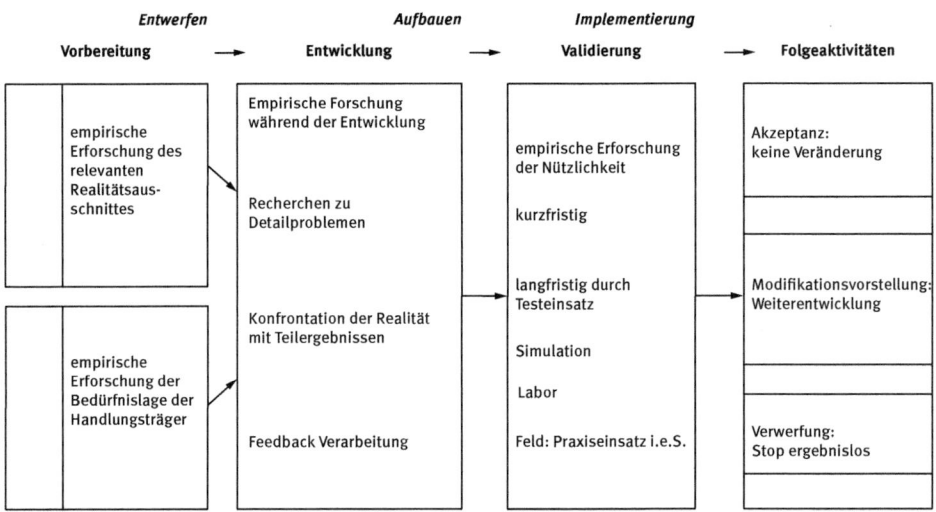

Abb. 4.2: Forschungsprozess bei empirisch gestützter und geprüfter Entwicklung. Quelle: eigene Darstellung.

gebnislosen Stopp bzw. im Idealfall, wenn sich die perfekte Funktionalität und Akzeptanz in der Zielgruppe darstellt, zu keinen weiteren Veränderungen.

Zu diesem Vorgehensmodell für eine empirisch gestützte und geprüfte Entwicklung finden sich einige Ähnlichkeiten zum Ansatz des *„Design Thinking"*, das im Design-, IT- und Start-up-Bereich zunehmend eingesetzt wird. Der kreative Teil ist dort stärker repräsentiert, der empirische Validierungsaspekt aber weniger ausgebaut (Meinel, Weinberg und Krohn, 2015).

5 Forschungsformen

Unter dem Begriff „Forschungsformen" sind vom Forscher bestimmte, bewusst ausgewählte oder hergestellte Rahmenbedingungen und Abläufe einer Studie gemeint, unter denen sich die Datensammlungen eines Forschungsvorhabens abspielen. Damit werden allerdings nicht gesellschaftliche oder wirtschaftliche Rahmenbedingungen angesprochen, sondern die unmittelbar forschungsstrukturierenden Abläufe.

Klassische Forschungsformen sind z. B. die Fallstudie, das Experiment oder die vergleichende Feldstudie (Sönke Albers et al., 2007; Diekmann, 2005; Rogge, 2013). Synonyme zu dem Begriff Forschungsform sind „Untersuchungsform", „Untersuchungsanordnung" und „Forschungsdesign". Forschungsformen geben eine Auskunft darüber, wann, wo, wie, wie oft, was und an wem untersucht werden soll und bilden den Rahmen, in dem Datensammlungstechniken, spezielle Operationalisierungen, Messvorgänge, Auswahlverfahren etc. realisiert werden sollen. Bevor nun auf einzelne klassische Forschungsformen, die als multidimensionale Typen zu bezeichnen sind, eingegangen wird, soll eine Klassifikation vorgestellt werden, die deutlich macht, welche Gestaltungsparameter bei der Definition der konkreten Forschungsform einer Studie dem Forscher an die Hand gegeben werden.

5.1 Gestaltungsparameter der Forschungsformen

5.1.1 Natürlichkeit des Umfeldes der Forschung

Eine erste Entscheidung, die der Forscher treffen muss, ist die, ob er sich seinen Untersuchungsobjekten in ihrem natürlichen realen Umfeld nähert oder ob er diese Untersuchungsobjekte in ein künstliches, von ihm unter bestimmten Gesichtspunkten geschaffenes Umfeld führt. Im ersten Fall wird von einer *Feldstudie* gesprochen, im zweiten Fall von einer *Laborstudie*. Die Feldstudie zeichnet sich dadurch aus, dass sie aus Sicht des Forschers weitestgehend unstandardisiert und sehr offen ist und damit für ihn weniger kontrollierbar, während die Laborstudie weitgehend standardisiert und damit kontrollierbar ist und somit in der Studie ein „Grundrauschen" von vielen nicht erfassten oder nicht erfassbaren Einflüssen vermieden werden kann. Andererseits muss damit gerechnet werden, dass die Untersuchungsobjekte außerhalb ihres natürlichen Umfelds in einer künstlichen Umgebung auch möglicherweise artifizielle Verhaltensweisen zeigen. Abgesehen davon ist es sehr oft auch unmöglich, Untersuchungsobjekte in ein solches künstliches standardisiertes Umfeld hineinzubringen. Denken wir im betriebswirtschaftlichen Bereich an das Untersuchungsobjekt „Unternehmung", so ist eine Untersuchung von Unternehmungen in Laborsituationen kaum herzustellen. Man könnte hier aber z. B. an quasirealen Unternehmungen, die im Rahmen von computerbasierten *Simulationen* dargestellt werden, mit gewissen

https://doi.org/10.1515/9783486709728-005

Einschränkungen denken. Ungeeignet wären aber normativ ausgelegte *Planspiele*, also Simulationen, die auf betriebswirtschaftlichen Lehrvorstellungen basierend eine idealisierte Welt darstellen. Dies ist typisch für Planspiele, die gezielt für die Ausbildung von Managern entwickelt wurden (z. B. LUDUS, TOPSIM). Ein anderer Weg wurde bei der Entwicklung des Planspiels „EVa" eingeschlagen, in dem die Gründungs- und Frühentwicklungsphase eines Software- und Systemhauses in möglichst großer Annäherung an die Wirklichkeit dieser Branche angestrebt wurde (Klandt, 1990).

5.1.2 Manipulation von unabhängigen Variablen

Ein zweiter sehr wichtiger Aspekt ist die Frage nach der Manipulation bzw. der Manipulationsmöglichkeit einer oder mehrerer unabhängiger Variablen im Rahmen des Forschungsdesigns. Werden unabhängige Variablen vom Forscher gesteuert und manipuliert, so reden wir von einem *Experiment*. Wird eine Selektion nach Ausprägungen von unabhängigen Variablen vorgenommen, so wird dies als *Quasiexperiment* bezeichnet, wohingegen bei nicht experimenteller Forschung keine Manipulation der unabhängigen Variablen erfolgt. Mit Blick auf die Kausalanalyse gilt das experimentelle Design vielfach als die einzige zwingende Möglichkeit einer klaren Rückführung von Effekten einer abhängigen Variable auf bestimmte unabhängige Variablen (Sönke Albers et al., 2007; Gerhard Raab, 2009).

Mögliche Hindernisse für die Manipulation von unabhängigen Variablen können einerseits im ethischen Bereich liegen, wenn z. B. hinterfragt wird, ob man Versuchspersonen auch ohne ihr vorheriges Einverständnis manipulieren darf. Zum anderen sind Grenzen der Manipulation von unabhängigen Variablen innerhalb einer Untersuchung dann problematisch, wenn lange Wirkungszeiten zwischen der Einflussnahme und dem zu messenden Effekt verstreichen müssen, um eine entsprechende Wirkung zu offenbaren. Wie später noch zu zeigen ist, findet experimentelle Forschung typischerweise im Labor statt und nicht experimentelle Untersuchungen typischerweise in Feldstudien, aber es lassen sich durchaus auch z. B. experimentelle Feldstudien realisieren.

5.1.3 Wiederholung der Erhebungsarbeiten (Erhebungswellen)

Hier bietet sich dem Forscher eine Vielzahl von Gestaltungsmöglichkeiten, die sich in der Formentypologie ausdrücken. Im einfachsten Falle wird nur eine einzige Erhebungswelle realisiert. Dies wird als *Querschnittsuntersuchung* bezeichnet, d. h., bei dieser Untersuchung werden gleichzeitig und parallel die Ausprägungen von allen unabhängigen und abhängigen Variablen gemessen. Dies lässt kausale Wirkzeiten ganz außer Betracht. Dem gegenüber stehen Untersuchungen, bei denen eine oder mehrere Wiederholungserhebungswellen realisiert werden. Allgemein spricht man dann von

Längsschnittuntersuchungen. Der Vorteil von Längsschnittuntersuchungen ist grundsätzlich der, dass sie die meist dynamisch gedachten Modelle und Bezugsrahmen insofern besser abbilden, als hier tatsächlich auch die Möglichkeit besteht, die Wirkungszeit eines Einflusses einer unabhängigen abzuwarten, bevor die Messung der Wirkung auf eine abhängige Variable erfolgt. Bezogen auf die Wiederholung kann hier einerseits mit unterschiedlichen Sets von Variablen gearbeitet werden, zum anderen mit unterschiedlichen Erhebungsobjekten (Kuß & Eisend, 2010).

Werden die identischen Variablen mehrfach erhoben, so spricht man von einer *Trenduntersuchung*, die geeignet ist, Entwicklungsverläufe bestimmter Variablen deskriptiv zu beschreiben. Wird das Variablenset währenddessen von einer zur anderen Erhebungswelle verändert, werden z. B. in einer ersten Erhebungswelle abhängige Variablen gemessen, bevor die unabhängigen Variablen in der zweiten Erhebungswelle gemessen werden, so haben wir es mit einer Form einer *dynamischen Wirkungsanalyse* zu tun.

Bezogen auf die Erhebungsobjekte gibt es weitere Gestaltungsmöglichkeiten. Werden in mehreren Erhebungswellen identische Untersuchungsobjekte untersucht, so spricht man von einer *Panelerhebung* (Kuß & Eisend, 2010). Diese ist z. B. geeignet, Veränderungen in den Meinungsbildern von Konsumenten festzuhalten. Hat man es bei den Erhebungswellen zwar nicht mit identischen Untersuchungsobjekten aber mit Objekten aus identischen Gruppen zu tun, so wird auch hier von einer *Trenduntersuchung* gesprochen. Diese Form der Erhebung vermeidet die Problematik der Panelsterblichkeit und ist insofern einfacher durchzuführen. Allerdings besteht die Gefahr, dass durch veränderte Teilnehmerschaft bei unterschiedlichen Erhebungszeitpunkten, d. h. mit einer Analyse jeweils unterschiedlicher Stichprobenzusammensetzungen, sich Verzerrungen des Entwicklungsbildes einschleichen.

Eine besondere Variante ist die Untersuchung mit Objekten, die ein gemeinsames Ursprungsereignis haben. Dies kann bei Personen oder Unternehmen z. B. ein identisches „Geburtsdatum" sein. Hier spricht man von *Kohortenuntersuchungen*. Der Vorteil einer solchen Untersuchungskohorte ist, dass man quasi eine Konstanthaltung der großräumigen Umfeldbedingungen (ceteris paribus) ermöglicht, sodass auf diese Weise entsprechende Störungen in den Effekten, die untersucht werden sollen, vermieden werden.

5.1.4 Originalität der Untersuchung

Je nachdem, ob ein Untersuchungsdesign mit seinen diversen Teilaspekten zum ersten Mal kreiert wird oder ob man es mit einer Wiederholung einer Untersuchung, die bereits einmal oder mehrmals erfolgte, zu tun hat, spricht man von *originären Untersuchungen* oder aber von *Repliken*. Eine perfekte Replik ist nur unter bestimmten Bedingungen denkbar. Sie ist streng gesehen nur in einer experimentellen Laborsituation machbar, während es bei Feldstudien, die wiederholt werden, in den meisten Fällen erhebliche Abweichungen geben wird. *Partielle Repliken* liegen dann vor, wenn bestimmte Operationalisierungen und Messinstrumente aus anderen Untersuchungen erneut in einer Untersuchung eingesetzt werden.

Grundsätzlich sind Repliken u. a. auch im Sinne der Selbstkontrolle der „Scientific Community" sinnvoll und notwendig, allerdings sind sie in Forschungsbereichen, wo Ex-post-facto-Feldstudien dominieren, eher die Ausnahme. Zum Teil ist es auch so, dass Forscher es als geringwertige Arbeit begreifen, wenn sie nicht die eigene Kreativität spielen lassen können.

5.1.5 Vorhandensein der Datenbasis

Werden im Rahmen einer Studie Daten neu erhoben, so spricht man von einer *Primäruntersuchung*. Dem gegenüber wird von einer *Sekundäruntersuchung* gesprochen, wenn vorhandene Daten, die möglicherweise zu ganz anderen Zwecken bereits erhoben worden sind, vom Forscher übernommen und im Rahmen seiner Untersuchung unter anderen, neuen Gesichtspunkten verwertet werden (Jürgen Bortz & Döring, 2007; Schnell et al., 2011). Zu denken ist z. B. an Daten, die aus bestimmten Verwaltungsprozessen heraus entstehen (z. B. Daten der Handelsregister, der Gewerbemeldungen, der Sozialversicherungen, der Umsatzsteuerstatistik) oder die innerhalb von Betrieben entstanden sind (z. B. Produktdatenbanken, Umsatzzahlen, Kundendatenbanken, Mitarbeiterdatenbanken, Webseitendaten). Sind identifizierbare Personendaten hiervon betroffen, so sind datenschutzrechtliche Bestimmungen zu beachten.

Vorteile einer solchen Sekundäranalyse sind, dass Daten nicht erst generiert werden müssen, was oft sehr mühsam ist, sondern möglicherweise sehr große Datenmengen vorliegen. Allerdings sind oftmals die Entstehungsgeschichte, die Art der Datenerhebung, die möglichen Messfehler etc. für den Forscher nur bedingt nachvollziehbar (Daten von Börsenkursen, Kapitalmarktentwicklungen etc.). Außerdem hat der Forscher natürlich keinen Einfluss mehr darauf, welche Daten aus seiner Sicht des Forschungsproblems sinnvollerweise zu erheben wären, sondern muss mit Datenstrukturen arbeiten, die bereits vorliegen. Zum Teil ist es aber auch möglich, zu vorhandenen Daten, die sekundäranalysiert werden, Primärerhebungen als Ergänzungen zu den Forschungsobjekten zu ermitteln, wenn diese identifizierbar und erreichbar sind und bereitwillig Auskunft geben.

5.1.6 Anzahl der Untersuchungsobjekte

Differenziert man nach der Anzahl der einbezogenen Untersuchungsobjekte, so lässt sich zwischen der *Einzelfallstudie* und den *Breitenstudien* als Extremtypen differenzieren. Die Einzelfallstudie ist dabei eher ganzheitlich objektorientiert angelegt, d. h., es wird eine Vielzahlzahl von Aspekten berücksichtigt, es gibt also eine sehr große Tiefe und Weite von Inhalten, während bei der Breitenstudie eine Orientierung auf wenige Variablen erfolgt, die aber bei einer Vielzahl von Objekten jeweils in vergleichbarer Form erhoben werden. Typischerweise ist die Fallstudie eher qualitativ ausgerichtet, während die Breitenstudie eher quantitativ standardisiert ist. Einzelfallstudien werden typischerweise hypothesengenerierend eingesetzt, Breitenstudien dagegen hypothesenprüfend.

5.1.7 Auswahl der Untersuchungsobjekte

Eine weitere Differenzierungsmöglichkeit von Untersuchungsformen setzt an der Auswahl der Untersuchungsobjekte an und differenziert zwischen *repräsentativen* und *nicht repräsentativen* Untersuchungen. Hierauf wird in einem eigenen Kapitel im Zusammenhang mit Stichproben eingegangen (vgl. Abschnitt 7.5).

5.1.8 Anzahl der Untersuchungsvariablen

Je nachdem, wie viele Variablen in eine Untersuchung eingehen, kann man Untersuchungen mit einem *engen* und mit einem *breiten Fokus* differenzieren. Zumeist ist es so, dass in Untersuchungen mit sehr vielen Fällen eher wenige Variablen erhoben werden, während bei Untersuchungen mit ganz wenigen Fällen ein sehr breiter Fokus realisiert wird. Mit Blick auf die Aussagekraft von Untersuchungen, insbesondere auch auf interaktive Effekte zwischen Variablen, erscheint es wünschbar im Sinne eines möglichst großen Ausschnitts aus dem Kausalnexus, eine sehr große Zahl von Variablen in eine Untersuchung einzubeziehen.

5.1.9 Anzahl (hierarchischer) Aggregationsebenen

Die meisten Untersuchungen können als *Einebenenuntersuchungen* bezeichnet werden, da sie nur einen Typ von Untersuchungsobjekten einbeziehen. Dem gegenüber stehen Zwei- oder *Mehrebenenuntersuchungen*, bei denen aufeinander aufbauende, hierarchische Klassen von Untersuchungsobjekten einbezogen werden. Dies wäre z. B. der Fall, wenn in einer Untersuchung einzelne Mitarbeiter gleichermaßen wie die entsprechenden Abteilungen wie auch die entsprechende Unternehmung mit diesen Abteilungen einbezogen werden. Solche Forschungsansätze findet man oft in pädagogischen Untersuchungen in Schulumfeldern, wo einzelne Schüler, Schulklassen und Schulen untersucht werden und auf diesen Untersuchungsebenen jeweils spezielle Variablen gebildet werden. Bei Statistikanalyseprogrammen werden die Analysen solcher Strukturen z. T. unterstützt (siehe z. B. SPSS).

5.1.10 Anzahl eingesetzter, unterschiedlicher Methoden

Werden in einer Untersuchung nicht nur einzelne Methoden eingesetzt, sondern ein Methodenset, also z. B. gleichermaßen Befragungstechniken oder Beobachtungstechniken oder Dokumentenanalysetechniken, so redet man von *multimethodischen Untersuchungen* (*multimethod approach*). Der Vorteil solcher multimethod approaches ist, dass die Defizite, die z. B. eine Datensammlungstechnik hat, durch die Möglichkeiten einer anderen Datensammlungstechnik kompensiert werden, sodass die Gefahr von Forschungsartefakten reduziert wird. Zum Teil ergeben sich auch Verschachtelungen aus der gegebenen Situation. Wer eine Fallstudie zu der Firma Siemens macht, wird z. B. innerhalb der Fallstudie möglicherweise auch eine breite Befragung von Mitarbeitern machen.

5.1.11 Zweckausrichtung

Je nachdem, ob es sich bei einer wissenschaftlichen Untersuchung um eine rein auf Erkenntnis ausgerichtete Untersuchung handelt oder um eine konzeptionell gestaltend ausgerichtete Studie, redet man von *reiner Forschung, angewandter Forschung* oder aber *Forschung durch Entwicklung* bzw. *Aktionsforschung*. Die reine Forschung ist dadurch gekennzeichnet, dass sie lediglich erkenntnisorientierte Ziele verfolgt. Bei der angewandten Forschung steht die Frage der *Nützlichkeit* und Nutzungsmöglichkeit bezogen auf einen bestimmten Fall bei der Gewinnung von Erkenntnissen im Vordergrund. Bei Forschungsarbeiten, die als *Entwicklungsstudien* bezeichnet werden, ist die unmittelbare Umsetzung im Sinne von neuen Produkten und Technologien der Hauptzweck. Bei einer Verbindung von Erkennen und Gestalten haben wir es im emanzipatorischen Sinne mit Aktionsforschung und im ingenieursmäßigen Sinne mit Forschung durch Entwicklung zu tun.

5.1.12 Hypothesenbezug der Untersuchung

Je nachdem, ob eine Untersuchung eher *hypothesengenerierend* angelegt ist, d. h. im Entdeckungszusammenhang steht, oder ob sie *hypothesenprüfend*, also im Prüfungszusammenhang stehend, angelegt ist, reden wir entweder von *explorativen Untersuchungen* oder aber von *prüfenden* Untersuchungen.

5.1.13 Art der Analyseausrichtung

Haben Untersuchungen lediglich eine beschreibende Intention, lassen sie sich als *deskriptive Untersuchungen* bezeichnen – im Gegensatz zu Untersuchungen, die kausale Erklärungen des Zusammenhangs zwischen Variablen geben wollen, die man als *ana-*

lytische Untersuchungen bezeichnen kann. Sehr oft sind deskriptive Untersuchungen Teil oder Vorarbeiten von später folgenden analytischen Untersuchungen.

Damit schließt die Darstellung der Klassifikation nach einzelnen Klassifikationsmerkmalen von Forschungsformen und wir kommen zu den multidimensionalen, traditionellen Typen von Forschungsformen.

5.2 Realtypen der Forschungsformen: originäre Forschungsformen

5.2.1 Feldbefragung (Ex-post-facto-Survey-Design)

Die Feldbefragung ist die im Rahmen der Wirtschaftswissenschaften bzw. der Betriebswirtschaftslehre am meisten verbreitete Forschungsform (Berekoven et al., 2009; Diekmann, 2005). Typischerweise ist sie so angelegt, dass im natürlichen Umfeld in einer Querschnittsstruktur (alle Messungen zu einem Zeitpunkt) Daten über Untersuchungsobjekte auf dem Wege der Befragung erhoben werden. Diese Forschungsform wird meist im Prüfungszusammenhang, also zum Hypothesentest, eingesetzt. Der Vorteil dieser Forschungsform ist, dass sie nahe am natürlichen Verhalten in einem natürlichen Umfeld stattfindet und der Forscher keine komplexen Einflussnahmen auf das Umfeld anstrengen muss. Zu den Nachteilen dieses Ansatzes gehört, dass aufgrund der Querschnitterhebung der Variablen Interpretationen kausaler Reihenfolgen meist problematisch sind, da im Rahmen der Querschnittsuntersuchung kein Platz für die *Wirkungszeit* als Zeitdifferenz zwischen einer beobachtbaren Ursache und einer ebenso beobachtbaren Wirkung anberaumt ist bzw. so auch die Wirkungsrichtung offen bleibt. Bei entsprechender Struktur und Größe der Stichprobe hat diese Forschungsform meist einen hohen Allgemeinheitsgrad, da aber die Zahl der einbezogenen Variablen typischerweise eher klein ist, hat sie zugleich einen eher geringen Informationswert.

Wie problematisch es ist, auf der Basis einer Querschnittsuntersuchung, d. h. ohne Berücksichtigung von Wirkungszeiten, kausale Schlüsse zu ziehen, soll das folgende Beispiel veranschaulichen. Man stelle sich folgende Situation vor: Es gibt 100 Badewannen, von denen die eine Hälfte voll Wasser und die andere Hälfte leer ist. Bei jeweils der Hälfte der vollen und jeweils der Hälfte der leeren Badewannen wird nun der ursprünglich bei allen Badewannen geschlossene Abflussstöpsel gezogen. Eine logische Sekunde später wird eine Messung des Wasserstandes einerseits und des Stöpselzustandes (offen – geschlossen) gemessen. Was würde die übliche Korrelationsanalyse hier erbringen? Bei gleichzeitiger Messung der unabhängigen (Zustand geöffnet – geschlossen) und der abhängigen Variable (Füllstand voll – leer) würde eine Nullkorrelation herausgerechnet werden, d. h., man käme zu dem Schluss, dass gleich ob eine Badewanne mit geöffnetem oder ungeöffnetem Stöpsel existiert, der Füllstand davon unabhängig ist. Die Querschnittsanalyse führt in diesem Fall also völlig in die Irre. Nichts anderes passiert auch bei anderen Querschnittsuntersuchungen, bei denen zwischen der Messung der unabhängigen Variablen und der abhängigen Variablen keine angemessene Wirkungszeit (hier bei den Badewannen z. B. vielleicht 10 min) verstrichen ist. Man verlässt sich im Grunde darauf, dass bei der Querschnittsuntersuchung Wirkungsprozesse vielfältig parallel in unterschiedlichen Stadien anzutreffen sind und sich daher die Wirkung und der Zusammenhang zwischen zwei Variablen entsprechend darstellen. Damit bleibt allerdings das Reihenfolgeproblem in der Kausalität offen, d. h., wirkt x auf y oder wirkt y auf x oder ist es eine Wechselwirkung zwischen x und y.

5.2.2 Ex-post-facto-Untersuchung im Längsschnittdesign

Diese Untersuchungsform entspricht der zuvor betrachteten Ex-post-facto-Forschungsform, beinhaltet aber sozusagen eine *Dynamisierung* dieses Forschungsdesigns, d. h., es gibt mindestens zwei Erhebungszeitpunkte, zu denen die Daten erhoben werden (Sönke Albers et al., 2007). Der Vorteil dieses Erhebungsverfahrens ist, dass hier im Sinne einer Kausalanalyse die Wirkung von Variablen nach Verstreichen einer angemessenen Wirkungszeit separat von ihren Wirkungsursprüngen gemessen werden können. Soll also im Sinne einer Prüfstrategie die Wirkung einer Variable x auf eine Variable y geprüft werden, was für viele Untersuchungen gilt, so ist dies bei einer Querschnittsuntersuchung problematisch, bei einer Längsschnittuntersuchung aber abbildbar.

Nachteile des Längsschnittdesigns sind insbesondere mit dem vervielfachten Aufwand, der zu betreiben ist, verbunden bzw. auch mit der längeren Zeitdauer, bis Ergebnisse zur Verfügung stehen. Dies ist insbesondere bei akademischen Prüfungsleistungen, wie z. B. der Dissertationsarbeit, unerwünscht. Solche Wirkungszeiträume sind aber im betriebswirtschaftlichen Bereich meist sehr viel länger als in dem genannten Badewannenbeispiel. So ist es beispielsweise erst nach einer Zeit von wenigstens drei bis fünf Jahren sinnvoll, die Wirkung einer Gründungsplanung auf den Erfolg eines jungen Unternehmens analysieren zu wollen.

In der *Panelvariante* von Längsschnittdesign, d. h. der wiederholten Untersuchung identischer Untersuchungseinheiten, hat man mit erheblichem organisatorischem Aufwand, insbesondere auch mit der sogenannten *Panelsterblichkeit* zu kämpfen. Bezüglich natürlicher Personen geht oft durch Umzüge mit Ortswechsel der Kontakt verloren. Bei Unternehmen ist der Verbleib gerade kleinerer Unternehmen sehr oft schwierig zu verfolgen, insbesondere, wenn Standortveränderungen oder stille Liquidationen vorliegen oder Unternehmen aufgesplittet bzw. fusioniert werden.

Einen besonderen Wert hat die Längsschnittvariante der *Kohortenuntersuchung*, bei der eine Gruppe von Merkmalsträgern/Untersuchungsobjekten ein gemeinsames Starterereignis teilen, also bezogen auf ein Unternehmen etwa das gleiche Gründungjahr oder sogar der gleiche Gründungsmonat. Damit ist vorteilhafterweise eine weitgehende Konstanthaltung der externen Rahmenbedingungen sichergestellt, und z. B. im Fall der Unternehmensgründung kann die Vielfalt der Entwicklungsmöglichkeiten, Entwicklungspfade, Überlebensquoten und Erfolgsfaktoren wesentlich subtiler untersucht werden als bei üblichen Forschungsdesigns. Bezüglich Allgemeinheitsgrad und Informationswert gilt das unter dem Absatz des Abschnitts 5.2.1 „Ex-post-facto-Survey-Design" Gesagte.

5.2.3 Fallstudie

Von einer Fallstudie (*case study*) wird typischerweise gesprochen, wenn ein oder wenige Untersuchungsobjekte sehr intensiv, detailliert und ganzheitlich, meist in einem qualitativen Ansatz, untersucht werden. Zu diesen Untersuchungsobjekten werden umfassend alle sich bietenden Aspekte untersucht und hinterfragt (Sönke Albers et al., 2007; Kuß & Eisend, 2010).

Die Forschungsform Fallstudie sollte nicht verwechselt werden mit dem didaktischen Instrument Fallstudie, das ursprünglich insbesondere aus dem juristischen Bereich kommt und auch im Management vielfältig eingesetzt wird (Harvard-Schule). Eine solche didaktisch orientierte Fallstudie hat allerdings vorzugsweise demonstrativen Charakter, dient der individuellen Kenntnismehrung und folgt daher in ihrem Aufbau und Nutzen völlig anderen Vorstellungen als die Forschungsform Fallstudie, die der kollektiven Erkenntnis dienen soll.

Im Rahmen des hier verfolgten Forschungsansatzes hat die Fallstudie ausschließlich einen heuristischen Zweck. Sie soll erste Vorstellungen über eine mögliche Relevanz von Variablen für die Erklärung einer abhängigen Variablen geben und Hinweise auf mögliche Beziehungszusammenhänge liefern. Sie dient also der *Hypothesengenerierung*. Der Vorteil der Fallstudie ist, dass sie in einem ganzheitlichen Zusammenhang eine Vielfalt von Aspekten und Querverbindungen auffängt und die Reflexion stimuliert. Ein wichtiger Nachteil dieser Forschungsform ist, dass sie sehr aufwendig ist und neben den primärinteressierenden, relevanten Aspekten auch eine Vielzahl von Nebenaussagen birgt. Zu den Nachteilen gehört, dass Fallstudien als Einzelstudien oder bei den üblich extrem geringen Fallzahlen, die praktisch immer unter 30 liegen, in keiner Weise geeignet sind, Hypothesen zu prüfen und in diesem strengen Sinne nur bei ersten Schritten einen Beitrag zur Theoriebildung liefern. Nach Vorstellung der *Grounded Theory* (Mayring, 2007) sollen allerdings auch Fallstudien alleine theoriebildend sein (Eisenhardt, 1989). Dieser Vorstellung wird hier nicht gefolgt.

Fallstudien können sehr komplex sein und als Metaebene andere Forschungsformen als ein Dach überspannen. So ist es denkbar, wenn man etwa eine Fallstudie über einen Großkonzern macht, im Rahmen dieser Fallstudie großzahlige Befragungen des unteren Managements zur wahrgenommenen Unternehmensphilosophie durchführt.

Das heißt, in diesem Falle wäre unter der Ebene der Fallstudie eine Ex-post-facto-Querschnittsanalyse als Forschungsform angesiedelt.

Objekte ihm Rahmen einer Fallstudie können im betriebswirtschaftlichen Sinne z. B. eine einzelne Person, eine Gruppe, eine Organisation, ein Unternehmen, eine ganze Gesellschaft oder eine Volkswirtschaft sein.

5.2.4 Aktionsforschung

Diese Forschungsform, die in den 1960er- und 1970er-Jahren vielfach eingesetzt wurde, freut sich aktuell keiner größeren Beliebtheit. Bei der Aktionsforschung wird die forscherische Idee der Erkenntnisgewinnung verbunden mit einer gestalterischen Einbindung des Forschers, der sich typischerweise mit den Interessen seiner Untersuchungsobjekte identifiziert und ihnen bei ihrer Emanzipation zu helfen versucht. Eine typische Datensammlungstechnik im Rahmen der Aktionsforschung ist die *teilnehmende Beobachtung*.

Der Vorteil dieser Forschungsform ist die sehr enge Verbundenheit des Forschers mit den Untersuchungsobjekten und damit die Chance zur intimen Kenntnisnahme von Aspekten und Zusammenhängen, die sich einem außenstehenden Beobachter nicht offenbaren. Ein wesentlicher Nachteil ist darin zu sehen, dass durch die aktive Einflussnahme des Forschers eine Veränderung des Untersuchungsobjektes stattfindet bzw. die Gesamtergebnisse nicht mehr ohne Weiteres in ihre Ursprünge aufgelöst werden können: Was wurde vom Untersuchungsobjekt beeinflusst und was vom Forscher?

Im Rahmen des hier vertretenen Wissenschaftsansatzes ist die Aktionsforschung als Instrument daher ausschließlich im Kontext des *Entdeckungszusammenhangs*, d. h. für die Generierung von Hypothesen, nützlich, hat also einen primär heuristischen Wert. Sie ist damit ähnlich einzustufen wie die Fallstudie.

Die Aktionsforschung kann in frühen Phasen der Erkenntnisgewinnung, also bei der intensiven Durchleuchtung und Formulierung erster Hypothesen, von Nutzen für die Forschung sein. Sie ist allerdings völlig ungeeignet im Kontext des Prüfungszusammenhangs, d. h. bei der Überprüfung von Hypothesen. Für die Aktionsforschung gilt, dass sie, wie auch schon die Fallstudie, einen sehr hohen Informationswert hat.

5.2.5 Forschung durch Entwicklung

Im Rahmen der Forschungsform Forschung durch Entwicklung werden Entwicklungsaktivitäten vorangetrieben, ohne dass das Terrain durch entsprechend elaborierte Theorien gesichert ist. Intuition und Probehandeln (freies oder systematisches Probieren) schreiten voran. Indem sich die Ergebnisse des Probehandelns als funktional erweisen, sollen sie auch der Entwicklung von Theorien dienen. Statt der klassischen

Folge zuerst Theorie dann Technologie wird also hier die Abfolge zuerst Technologie und dann Theorie unterstützt.

Im Gegensatz zur Aktionsforschung ist hier der Gedanke der emanzipativen Unterstützung von Interessen der Untersuchungsobjekte im Hintergrund nicht involviert. Dieser Ansatz verbindet sich eher mit einer ingenieurtechnischen Distanz. Der Gedanke Schwemmes im Rahmen des empirischen Konstruktivismus „wahr ist, was funktioniert", hat hier eine große Nähe.

5.2.6 Experiment

Das Kennzeichen der Forschungsform Experiment ist, das eine *bewusste Manipulation* einer oder mehrerer *unabhängiger Variablen* stattfindet. Dies geschieht zumeist unter der standardisierten Rahmenbedingung eines Labors, es kann aber auch unter der natürlichen Rahmenbedingung einer Felduntersuchung geschehen (Sönke Albers et al., 2007; Kuß & Eisend, 2010).

Werden eine oder mehrere unabhängige Variablen nicht bewusst und gezielt manipuliert, sondern wird durch Selektion entsprechender Fälle für eine zuordnungsbare Wirkung gesorgt, so spricht man von einem *Quasiexperiment*. Vorzug der experimentellen Forschungsanordnung ist im Kontext einer Laboruntersuchung, dass diese durch die kontrollierbaren Bedingungen wiederholbar ist und dass weitgehend Effekte in den abhängigen Variablen klar rückführbar auf die manipulierten unabhängigen Variablen sind. Dies führte dazu, dass ursprünglich nur auf der Basis von experimenteller Laborforschung kausalanalytische Aussagen gemacht wurden. Idealbeispiel für die Anwendbarkeit dieses Forschungsdesigns ist bei den Naturwissenschaften insbesondere die klassische Physik. Man muss allerdings auch sehen, dass es andere naturwissenschaftliche Disziplinen gibt, wie z. B. die Astronomie, wo ähnlich der Lage in der Volkswirtschaft keine oder nur wenige experimentelle Ansätze praktikabel sind, die – zumindest partiell – einen historischen Charakter in dem Sinne haben, dass aktuelle und zukünftige Veränderungen jeweils auf einem anderen Systemzustand aufbauen. Dieser Systemzustand ist nicht durch bewusste Manipulation herstellbar, sondern muss so wie er vorgefunden wird als Ausgangsbasis betrachtet werden.

Nach dem bisher Gesagten erscheint es geradezu ideal, mit experimentellen Untersuchungsdesigns zu arbeiten. Aufgrund der besonderen Situation, dass Forschungsobjekte in der Betriebswirtschaftslehre wie auch in anderen Sozialwissenschaften sehr oft Menschen sind, die über ihre Situation reflektieren können und dies auch tun, ergibt sich allerdings in einem experimentellen Labordesign das Problem möglicher Forschungsartefakte. Anders ausgedrückt, da das Forschungsobjekt sich typischerweise über die Messsituation bewusst ist, generiert dieses Bewusstsein über die Messsituation jenseits der eigentlich gewollten Messintention potenziell Verfälschungen. In diesem Fall redet man z. B. von problematischen *Versuchspersoneneinstellungen* („*screw you*" oder „*good subject attitude*") oder *Versuchsleitereffekten*, die

z. B. über nicht verbale Kommunikation zu einer Beeinflussung der Versuchsperson durch den Versuchsleiter führen können. Man hilft sich durch *Doppelblindversuche*, bei denen weder die Versuchsperson noch der Versuchsleiter die Zuordnung zu den Versuchsbedingungen kennt.

Ein sehr großes Problem der experimentellen Forschung ist auch, dass durch die massive Kontrolle von denkbaren Störvariablen eine künstliche Situation geschaffen wird und daher die *interne Validität* zwar sehr hoch ist, die *externe Validität* aufgrund der Künstlichkeit der Situation aber sehr problematisch sein kann. Das heißt anders ausgedrückt, dass Versuchspersonen in einem Experiment andere Verhaltensweisen zeigen, als sie dies in einem natürlichen Umfeld tun. Weiterhin kann die Nichtberücksichtigung von Mediatoren zu artifiziellen Ergebnissen führen.

Weitere Einschränkungen sind bei der experimentellen Forschung, dass meistens die unabhängigen Variablen aus Praktikabilitätsgründen lediglich zweiwertig sind (Stimuluseinsatz ja oder nein) und dass zumeist auch nur eine sehr beschränkte Anzahl von unabhängigen Variablen untersucht werden kann, da sonst die Zahl der Experimental- und Kontrollgruppen notwendigerweise explodiert und der Aufwand in wirtschaftlich nicht vertretbarem Maße ansteigt.

Bei einem Vergleich der Messanordnung zwischen einem Ex-post-facto-Design und einem einfachen experimentellen Design wird noch einmal deutlich, dass experimentelle Designs immer auch dynamische Designs sind. Das heißt, die Messung der unabhängigen und der abhängigen Variablen wird zum einen zu zwei getrennten Zeitpunkten nach Verstreichen einer Wirkungszeit erfolgen, und zum anderen, dass das experimentelle Design neben einer experimentelle Gruppe auch eine vergleichende *Kontrollgruppe* besitzt.

Schauen wir uns nun einmal mögliche experimentelle Anordnungen an; zunächst im einfachsten Fall eines einfaktoriellen Experiments, bei dem es nur eine unabhängige Variable x gibt und diese unabhängige Variable dichotom ist, d. h. nur zwei unterschiedliche Ausprägungen hat. Diese Variable wird üblicherweise als *Stimulus* bezeichnet, wohingegen die abhängige Variable als *Response* bezeichnet wird. In der simpelsten Variante wäre es denkbar, dass man zu einem Zeitpunkt t_1 bei einem Teil der Probanden einen Stimulus einführt und bei einem anderen Teil dies eben nicht tut. Zu einem Zeitpunkt t_2 – nach einer angemessenen Wirkzeit – wird dann die Wirkung an der y-Variable gemessen.

Nehmen wir an, dass der Stimulus darin besteht, dass ein Unternehmerseminar durchgeführt wird und dass der Response (die abhängige Variable) darin gesehen wird, dass dann Kenntnis über ein spezielles Managementwissen vorhanden sein sollte. In der einfachsten Versuchsvariante würde bei einem Teil der Probanden das Seminar durchgeführt, bei einem anderen Teil der Probanden nicht. Im Folgenden würde dann zu einem Zeitpunkt t_2 das Managementwissen der Probanden gemessen. Nun könnte es aber so sein, dass bei diesem einfachen Design nicht berücksichtigt wurde, dass der unterschiedliche Stand zu Managementwissen auf bereits vorhandenes Vorwissen vor Durchführung des Managementseminars zurückzuführen ist. Daher wird bei einem nächsten Schritt der Verfeinerung des experimentellen Designs eine Vorher-Nachher-Messung durchgeführt, d. h., in der Experimentalgruppe wird zu einem Zeitpunkt t_1 gemessen, wie das Managementwissen aussieht. Zu einem Zeitpunkt t_2 wird der Stimulus eingeführt (also das Unternehmerseminar durchgeführt) und zu einem Zeitpunkt t_3 wird dann wieder das Managementwissen der Probanden festgehalten.

Nun könnte es aber so sein, dass durch die wiederholte Messung des Managementwissens ein *Lerneffekt* bei den Probanden entsteht, d. h., dass das unterschiedliche Managementwissens zum Zeitpunkt t_3 auf Lerneffekte durch das wiederholte Messen zurückzuführen ist. Daher wird bei der nächsten Stufe der Verfeinerung des Forschungsdesigns neben der Experimentalgruppe, bei der zum Zeitpunkt t_2 ein Unternehmerseminar durchgeführt wird und wo bei t_3 dann wieder eine Messung des Managementwissens erfolgt, auch eine Kontrollgruppe eingeführt, bei der kein Stimulus eingesetzt wird, sondern lediglich die Messung des Managementwissens zu t_1 und t_3 erfolgt.

Mit dieser Stufe der Verfeinerung des experimentellen Designs, nämlich dem *Solomon-Versuchsplan*, werden also weitere unerwünschte Wirkungen ausgeschlossen. Die Abbildung 5.1 zeigt diesen Versuchsplan mit zwei Experimentalgruppen und zwei Kontrollgruppen.

	t_1	t_2	t_3
Experimentalgr. 1:	y	x	y
Kontrollgr.: 1:	y	–	y
Experimentalgr. 2.:	–	x	y
Kontrollgr.: 2:	–	–	y

z.B. $\left\{ \begin{array}{l} x = \text{Unternehmerseminar} \\ y = \text{Managementwissen} \end{array} \right\}$ oder $\left\{ \begin{array}{l} x = \text{Mitarbeiter Zuwendung} \\ y = \text{Arbeitsleistung} \end{array} \right\}$

t_1, t_2, t_3 : Zeitpunkte der Messung
$\Delta t_{2/3}$: angemessener Wirkungszeitraum

Abb. 5.1: Experimentelle Anordnungen Solomon-Versuchsplan (einfaktoriell). Quelle: eigene Darstellung.

Bei der bisher diskutierten Versuchsanordnung haben wir es mit einem einfaktoriellen Design zu tun, d. h., es gibt nur eine unabhängige dichotome Variable, die manipuliert wird. Bleibt man weiter bei dichotomen Variablen, erweitert aber auf zwei Einflussfaktoren, so ergibt sich das folgende Mindestdesign „2 Faktoren" in Abb. 5.2 für eine Versuchsanordnung (Sönke Albers et al., 2007).

Die Abbildung 5.2 zeigt nur die Experimentalgruppen, ohne entsprechende Kontrollgruppen zu berücksichtigen. Demnach wird in der Gruppe 1 die Unabhängige x_1 in positiver Ausprägung und die Unabhängige x_2 ebenfalls in positiver Ausprägung angeführt, während bei der Gruppe 2 die erste Unabhängige negativ und die zweite Unabhängige positiv appliziert wird. Bei Gruppe 3 ist es genau umgekehrt, sodass die Unabhängige x_1 positiv und die Unabhängige x_2 negativ angeführt wird, während bei Gruppe 4 beide unabhängigen Variablen eingeführt werden.

Würde man nach diesem Muster drei unabhängige Variablen in das Untersuchungsdesign einbringen, so würden sich aus diesen vier experimentellen Gruppen bereits acht und bei vier Faktoren 16 Untersuchungsgruppen ergeben. Dem wird durch die Einführung des sogenannten *lateinischen* Quadrates bzw. *griechisch-lateinischen* Quadrates aber im Sinne einer Ökonomisierung der Versuchsanordnung Einhalt geboten. Auf Einzelheiten dazu soll hier nicht mehr eingegangen werden.

2 Faktoren:
y in allen 4 Gruppen messen

| | | Faktor A (= x_1) | |
		A1	A2
Faktor B	B1	Gr. 1	Gr. 2
(= x_2)	B2	Gr. 3	Gr. 4

lateinisches Quadrat (3 Faktoren, nur quadratisch): $C = x_3$

| | | Faktor A (= x_1) | |
		A1	A2
Faktor B	B1	C1 (Gr. 1)	C2 (Gr. 2)
(= x_2)	B2	C2 (Gr. 3)	C1 (Gr. 4)

Griechisch-lateinisches Quadrat $C = x_3$
(4 Faktoren, nur quadratisch): $D = x_3$

| | | Faktor A (= x_1) | |
		A1	A2
Faktor B	B1	C1D1 (Gr. 1)	C2D2 (Gr. 2)
(= x_2)	B2	C2D2 (Gr. 3)	C1D2 (Gr. 4)

* nur dichotome x-Faktor wie A, B, C, D,
wobei A1 = großer Wert von A
A2 = kleiner Wert von A

Abb. 5.2: Experimentelle Anordnungen: mehrfaktoriell: mehrere Unabhängige $x_1, x_2, x_3, \ldots$ (alle dichotom). Quelle: eigene Darstellung.

Durch eine Reihe möglicher Störfaktoren wird die *interne und externe Validität* eines Experimentes bedroht. Bezüglich der Validität stellt sich insbesondere die Frage, was neben den geplanten Einflüssen, also den definierten unabhängigen Variablen, an weiteren Einflüssen auf die abhängige Variable einwirkt. Dies könnte z. B. an zwischenzeitlichem Geschehen außerhalb des Experimentes liegen, in Reifungsprozessen oder in verfälschenden Messeffekten (durch Lernen) oder Messvariationen (Mangel in der Objektivität) aufseiten des Versuchsleiters, durch Auswahlfehler in der Stichprobe oder Ausfälle von Versuchspersonen (missing cases) passieren. Wird die externe Validität, d. h. die Möglichkeit einer Generalisierung über das Experiment hinaus, auf reale lebensnahe Situationen gefährdet, so könnte das in der Reaktivität und Sensibilisierung der Versuchspersonen liegen (Metadenken über die experimentelle Situation) bzw. auch in der durch die Versuchsanordnung gegebenen Aufforderungscharakteristik (*Demand-Charakteristik*) bzw. in der grundsätzlichen Artifizität des Versuchssettings. Um derartige Effekte zu vermeiden, wird versucht, eine Kontrolle dieser möglichen Störfaktoren auszuüben. Dies kann durch Elimination der Störvariablen, durch bewusstes Konstanthalten (gleichartige Wirkung bei allen Versuchspersonen) bzw. insbesondere durch Einführung von Kontrollgruppen im Sinne eines *matchings* (bewusste Zuordnung, Parallelisierung) oder *randomising* (Zufallsverteilung) geschehen.

Vergleicht man ein *Laborexperiment* mit einem *Feldexperiment*, so lässt sich feststellen, dass das Laborexperiment eine hohe interne Validität besitzt, jedoch eine geringere externe Validität sprich Übertragbarkeit auf reale Situationen aufweist. Das Feldexperiment hingegen besitzt eine geringere interne Validität (wegen der teilweise fehlenden Kontrolle), aber eine höhere externe Validität.

Die Ex-post-facto-Survey-Anordnung, die den typischen Fall betriebswirtschaftlicher Forschungsanordnung darstellt und die experimentelle Anordnung, die die wissenschaftstheoretisch wünschbare Variante von Forschungsformen ist, sollen als wichtige Forschungsformen in Tabelle 5.1 gegenübergestellt werden, um die Unterschiede nochmals deutlich zu machen.

Als erstes Kriterium wird die Frage nach den *Auswahlverfahren* gestellt. Hier sieht es bei der Ex-post-facto-Anordnung im Allgemeinen besser aus als bei Experimenten, wo eher mit anfallenden Stichproben und damit unkontrollierten Stichproben gearbeitet wird (vgl. Kapitel 7). Bezüglich der *Stichprobengröße* schneidet im Allgemeinen die Ex-post-facto-Anordnung auch besser ab. Dies hängt u. a. mit dem erheblichen Aufwand zusammen, der im Rahmen von experimentellen Anordnungen pro Fall (subject) getrieben werden muss, und dass aus diesem Grunde die Teilnehmerzahlen meist relativ klein halten werden (oft $n \leq 30$). Insgesamt ist die Erhebungsdauer und der Erhebungsaufwand pro Objekt bei Ex-post-facto-Anordnungen wesentlich geringer als bei experimentellen Designs.

Tab. 5.1: Vergleich von Ex-post-facto-Anordnung vs. Experimente.

Ein Ex-post-facto-Design ist verglichen mit Laborexperimenten bezüglich	
Auswahlverfahren	Meist besser als Experiment
Stichprobengrößen	Meist größer als bei Experimenten
Erhebungsdauer/-aufwand	Meist geringer als bei Experimenten
Nicht dichotome unabhängige Variablen	Sind möglich
Manipulation von Merkmalsausprägungen	Entfällt
Kausale Interpretation	Ist problematisch bei ex post facto
Kontrolle von Drittvariablen/Störvariablen	Nicht möglich

Quelle: eigene Darstellung.

Zu den weiteren Vorzügen der Ex-post-facto-Anordnung gehört, dass wesentlich einfacher auch *nicht dichotome unabhängige Variablen* eingeführt werden können, die einen größeren Informationsgehalt besitzen. Bezüglich der Manipulation von Merkmalsausprägungen bei den Versuchspersonen, wie sie in experimentellen Anordnungen üblich ist, bestehen zudem z. T. auch *ethische Bedenken* und Probleme.

Ein großes Manko der Ex-post-facto-Anordnung liegt in der meist gegebenen gleichzeitigen Erhebung aller Daten im Sinne einer *Querschnittsanalyse*, die bezüglich der kausalen Reihenfolge von unabhängigen und abhängigen Variablen und von möglichen Antezedenz- bzw. intervenierenden Variablen sehr problematisch bleibt. Ein Vorzug der Ex-post-facto-Anordnung ist, dass ein größerer Teil des Kausalnetzes in die Analyse einbezogen werden kann und somit verminderte oder verstärkte Einflüs-

Tab. 5.2: Übersicht: Realtypen von Forschungsformen und typische Ausprägung wichtiger Gestaltungsparameter.

Gestaltungs- parameter	„Survey"- Feldstudie	Labor- experiment	Fallstudie	Aktions- forschung F/E	Sekundär- analyse
Natürlichkeit	Natürlich	Künstlich	Natürlich	Natürlich	–
Manipulierbarkeit	Nein	Ja	Nein	Indifferent	–
Allgemeinheit/Anzahl Objekte	Viele	Wenige	Wenige	Wenige	Viele
Originalität	Offen	Offen	Offen	Offen	–
Auswahl des Objektes	Soll repräsentativ sein	Anfallende	Gezielt	Gezielt	Anfallend
Wiederholbarkeit	Offen	Offen	Eher Längsschnitt	Eher Längsschnitt	Ja
Vorhandene Datenbestände	Nein	Nein	Nein	Nein	Ja
Anzahl der Untersuchungsvariablen	Viele	Wenige	Sehr viele	Sehr viele	Wenige/ viele
Aggregationsebenen	Möglich	Eher Selten/ Unmöglich	Möglich	Möglich	Möglich/ selten
Denkbare Datensammlungstechniken	Alle (vorwiegend Befragung)	Vor allem Beobachtung	Wie Feldstudie	Wie Feldstudie	Evtl. auch Inhaltsanalyse
Forschungszweck	Eher erkenntnisorientiert	Eher erkenntnisorientiert	Eher gestaltend	Gestaltend	Beides
Relevant in der Praxis	x	–	x	x	x
Beliebt in der Praxis	x	–	x	–	x

Quelle: eigene Darstellung.

se (Mediatoren und Moderatoren) *Scheinkorrelationen* oder *Scheinnichtkorrelationen* besser aufgedeckt werden können.

5.2.7 Übersicht der Gestaltungsparameter bei Realtypen wichtiger Forschungsformen

Bezogen auf fünf wichtige Realtypen von Forschungsformen werden in der Tabelle 5.2 die jeweils idealtypischen Ausprägungen von 13 Gestaltungsparametern zusammengestellt. Diese Tabelle integriert damit die Abschnitte 5.1.1 und 5.1.2

5.3 Realtypen der Forschungsformen: Sekundäre Forschung

5.3.1 Traditionelle Literaturanalyse

Die Literaturanalyse ist ein wesentlicher Bestandteil des wissenschaftlichen Arbeitens. Diese Sekundärforschungsmethode legt das theoretische Fundament jeder Forschungsarbeit (Rowley & Slack, 2004).

Auch wenn das prinzipielle Vorgehen zur Sichtung und Identifikation relevanter Studien und Literatur ähnlich ist, so unterscheidet sich die methodische Vorgehensweise der *Metaanalyse* (Abschnitt 5.3.3) maßgeblich von der einer traditionellen Literaturanalyse. Die Metaanalyse wird zur Aufführung, zum Vergleichen und zum Synthetisieren von unterschiedlichen Studienergebnissen durch quantitative Verfahren herangezogen. Die traditionelle Literaturanalyse hingegen kommt als qualitatives Verfahren zur Anwendung, um einen Überblick über vorausgegangene und aktuelle theoretische Forschungsarbeiten zu erarbeiten. Dieser Überblick wird zumeist im Folgeschritt zur Identifikation und Legitimation für zukünftige wissenschaftliche Arbeiten herangezogen (Cooper, 1988a).

Hieraus lassen sich die zwei Hauptkomponenten der Zielsetzung einer traditionellen Literaturanalyse ableiten. Zum einen dient sie als strukturierte Einarbeitung in den thematischen Sachverhalt, und zum anderen als Ausgangspunkt für weitere Forschungsaktivitäten (Randolph, 2009). Das Vorgehen zur Durchführung einer Literaturanalyse kann als ein strukturierter, nachvollziehbarer und transparenter Prozess verstanden werden (Cooper, 1988b). Angelehnt an den Forschungsprozess eines Primärforschungsvorhabens formuliert Cooper (1988a) die folgende fünfstufige Vorgehensweise:

1. Definition des Problems/der Fragestellung: Zu Beginn gilt es, die Forschungsfrage präzise zu beschreiben und thematisch passende Begriffsdefinition festzuhalten. Weiterhin sollte ein Suchrahmen bestimmt werden, der u. a. Antworten auf die folgenden Fragen festlegt: Sollen ausschließlich qualitative oder quantitative Studien in die Literatursichtung einbezogen werden? Soll verschiedensprachige Literatur berücksichtigt werden? Gibt es einen Kontext, der zur Suche der Literatur berücksichtig werden soll? Aus welchem Zeitraum sollen Suchergebnisse für die weitere Literaturanalyse berücksichtigt werden?

Die beschriebenen Maßnahmen resultieren in einer ersten Themeneingrenzung und gewährleisten auf diese Weise eine Leitlinie zur effektiven und effizienten Gestaltung des späteren Suchprozesses.

2. Sammlung von Daten: Nachdem die Rahmenbedingungen festgehalten wurden, gilt es, das weitere Vorgehen zu konzipieren. Im Vordergrund steht hierbei die (Aus-) Wahl geeigneter Datenquellen und Datenbanken. Ferner gilt es, relevante Bezeichnungen bzw. Begriffe zur Eingrenzung der Suchergebnisse zu definieren. Hierbei sollte auf eine intelligente Kombination von thematisch passenden Suchbegriffen geachtet werden, um eine Präzisierung der Suche zu gewährleisten. Weiterhin ist es zu empfehlen, sich mit den jeweiligen fortgeschrittenen Suchfunktionen der einzelnen Datenbanken vertraut zu machen. Durch die Berücksichtigung der Suchbegriffkombination und der fortgeschrittenen Suchfunktion wird die Suche nach Informationen effizienter gestaltet.

3. Auswertung der Daten: Zu Beginn der Datenauswertung sollten nachvollziehbare Kriterien zur Bewertung der Datengrundlage spezifiziert werden, die bestimmen, welche Aussagekraft die jeweilige Studie zur Literaturanalyse beiträgt. Hierbei handelt es sich aber mehr um einen iterativen Prozess als um eine einfache Auswahl.

Ein effizientes Verfahren ist es, die zusammengetragenen Studien und Informationen zunächst anhand von objektiven Bewertungskriterien (beispielsweise Übersicht, Einleitung oder Zielsetzung der Studien) zu erfassen. Die auf diese Weise gewonnen Informationen und Einblicke dienen der weiteren Beurteilung sowie der Bewertung, ob das Studiendesign zur Forschungsfrage passend ist. Das geschilderte Verfahren kann als erste Selektionsstufe der Datenauswertung beschrieben werden. Am Ende gilt es, die Informationen ganzheitlich zu sichten und zu beurteilen. Das Ergebnis der Datenauswertung sollte ein Extrakt der wesentlichen Forschungserkenntnisse der einzelnen Studien sein.

4. Analyse und Interpretation der Daten: Im darauffolgenden Schritt werden die extrahierten Erkenntnisse analysiert. Vor Beginn der Datenanalyse und -interpretation gilt es, die Vergleichbarkeit der Ergebnisse sicherzustellen. Ist diese gewährleistet, können die gewonnen Erkenntnisse in einer Analyse miteinander in Zusammenhang gebracht werden. Als Resultat sollte der Forschungsstand zur Beantwortung der eingangs formulierten Forschungsfrage aus dem Prozessschritt folgen.

5. Dokumentation der Ergebnisse: Am Ende sollte die Literaturanalyse natürlich auch durch eine systematische und nachvollziehbare Dokumentation aufbereitet werden. Dadurch gewährleistet man, dass die Literaturanalyse auch für andere Forscher nachvollziehbar ist.

5.3.2 Sekundäranalyse

Bei der Sekundäranalyse werden bereits vorhandene quantitative Datenbestände in Form von Rohdaten unter einem anderen Blickwinkel neu analysiert. In diesem Sinne ist z. B. die Analyse von Kurswerten von Aktien, die der Erforschung des Kapitalmarktes dient, eine Sekundäranalyse. Dies unterscheidet sich von anderen Formen des *Desk Research*, bei dem lediglich bereits vorhandene Ergebnisse zusammengetragen werden. Diese liegen typischerweise in Form von Verteilungsaussagen (tabellarisch, Durchschnittswerte, Streuungsmaße etc.) vor oder aber auch bereits verbal interpretiert. Vorteile der Sekundäranalyse liegen zum Ersten in der kurzfristigen zeitlichen Verfügbarkeit, zum Zweiten in der Möglichkeit eines zeitlichen Rückgriffs und zum Dritten in der Einsparung von Kosten bei den Erhebungsarbeiten. Letzteres gilt insbesondere dann, wenn die Rohdaten bereits in digitaler Form vorliegen. Nachteile sind darin zu sehen, dass der Forscher keinen Einfluss darauf hat, welche Variablen in der zugrunde liegenden Primärerhebung festgehalten wurden und ebenso keinen Einfluss auf die Art der Operationalisierung nehmen kann. Auch die Angemessenheit der Stichprobe kann nur ex post überprüft und nicht mehr beeinflusst werden. Im Einzelfall stellt sich auch die Frage, wie gut z. B. die Operationalisierung einzelner Variablen dokumentiert ist, wie gut nachvollziehbar die Studie insgesamt ist, in welcher Art die Erhebungsarbeiten stattgefunden haben und wie die Auswahl der Fälle erfolgte. Soweit personenbezogene, einzeln identifizierbare Daten bereits vorliegen, sind die Beschränkungen im Rahmen des Datenschutzes zu beachten.

Im Zusammenhang mit Sekundäranalysen ergeben sich z. T. auch Möglichkeiten zusätzlicher originärer Datenerhebungen, wenn die einzelnen Merkmalsträger identifiziert oder identifizierbar sind. Die Sekundäranalyse ist zur Inhaltsanalyse abzugrenzen, bei der auf vorhandene, meist verbale Datenbestände zurückgegriffen wird, die aber typischerweise nicht strukturiert sind, sondern z. B. als Fließtexte vorliegen. Hier wird man von Dokumentenanalyse oder anderen Formen der Inhaltsanalyse sprechen. Datenbestände werden sehr oft im Zusammenhang mit administrativen Zielen gewonnen, z. B. im Rahmen der öffentlichen Verwaltung oder auch im Umfeld der betrieblichen Administration. So werden z. B. vonseiten der Ordnungsämter Daten zu den Gewerbemeldungen registriert, Daten zur Umsatzsteuer vonseiten des Finanzamts gesammelt und Daten zur Sozialversicherung von den Krankenversicherern. Im betrieblichen Umfeld kann man z. B. an Daten des betrieblichen internen und externen Rechnungswesens, Personaldateien, Umsatzstatistiken, Daten der Produktionssteuerung etc. denken.

5.3.3 Metaanalyse

Die Metaanalyse – der Begriff wurde von Glass (1976) eingeführt – ist eine Form der nicht originären Analyse, bei der eine quantitative Zusammenfassung der Ergebnisse (z. B. in Form von Korrelationskoeffizienten) mehrerer bereits vorliegender empirischer Untersuchungen zu einer gemeinsamen Thematik in einem ähnlichen Design erarbeitet wird. Das heißt, es wird eine deutliche inhaltliche Homogenität der originären Studien auf der Ebene der verwendeten Operationalisierungen von statistischen Maßzahlen vorausgesetzt, um auf diesem Wege eine Schätzung typischer Effektgrößen über mehrere Untersuchungen hinweg zu leisten. Das Ergebnis der Metaanalyse ist ein quantitatives Gesamtbild bezüglich des Forschungstandes in einem Forschungsgebiet.

Idealtypisch lässt sich der Ablauf einer Metaanalyse in den folgenden fünf Schritten umreißen (J Bortz & Döring, 2002, S. 627–636):

1.) Konkretisierung des Forschungsproblems und der Zielsetzung der Studie.

2.) Auswahl der in die Metaanalyse einzubeziehenden originären empirischen Studien entsprechend den Selektionskriterien: a) methodische Qualität, wie z. B. die interne Qualität bzw. die Konstruktvalidität, Vergleichbarkeit in der Messung der unabhängigen Variablen und insbesondere der abhängigen Variablen; b) Unabhängigkeit der einzelnen Studien (keine Überschneidungsstichproben etc.).

3.) Vereinheitlichung der Effektgrößen: Dies geschieht insbesondere durch das sogenannte *Deltamaß* als einem universellen Effektgrößenmaß, das der bivariaten Pearson-Korrelation bzw. Produktmomentkorrelation entspricht. Durch das Deltamaß werden Effektgrößen, die mithilfe von Pearson's r, Phi, Spearmans Rho und Chi Quadrat gemessen wurden, vergleichbar und damit aggregierbar gemacht. Alternativ wird z. T. das D-Maß eingesetzt, das allerdings nicht so geläufig ist und nur für Pearson-Korrelationen, Spearman's Rho und Phi nutzbar ist.

4.) Datenanalyse und nachfolgende *Prüfung der Ergebnishomogenität*: Mithilfe eines Homogenitätstests wird geprüft, ob die untersuchungsspezifischen Effektgrößen als Schätzung eines gemeinsamen Populationsparameters betrachtet werden können. Durchführung eines Signifikanztests für den Gesamteffekt, der über Deltawerte ermittelt wird.

5.) Präsentation und *Interpretation der Ergebnisse*: In entsprechenden fortgeschrittenen Forschungsgebieten bieten Metaanalysen einen wichtigen Überblick zum aktuellen Stand der Wissenschaft für die „Scientific Community".

6 Grundgesamtheit und Stichproben

In wirtschaftswissenschaftlichen Studien ist die Frage nach der verwendeten Datenbasis sehr oft ein wunder Punkt. Es ist oft fraglich, inwieweit die untersuchte Stichprobe wirklich für die vorgegebene Grundgesamtheit steht bzw. oftmals werden weit über das zulässige Maß hinaus Verallgemeinerungen bei der Interpretation der Daten angestellt. Eine Repräsentativität der Stichprobe für die Grundgesamtheit ist aber oft nicht gegeben. Das schöne Sprichwort *„Garbage in – Garbage out"* bringt es auf den Punkt. Wenn die Datenbasis einer Analyse nicht stimmig ist, können auch die feinsinnigsten Analyseinstrumente die Qualität der daraus abgeleiteten wissenschaftlichen Aussagen nicht mehr retten. Deswegen kann nur empfohlen werden, die Frage der bei einer Analyse eingesetzten Datenbasis mit allergrößter Sorgfalt anzugehen, da ansonsten auch der Einsatz der besten multivariaten Verfahren wie Strukturgleichungsmodelle völlig ins Leere läuft.

Eine erste sehr wichtige Forderung ist, dass in jeder guten Untersuchung die *Grundgesamtheit*, auf die sich die Aussagen der Studie beziehen sollen, expliziert wird, d. h. klare Aussagen über Raum (wie „in der BRD"), Zeit (wie „in den 90er-Jahren des 20. Jahrhunderts") und gegebenenfalls sachliche Einschränkungen (z. B. Unternehmen der Lifesciencebranche) gemacht werden.

In den allermeisten Fällen ist es so, dass nicht alle Fälle der Vergangenheit und der Gegenwart einer Grundgesamtheit in die Erhebungsarbeiten eingehen, sondern lediglich ein Teil dieser Fälle, sodass sich dann die Frage stellt, wie gut die erfassten Fälle die Gesamtheit aller Fälle, über die Aussagen gemacht werden sollen, abdeckt. Anders ausgedrückt, es wird der Schluss von der Stichprobe auf die Grundgesamtheit notwendig.

Geht man davon aus, dass zu einer angestrebten Grundgesamtheit nicht nur die existierenden Fälle in der Vergangenheit und Gegenwart gehören, sondern in Zukunft auch weitere Einheiten gehören werden, so ergibt sich daraus die grundsätzliche Unmöglichkeit, alle Fälle einer Grundgesamtheit zu erfassen. Das heißt, werden Aussagen für die Zukunft angestrebt, so haben wir ausschließlich die Möglichkeit von Stichproben in der Vergangenheit oder Gegenwart auf die entsprechenden Fälle in der Zukunft zu schließen.

Mit der Problematik einer selektiven und damit verzerrten Darstellung von Realität haben wir es auch vielfach in unserem Alltagsleben zu tun, insbesondere, wenn man an die Massenmedien denkt. Meist sind die Daseinsauszüge, die in diesen Medien Gegenstand der Berichterstattung sind, eher die untypischen Fälle, Ereignisse etc., als dass sie einen repräsentativen Einblick in „das Leben" geben. Zum Beispiel wird ein Fernsehzuschauer weit überrepräsentativ außergewöhnliche Ereignisse wie Krieg, Gewaltverbrechen, Unglücke und Katastrophen etc. wahrnehmen, als dies ihrem Anteil an allen Ereignissen entspricht. Man muss sich wirklich fragen, inwieweit unsere tagtägliche Wahrnehmung in den Medien, also unser mediatisiertes sekun-

https://doi.org/10.1515/9783486709728-006

däres Lernen, nicht eine völlig verzerrte unrealistische Weltsicht vermittelt. Oft ist es auch so, dass in den Medien nur stichprobenartig gewonnene Ereignisse fehlinterpretierend oder zumindest mangelhaft interpretierend beurteilt werden. So berichtete die New York Times mit der Schlagzeile „Berühmte Orchesterdirigenten leben länger" und benannte die Durchschnittslebenserwartung dieser Dirigenten für die USA 1978 mit $x = 73,4$ Jahre, d. h. vier Jahre mehr als die Normalpopulation. Der Interpretationsfehler lag nun daran, dass nur derjenige ein berühmter Dirigent wird, der Karriere macht, d. h., der schon relativ lange überlebt hat, sodass dann nur noch die Restlebenserwartung entscheidend wird (ähnliches lässt sich z. B. auch bei Bankdirektoren, Bischöfen, Vorständen großer Aktiengesellschaften feststellen, da diese Positionen erst später in der Karriere erreicht werden). Auch die Aussage „Retortenbabies sterben dreimal so häufig bei der Geburt" hat den Fehler, dass das Durchschnittsalter der Mütter von Retortenbabies fünf Jahre höher liegt und damit schon eine veränderte Sterblichkeit der Babies vorliegt. Ähnlich wie auch die Aussage „Entbindungen zu Hause sind sicherer als im Krankenhaus" den Fehler in sich trägt, dass in Fällen, bei denen Komplikationen erwartet werden, keine Hausentbindungen gemacht werden.

Vielfach wird die Frühsterblichkeit von jungen Unternehmen diskutiert oder auch auf den hohen Anteil der GmbHs bei Insolvenzen hingewiesen. Beide Aussagen machen aber nur dann einen Sinn, wenn ein Vergleich des Gesamtanteils z. B. von jungen Unternehmen an allen Unternehmen bzw. der GmbHs an allen Unternehmen in Relation gesetzt wird zum Anteil der entsprechenden Abgänge von jungen Unternehmen oder GmbHs in Relation zu allen Abgängen (einige dieser Beispiele wurden übernommen aus Krämer (2005).

6.1 Grundbegriffe

Merkmalsträger, zu denen wir auch je nach Kontext Untersuchungseinheiten, Objekte, Fälle, Befragtenpersonen, Versuchspersonen, subjects, cases oder Nennungen sagen, heißen im Zusammenhang mit Stichproben meistens „Elemente" (siehe Tabelle 6.1).

Mit dem Begriff „Objektbereich" wird eine wissenschaftliche Sollvorstellung zum Ausdruck gebracht, d. h., dies ist „der Gültigkeitsbereich der angestrebten Erkenntnisse".

Wie bereits eingangs erwähnt, ist der Begriff Grundgesamtheit (auch Population, target population) als pragmatische Abgrenzung der Menge von Merkmalsträgern, für die die Aussagen der Untersuchung gelten sollen, von ganz zentraler Bedeutung und sollte in jeder Studie sehr sorgfältig benannt und definiert werden. Sehr oft bleibt es aber leider offen, für welches Wirtschaftssystem, welche historische Epoche, welchen geografischen, geopolitischen Teil der Welt die Aussagen in einer vorgelegten Studie gelten sollen.

Tab. 6.1: Grundbegriffe bei Auswahlverfahren.

- **Elemente (Merkmalsträger)**
  - Untersuchungseinheiten, Objekte, Fälle, Befragtenpersonen, Versuchspersonen, subjects, cases, Nennungen
- **Objektbereich**
  - Als wissenschaftliche Sollvorstellung: „Gültigkeitsbereich der angestrebten Erkenntnisse" (Untersuchungsergebnisse)
- **Grundgesamtheit**
  - Population, target population als pragmatische Abgrenzung:
  - „Menge von Merkmalsträgern, für die die Aussagen der Untersuchung gelten soll"
  - Örtlich: z. B. BRD
  - Zeitlich: z. B. 1980 – 2010
  - Sachlich: z. B. Industriegesellschaften
- **Vollerhebung**
  - Alle Elemente der Grundgesamtheit werden erhoben
- **Teilerhebung**
  - Stichprobe (Auswahl, sample)
  - Ein Teil der Elemente wird erhoben

Quelle: eigene Darstellung.

6.2 Vollerhebung und Teilerhebung

Bei der Auswahl der Elemente einer Untersuchung besteht grundsätzlich die Option, entweder alle Elemente der Grundgesamtheit zu erheben, d. h. eine *Vollerhebung* zu machen (mit der Einschränkung, dass naturgemäß zukünftige Elemente nicht erhoben werden können) oder aber nur einen Teil der Elemente in die Untersuchung einzubeziehen, d. h. eine *Teilerhebung* zu machen. Für eine solche Teilerhebung wird üblicherweise der Begriff Stichprobe (auch Auswahl oder sample) genutzt. Die Auswahl sollte dabei nach festgelegten Regeln erfolgen. Eine Vollerhebung kann infrage kommen, wenn die Grundgesamtheit klein ist. Der Vorzug einer solchen Vollerhebung ist, dass die Verteilungsparameter direkt errechenbar sind, d. h., es sind keine Schätzungen oder statistische Verfahren nötig. Es gibt allerdings eine Reihe von Gründen, warum auf eine Vollerhebung zugunsten einer Teilerhebung verzichtet wird.

Zum einen ist daran zu denken, dass der Zugang zu den Untersuchungsobjekten von deren Bereitschaft zur Teilnahme abhängt. Dies gilt immer dann, wenn Menschen involviert sind. Im Allgemeinen ist auch eine Teilerhebung kostenmäßig günstiger und zeitlich gesehen bezüglich der Erhebungsarbeiten und der Dauer bis zum Vorliegen der Ergebnisse vorteilhaft. Ein Sonderfall sind die *zerstörenden Verfahren*, z. B. im Bereich der Materialprüfung. Hier verbietet es sich von vornherein, eine Totalerhebung zu machen. Man denke etwa an Crashtests bei Automobilen, Zugtests mit Seilen, Tragfähigkeitsprüfungen bei Stahlträgern und Belastungsproben bei Baumaterial.

Ein weiterer Grund, auf eine Vollerhebung zu verzichten, liegt in der sogenannten Feldverunreinigung. Wenn man davon ausgeht, dass nicht nur eine Untersuchung mit dieser Untersuchungsgruppe erfolgen soll, sondern im Laufe der Zeit mehrere und man mit Reaktivität der Befragten, z. B. Verfälschung der Befragungsergebnisse, rechnen müsste. Ein weiteres Argument, auf eine Vollerhebung zu verzichten, ist überraschenderweise, dass diese auch ungenauer als eine Teilerhebung sein kann, wenn z. B. bei den mit der Erhebung beauftragten Personen kein einheitlicher Ausbildungsstand erreicht werden kann oder Kontrollmöglichkeiten bei der Erhebung erschwert sind. Dies ist u. a. ein Argument gegen eine Vollerhebung bei der Bevölkerungsstatistik (Makrozensus).

Konkrete Beispiele für mögliche oder sinnvolle Vollerhebungen wären eine Untersuchung über die Luftfahrtgesellschaften in der BRD oder die internationalen Anbieter von Trägerraketen für das in Umlaufbringen von Fernmeldesatelliten, wohingegen bei sehr großen Grundgesamtheiten, wie den rund 80 Millionen Einwohnern der BRD oder den Voll- und Teilerwerbsexistenzgründungen in der BRD, die pro Jahr über einer Million liegen können, Teilerhebungen vorzuziehen sind.

Bei einer geplanten Zufallsauswahl bildet wie bereits erwähnt die Grundgesamtheit, genauer die angestrebte Grundgesamtheit, die auf der Basis theoretischer Überlegungen fokussiert wird, den Ausgangspunkt (target population). Dies könnten z. B. alle Unternehmen in der BRD im Jahre 2017 über alle Branchen hinweg sein, über die in einer Studie eine Aussage gemacht werden soll. Um diese Grundgesamtheit zugänglich zu machen, würde man im Idealfall auf ein Gesamtverzeichnis dieser Unternehmen zurückgreifen, das aber in der Realität nicht vorliegt. Würde man hilfsweise auf die bundesweiten „Gelben Seiten" Zugriff nehmen, würde die damit erreichbare Liste als *Auswahlgesamtheit* bezeichnet werden (frame population). Diese Auswahlgesamtheit beinhaltet alle Elemente, die eine prinzipielle Chance haben, gezogen zu werden. Da man eine Stichprobe anlegen will, könnte man z. B. festlegen, dass jede hundertste Eintragung in diesen bundesweiten „Gelben Seiten" genutzt wird, also auf diese Weise alle Elemente, die erhoben werden sollen, als geplante Auswahl festlegen. In einem nächsten Schritt könnte man dann von einer *realisierten Auswahl* reden, wenn die tatsächlich erhobenen Elemente unter Ausschluss von Nichterreichbaren und Verweigerern festgehalten werden. Das Ergebnis wäre dann als tatsächliche Gesamtheit bzw. *Inferenzpopulation* zu bezeichnen.

Beim Weg von der Grundgesamtheit zur Inferenzpopulation kann es aufgrund von grundsätzlichen technischen Problemen zwei unerwünschte Effekte geben. Dies ist in der Abbildung 6.1 für die Grundgesamtheit der Existenzgründer in der BRD im Jahr 2006 dargestellt. Zum einen kann es zu einem *Unterdeckungseffekt* (undercoverage) kommen, wenn man bei der Realisierung der Stichprobe z. B. auf Daten der Gewerbemeldung zurückgreift, die aufgrund der Meldevorschriften keine Freiberufler und keine Existenzgründungen in der Urproduktion umfassen und außerdem naturgemäß auch nicht diejenigen, die zu einer Gewerbemeldung zwar verpflichtet wären, diese aber nicht realisieren. Zum anderen kann dadurch, dass Gewerbe angemeldet werden, die aber de facto keine Existenzgründungen sind, als zweiter Effekt die *Überabdeckung* (overcoverage) entstehen. Zu denken wäre hier an die sogenannten Metro-

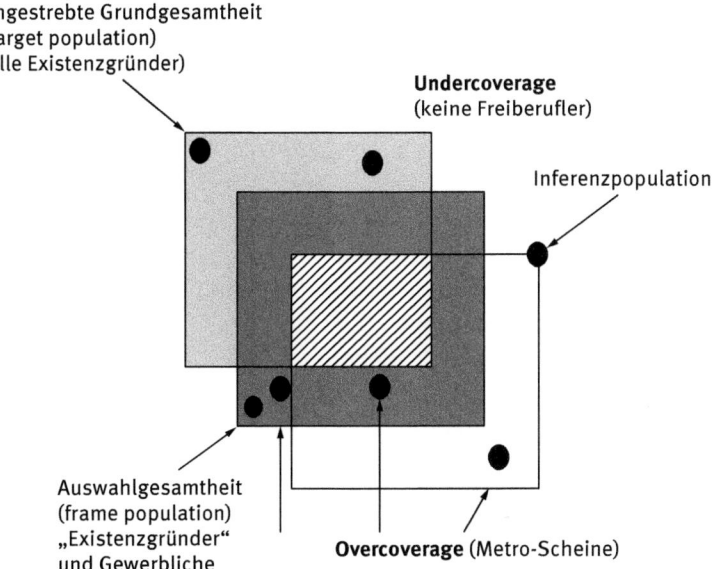

Angestrebte Grundgesamtheit
(target population)
(alle Existenzgründer)

Undercoverage
(keine Freiberufler)

Inferenzpopulation

Auswahlgesamtheit
(frame population)
„Existenzgründer"
und Gewerbliche

Overcoverage (Metro-Scheine)

Abb. 6.1: Von der Grundgesamtheit zur Inferenzpopulation mit Über- und Unterdeckung (Beispiel Existenzgründer). Quelle: Struck (1998).

scheine, d. h., hier wird ein Gewerbe angemeldet lediglich mit dem Zweck, sich den Zugang zum Großhandel zu erschleichen.

Schauen wir uns die möglichen Stichprobenarten an, so kann man grob zwischen probabilistischen, also *Zufallsstichproben (random sample)* auf der einen Seite und nicht probabilistischen Stichproben auf der anderen Seite differenzieren (siehe Tabelle 6.2). Bei einer Zufallsstichprobe wird die Auswahl der Elemente aus der Grundgesamtheit in der Weise durchgeführt, dass alle Elemente eine gleiche und bekannte Auswahlwahrscheinlichkeit haben. Bei einer nicht probabilistischen Stichprobe, also einer Nichtzufallsstichprobe ist dagegen die Wahrscheinlichkeit einer Auswahl unbekannt, daher auch nicht erfasst. Bezüglich der Qualität oder der Werthaltigkeit für

Tab. 6.2: Auswahlverfahren: Stichprobenarten.

Probabilistische Stichproben	Nicht probabilistische Stichproben
Einfache Zufallsstichprobe	Ad hoc (anfallende) Stichprobe (convenience sample)
Geschichtete Zufallsstichprobe	Gezielte Stichprobe (z. B. Auswahl untypischer Fälle)
Klumpenstichprobe	Schneeballstichprobe
Mehrstufige Zufallsstichprobe (mehrere Schichtungs-/Klumpenmerkmale)	Quotenstichprobe

Quelle: eigene Darstellung.

eine wissenschaftliche Untersuchung sind Nichtzufallsstichproben im Kontext einer Prüfstrategie durchweg eher unbrauchbar.

6.3 Gestaltungsmöglichkeiten von Stichproben

6.3.1 Anfallende Stichproben

Die anfallende Stichprobe oder auch willkürliche Stichprobe greift grundsätzlich unsystematisch auf erreichbare Fälle zurück, ohne dass hier eine Zugriffsregel definierbar ist. Im Grunde stellen solche anfallenden Stichproben oder willkürliche Stichproben nur einen Notbehelf dar, der vom Forscher immer nur dann realisiert werden sollte, wenn keinerlei anderen Alternativen existieren. Für eine solche anfallende Stichprobe spricht im Zweifelsfall nur der möglicherweise wesentlich geringere Aufwand bzw. die nicht zur Verfügung stehenden finanziellen oder zeitlichen Ressourcen, eine Zufallsstichprobe zu realisieren.

6.3.2 Gezielte Stichprobe

Von *bewusster* oder *gezielter Auswahl* oder auch von *theoretischen Stichproben* wird z. B. bei Auswahl typischer und extremer Fälle, der Auswahl nach dem Konzentrationsprinzip, der Nutzung des Schneeballverfahrens oder auch der sogenannten Quotenauswahl gesprochen. Auf die Einsatzgründe der gezielten Auswahl soll im Folgenden jeweils kurz eingegangen werden (vgl. dazu auch Jürgen Bortz & Döring, 2013; Diekmann, 2005; Rasch, 2010).

6.3.2.1 Typische Fälle
Aus z. B. ökonomischen Gründen kann es vorkommen, dass man sich auf die typischen Fälle, d. h. also die häufigsten Fälle, konzentrieren will und daher untypische extreme Fälle ausklammert. Bei einer solchen Stichprobe kann man selbstverständlich keine Verteilungsaussagen bzw. Schätzungen der Verteilungsparameter für die Grundgesamtheit vornehmen. Eventuell ist eine solche Verteilung auch schon aus einer Gesamtauszählung, etwa der amtlichen Statistik, bekannt und man versucht nun eher ein differenzierteres Bild dieser typischen Fälle zu erarbeiten, indem weitere Aspekte und weitere Variablen dieser typischen Fälle erhoben werden.

6.3.2.2 Extreme Fälle
Insbesondere um etwa in einer heuristisch angelegten Studie, also im Rahmen des Entdeckungszusammenhangs, die *Spanne der Möglichkeiten* zu sichten, ist es denkbar, dass man sich z. B. nicht mit Unternehmen schlechthin, sondern auf der einen

Seite mit den schnell wachsenden Unternehmen, auf der anderen Seite mit den insolventen Unternehmen ausschließlich befasst. Auch hier sind wiederum keine Verteilungsaussagen sinnvoll, da wesentliche Teile der Verteilung überhaupt nicht erfasst werden.

6.3.2.3 Konzentration

Insbesondere wiederum ökonomische Gründe können dafürsprechen, dass man sich auf die Teile der Stichprobe fokussiert, die einen ganz überwiegenden Teil des Phänomens abdecken. Als Beispiel sei auf Branchen mit hoher Konzentration der Marktanteile verwiesen, wie z. B. der Bereich der klassischen Stromerzeugung, wo der Gesamtangebotsmarkt ganz überwiegend durch einige wenige große Erzeuger abgedeckt wird und daneben eine sehr große Zahl von unbedeutenden weiteren Anbietern existieren. Ähnliches ist z. B. auch im Bereich der Brauindustrie in der BRD anzutreffen. Auch hier kann es erhebungsökonomisch sein, sich nur auf einige wenige Großanbieter zu konzentrieren, wenn es darum geht, den Angebotsmarkt zu erfassen.

6.3.2.4 Schneeballstichprobe

Dies ist eine spezifische Technik, die durch den Kinsey-Report zur Sexualität des Mannes in den 1960er-Jahren bekannt geworden ist (Bullough, 1998). Die Grundproblematik ist hier, dass keine Verzeichnisse, Listen etc. für eine bestimmte Grundgesamtheit vorliegen, sodass von dieser Seite her keine Zugriffsmöglichkeiten existieren. Es bestehen aber möglicherweise spezifische Zirkel, wo Mitglieder der Grundgesamtheit gegenseitige Kenntnis ihrer Existenz haben und so den Forscher sozusagen weiterreichen können. Als ein Beispiel kann der Bereich der Business Angels angeführt werden. Abgesehen von den existierenden Business-Angel-Netzwerken wird hier von einer sehr großen „Dunkelziffer" existierender Business Angels z. B. in Deutschland ausgegangen. Hat man Kontakt zu einem Business Angel, so wird man feststellen, dass dieser weitere Business Angels kennt und sich auf diese Weise dem Forscher ein größeres Netzwerk erschließt. Für diese Vorgehensweise spricht im Grunde vorzugsweise der Mangel an Alternativen. Es gibt in keiner Weise eine Gewähr dafür, dass auf diese Weise eine Stichprobe der Grundgesamtheit gezogen wird, die nicht erhebliche Verzerrungen aufweist (Gabler, 1992).

6.3.2.5 Quotenstichprobe

Diese Form der Stichprobenziehung ist in der Markt- und Meinungsforschung sehr verbreitet. Es werden, bezogen auf gewisse Demografien wie Geschlecht, Alter, soziale Schicht und Nationalität, bestimmte Quoten auf Basis der aus der amtlichen Statistik bekannten Verteilungen vorgegeben. Der eingesetzte Interviewer hat nach dieser Vorgabe selbsttätig entsprechende Interviewpartner zu suchen. Wichtig ist, dass verstanden wird, dass dies keine Zufallsauswahl darstellt, da der letzte Schritt, also die

Auswahl durch den Interviewer, willkürlich ist. Daher können wie auch bei den anderen benannten Verfahren der gezielten Auswahl, Auswertungsverfahren der Inferenzstatistik nicht schlüssig eingesetzt werden. Durch die eingesetzten Interviewer ist z. B. damit zu rechnen, dass entsprechend der sozialen Schichtzugehörigkeit des Interviewers eine Verzerrung stattfindet, weil der Interviewer auf seinen Bekanntenkreis zugreift bzw. wenn der Interviewer etwa anonyme Personen anspricht, eine Überrepräsentation häufig anzutreffender Personen erfolgt.

Bezüglich der Handhabung der Quoten ist auch noch danach zu differenzieren, inwieweit diese jeweils zunächst nur eindimensional, sprich auf eine Dimension bezogen, verfolgt werden und im Nachhinein noch fehlende Kombinationen aufgefüllt werden oder ob von vornherein zwei- und mehrfach kombinierte Quoten errechnet werden, um die Personen entsprechend zuzuordnen. Dies könnte z. B. dann geschehen, wenn man bei der Konzeption der Studie eine Vorstellung davon hat, wie viele männliche Personen zur Altersgruppe der 30- bis 40-Jährigen gehören.

6.3.3 Zufallsstichproben

Im Prüfzusammenhang sind für wissenschaftliche Untersuchungen nur Zufallsstichproben verwendbar, die eine repräsentative Abbildung mit bestimmbarer Qualität der Grundgesamtheit darstellen. Hier kann zwischen der einfachen Zufallsstichprobe, der geschichteten Stichprobe, der Klumpenstichprobe und der mehrstufigen Stichprobe differenziert werden.

6.3.3.1 Einfache Zufallsstichprobe

Bei der einfachen Zufallsstichprobe (simple random sampling) werden aus der Auswahlgesamtheit systematisch (z. B. jedes n-te Elemente) als Stichprobe gezogen. Dies setzt die Repräsentanz der Elemente der Auswahlgesamtheit in der Form von Listen, Datenbanken etc. voraus. Das Ergebnis der Ziehung ist eine Abbildung der Auswahlgesamtheit, für die mit einer festgelegten Wahrscheinlichkeit (z. B. $p \leq 0{,}01$) angegeben werden kann, wie groß der Zufallsfehler z. B. bei einem ermittelten Mittelwert, Prozentwert (z. B. $\pm 2\%$) etc. im Vergleich zur Auswahlgesamtheit liegt.

6.3.3.2 Gewichtete Zufallsstichprobe

Von einer gewichteten Stichprobe wird gesprochen, wenn bestimmte Schichten (Strata) über- oder unterproportional erhoben werden. Dabei gehört jedes Element der Grundgesamtheit genau zu einer Schicht und in jeder Schicht wird eine Teilauswahl getroffen. Dieses Verfahren bietet sich an, wenn bestimmte Teilschichten innerhalb einer Stichprobe relativ gering besetzt sind, dennoch bezogen auf diese Teilschichten differenziertere Auswertungen erfolgen sollen. In einschlägigen Statistikprogrammen, wie z. B. SPSS, wird eine solche Struktur unterstützt, da die Nutzung der Funktion „weight" (Gewicht) eine unterschiedliche Gewichtung einzelner Fälle erlaubt. Bei einer Untersuchung der Gewerbemeldungen in Nordrhein-Westfalen sollte bezogen auf die Gründungen durch nicht deutsche Staatsangehörige weiter differenziert und untersucht werden, in welchen Rechtsformen und in welchen Branchen derartige originäre Gründungen stattfinden. Da der Anteil der Gründungen durch Ausländer in der Gesamtstichprobe relativ klein war, wurde diese Schicht überproportional gezogen. Für die Auswertung der Gesamtstichprobe wurde dementsprechend eine Untergewichtung dieses überproportionalen Teils der Stichprobe (Stratum) rechnerisch durchgeführt.

6.3.3.3 Klumpenstichprobe (cluster sampling)

Typisch für die Klumpenstichprobe ist, dass hier Zufallsauswahlregeln auf einer Aggregationsebene (cluster, Klumpen) stattfinden und dass dann in einem zweiten Schritt alle Einheiten innerhalb eines zufällig gezogenen Klumpens erhoben werden. Solche Klumpen werden z. B. durch Zerlegung von Städten in einheitliche Quadranten realisiert. Dann werden z. B. zehn von 50 Quadranten zufällig gezogen und dort alle Einzelhandelsgeschäfte betrachtet. Da auf der Aggregationsebene zufällig gezogen wurde und sich alle Einheiten innerhalb des Klumpens befinden, handelt es sich hier auch um eine Zufallsstichprobe.

Grundsätzlich sind Klumpenstichproben sinnvoll, wenn keine Gesamtliste der Elemente, aber eine Liste aggregierter Elemente vorliegt. Will man z. B. eine Untersuchung über Forschungs- und Entwicklungsmitarbeiter als potenzielle Spin-off-Gründer machen und hat keine vollständige Liste derartiger Mitarbeiter, kennt aber andererseits einschlägige Organisationen und Abteilungen für Forschung und Entwicklung, so bietet sich dieses Verfahren an. Auf der Ebene der Klumpen könnte auf der Auswahlebene eine Gewichtung mit der Mitarbeiterzahl sinnvoll sein. Probleme können sogenannte Klumpeneffekte darstellen, d. h., dass die Elemente eines Klumpens homogener sind, als dies für die gesamte Stichprobe gilt.

6.3.3.4 Mehrstufige Verfahren

Werden Kombinationen verschiedener einstufiger Verfahren der Zufallsstichprobe verwendet, so wird von mehrstufigen Stichprobenverfahren gesprochen. Hier wird z. T. zwischen Primär- und Sekundäreinheiten, z. B. Mitarbeiter und Abteilungen in einem Unternehmen, unterschieden (siehe auch Random Walk, Schwedenschlüssel, Last Birthday in the Family).

Ein Überblick über die Klassifikation der Auswahlverfahren findet sich in den Abbildungen 6.2 und 6.3.

Übersicht Auswahlverfahren - 1. Teil

Werden alle Elemente der Grundgesamtheit untersucht? ———————— ja: **Vollerhebung**
——— nein: **Teilerhebung**

Werden die Elemente nach festen Regeln ausgewählt? ———————— nein: **willkürliche Auswahl**
——— ja: **systematische Auswahl**

Basieren die Regeln auf einem Zufallsprozess? ——— ja: **Wahrscheinlichkeitsauswahl**
——— nein: **bewusste Auswahl: siehe Teil 2**

Erfolgt die Auswahl in einem Schritt? ——— nein: **mehrstufige Auswahl**
——— ja: **einstufige Auswahl**

Wird die Grundgesamtheit vor der Ziehung in homogene Gruppen eingeteilt und dann einfache Stichproben aus den Gruppen gezogen? ——— ja: **geschichtete Stichproben**
——— nein: **ungeschichtete Stichproben**

Entsprechen die Fallzahlen der Zufallsstichproben den Anteilen der Gruppen in der Grundgesamtheit? ——— ja: **proportional geschichtete Stichproben**
——— nein: **disproportional ungeschichtete Stichproben**

Wird die Grundgesamtheit vor der Ziehung in räumliche Einheiten eingeteilt und dann alle Elemente einer zufällig gewählten Einheit ausgewählt? ——— ja: **Klumpenstichprobe**
——— nein: **einfache Zufallsstichproben**

Abb. 6.2: Übersicht Auswahlverfahren – 1. Teil (allgemein). Quelle: in Anlehnung an Schnell et al. (2011).

Übersicht Auswahlverfahren - 2. Teil (bewusste Auswahl)

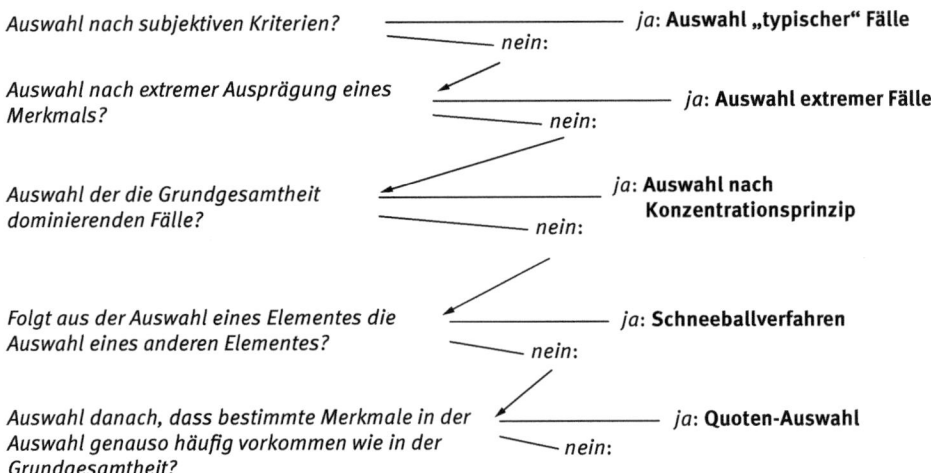

Auswahl nach subjektiven Kriterien? ———————— ja: **Auswahl „typischer" Fälle**
——— nein:

Auswahl nach extremer Ausprägung eines Merkmals? ———————— ja: **Auswahl extremer Fälle**
——— nein:

Auswahl der die Grundgesamtheit dominierenden Fälle? ——— ja: **Auswahl nach Konzentrationsprinzip**
——— nein:

Folgt aus der Auswahl eines Elementes die Auswahl eines anderen Elementes? ——— ja: **Schneeballverfahren**
——— nein:

Auswahl danach, dass bestimmte Merkmale in der Auswahl genauso häufig vorkommen wie in der Grundgesamtheit? ——— ja: **Quoten-Auswahl**
——— nein:

Abb. 6.3: Übersicht Auswahlverfahren – 2. Teil (bewusste Auswahl). Quelle: in Anlehnung an Schnell et al. (2011).

6.4 Angemessener Stichprobenumfang

Für die praktische Arbeit in der Forschung ist es – mit Blick auf die verfügbaren Ressourcen und den notwendigen Aufwand, der zur Realisierung von Stichproben eingesetzt werden muss – eine sehr wichtige Frage, welche Größe eine Stichprobe haben sollte. Hier ist zwischen Entdeckungszusammenhang und Prüfzusammenhang bzw. explorationsstrategischer und prüfstrategischer Ausrichtung zu differenzieren. Für heuristische Studien lässt sich keine zwingend ableitbare Quantifizierung angeben; üblich ist aber ein vergleichsweise kleiner Stichprobenumfang, d. h., es wird z. T. nur mit fünf, zehn, 20 oder 30 Fällen gearbeitet. Im Extremfall kann es sogar so sein, dass nur ein einziger Fall zugrunde gelegt wird.

Wie weit man mit dieser Fallzahl die Spanne der Möglichkeiten abdeckt, hängt unter anderen auch davon ab, wie heterogen die Grundgesamtheit ist. Ist sie homogen, so mag auch eine sehr kleine Zahl von Fällen in einer heterogenen Grundgesamtheit für die Zwecke der Heuristik reichen.

Verfolgt man mit einer Studie eine Prüfstrategie oder sollen im Vorfeld einer Prüfstrategie Verteilungsaussagen gemacht werden, so ist vor allen Dingen die Frage zu stellen, welche quantitativen Auswertungen im Einzelnen vorgenommen werden sollen. Hier hängt es insbesondere davon ab, wie die Dimensionalität der Aussagen aussehen soll. Das heißt, ob man nur *eindimensionale Aussagen (Verteilungsaussagen)* machen will, ob man *bivariate*, *trivariate* oder gar *multivariate* Aussagen machen will. Allgemein ausgedrückt sollte die Stichprobe umso größer sein, je mehr Variablen bei der Auswertung miteinander verknüpft werden sollen. In diesem Zusammenhang spricht man von einer *unterdefinierten Informationsmatrix*, wenn die Zahl der Variablen größer ist als die Zahl der Fälle.

– *Allgemein bei Forschungsaktivitäten gilt (theoretisch):*
   Der Stichprobenumfang sollte so gewählt werden, dass aufgrund des Untersuchungsergebnisses eine eindeutige Entscheidung bezüglich H0 oder H1 getroffen werden kann.
– *Praktischer Hinweis:*
   Je geringer der Alphafehler (Irrtumswahrscheinlichkeit zugunsten H1) und je größer die Teststärke sein sollen, desto größer sollte der Stichprobenumfang sein. Für genaue Berechnungen siehe Börtz & Döring, S. 61 ff oder SPPS Sample Power.

Zur Ermittlung der Stichprobensollgröße gibt es für bestimmte Gegebenheiten konkrete Vorgaben (Friedrichs, 1990). Sollen auf der Basis der Stichprobe *Prozentwerte* für eine *eindimensionale Verteilung* ermittelt werden, so gilt für dichotome Variablen (als günstigsten Fall) bei einer Vorgabe des gewünschten Sicherheitsgrades (üblicherweise 95 %, 99 % oder 99,9 %) und einer maximal zu tolerierenden Prozentabweichung der Stichprobengröße die folgende Formel:

$$n = \frac{t \cdot \sqrt{(p \cdot q)^2}}{e}$$

Wobei n = notwendiger Stichprobenumfang, t = Sicherheitsgrad, p = Prozentanteil der ersten Klasse, $q = 1 - p\%$ Anteil der zweiten Klasse und e = Nutzungsintervall der Prozentwertabweichung.

Will man univariat analysieren und dies über die Ermittlung eines *Mittelwertes* tun, so bietet folgende Formel die Antwort:

$$n = \frac{t^2 \cdot s^2}{e^2}$$

wobei n = notwendige Stichprobengröße, t = Sicherheitsgrad, s = Standardabweichung und e = Nutzungsintervall, also der absolute Schätzfehler.

Für den Fall einer x-dimensionalen Verteilung, d. h. der Verbindung von x Dimensionen in einer Tabelle, wird in der Literatur die nachfolgende Formel angegeben:

$$n = f \cdot kV$$

Wobei n = notwendiger Stichprobenumfang, f = Mindestzellbesetzung, k = durchschnittliche Merkmalsausprägungszahl der Analysevariablen und V = Anzahl der maximal verknüpften Variablen.

Hiermit soll sichergestellt werden, dass bei einer n-dimensionalen Informationsmatrix alle denkbaren Schnittzellen mit einer minimalen Zellenbesetzung versehen sind. Für die Mindestzellenbesetzung darf man im Idealfall eine Größenordnung von 30 verlangen, sich evtl. auch mit 12 zufrieden geben. In der Praxis werden diese Zahlen allerdings oft weit unterboten. Grundsätzlich lässt sich hier keine feste Größe angeben. Legt man bei dieser Formel fest, dass die Mindestverteilung 30 pro geschnittener Zelle sein soll und dass maximal fünf Variablen miteinander verknüpft werden dürfen, die jeweils im Durchschnitt fünf Ausprägungen haben, und geht man weiterhin davon aus, dass die Fälle sich einigermaßen gleichmäßig auf diese Ausprägung verteilen, so kommt man bei dieser Formel auf eine Sollstichprobe von 750 (vgl. zu den Formeln Friedrichs (1990)).

Entsprechend Bortz und Döring (2002) lässt sich bezogen auf die Prüfung von Hypothesen formulieren, dass der Stichprobenumfang so zu wählen ist, dass eine eindeutige Entscheidung bezüglich H0 oder H1 getroffen werden kann. Hierbei gilt, dass je geringer der Alphafehler, also die Irrtumswahrscheinlichkeit zugunsten der H1-Hypothese, und je größer die Stärke der Tests sein sollen, desto größer auch der Stichprobenumfang gewählt werden sollte (vgl. auch SPSS Sample Power). Die häufig formulierte Regel, dass bei multivariaten Analysen, also z. B. einer Diskriminanzanalyse oder einer multiplen Regressionsanalyse, der Umfang der Stichprobe nicht kleiner sein sollte als 150, ist tatsächlich eher eine sehr freundliche Daumenregel, wenn man an die Formel zu x-dimensionalen Verteilungen denkt.

6.5 Repräsentativität, Stichprobengröße, -struktur und Ausfälle

6.5.1 Repräsentativität, Stichprobengröße und Struktur

Im Kontext der Stichproben soll noch einmal auf den inflationär genutzten Begriff der *Repräsentativität* eingegangen werden. Grundsätzlich lässt sich festhalten, das Repräsentativität ein Synonym für die Zufallsauswahl ist; d. h. von Repräsentativität kann nur gesprochen werden, wenn die Ergebnisse einer Stichprobe im Rahmen von statistischen Fehlergrenzen übertragbar auf die Verhältnisse in der Grundgesamtheit sind. Daher geht es im Zusammenhang mit einem entsprechenden Signifikanztest grundsätzlich um den Schluss von der Stichprobe auf die Grundgesamtheit (Raab et al., 2004). Allerdings ist ein Umkehrschluss nicht zwingend, d. h. nicht alles, was nicht als Zufallsstichprobe entstanden ist, muss zwingend auch nicht repräsentativ sein. Nur fehlt es an Nachweismöglichkeiten für diese Repräsentativität. Man sollte allerdings nur von Repräsentativität reden, wenn eine technisch saubere Zufallsstichprobe realisiert werden konnte. Gleichzeitig ist es zu empfehlen, Verfahren der Inferenzstatistik nur dann unkommentiert einzusetzen, wenn auch tatsächlich eine Zufallsstichprobe vorliegt. Andererseits mag man auch dafür argumentieren, dass Signifikanztests bei nicht als Zufallsstichprobe entwickelten samples zumindest markieren, wo selbst im günstigsten Fall (d. h. wenn eine Zufallsauswahl vorläge) der Bereich der Interpretierbarkeit in jedem Fall endet.

Ein sehr wichtiger Gedanke sei noch mal zum Schluss aufgegriffen. Sehr oft wird Repräsentativität mit der Größe der Stichprobe verwechselt. Es ist aber so, dass die Repräsentativität eher etwas mit der *Struktur* der Stichprobe zu tun hat, als mit der *Größe* der Stichprobe. Mit der Größe der Stichprobe steigt lediglich das Feintuning in der Stichprobe. Wird bei einer Vergrößerung der Stichprobe eine fehlerhafte Struktur nur multipliziert, so nutzt das im Grunde gar nichts. Ein Beispiel für ein solches unsinniges Bemühen kann z. B. das mehrfache Versenden von postalischen Fragebögen (zweite oder dritte Welle) sein, wenn damit gerechnet werden muss, dass durch Effekte der Selbstselektion die Stichprobe in jeder Welle gleichermaßen verzerrt wird. Eine Verdopplung der Aussendungen, die identisch ist, schafft keine strukturelle Verbesserung der Stichprobe. Hier wäre es wesentlich empfehlenswerter, mit einer gezielten Missing-Value-Analyse zu arbeiten, als die verzerrte Struktur der ersten Welle durch weitere Wellen von Fragebögen nur zu multiplizieren.

Eine weitere Überlegung bezieht sich auf die Handhabung von *Signifikanztests*. Wie bereits formuliert, gibt die Signifikanz lediglich darüber eine Auskunft, inwieweit damit gerechnet werden kann, dass in der Stichprobe identische Verhältnisse vorzufinden sind wie in der Grundgesamtheit und dies mit einem vorgegebenen tolerierbaren Fehler. Dass eine Beziehung, z. B. eine Korrelationsbeziehung oder ein Mittelwertunterschied, signifikant wird, heißt aber noch längst nicht, dass diese *inhaltlich relevant* ist! Bei sehr großen Stichproben werden oft minimale Unterschiede schon signifikant, die aber aus theoretischen, inhaltlichen Überlegungen keinerlei wirklichen

Aussagenwert haben. So ist es z. B. wenig informativ, wenn ich bei einer großen Stichprobe von 10.000 oder 20.000 Befragten feststelle, dass Unternehmensgründerinnen bezogen auf das Lebensalter beim Start einer Gründung im Durchschnitt einen Monat jünger sind als der Durchschnitt der männlichen Unternehmensgründer. Daraus lässt sich inhaltlich nichts ableiten. Oder findet man bei einer sehr großen Stichprobe eine positive Korrelation von 0,04, d. h. eine erklärte Varianz von 0,0016 %, so trägt dieses in den meisten Kontexten für eine inhaltliche Erklärung nur marginal bei.

6.5.2 Ausfallprobleme bei Stichproben

Im Zusammenhang mit Stichproben sind insbesondere *Ausfallprobleme* zu diskutieren. Diese tauchen einerseits als *fehlende Fälle* oder als *fehlende Antworten* auf. Im ersten Fall ist es je nach Erhebungsverfahren oft so, dass sich bestimmte Teile der Grundgesamtheit durch Selbstselektion aus der realisierten Stichprobe ausschließen. Dies kann zu ganz erheblichen Verzerrungen der Ergebnisse führen, insbesondere wenn es darum geht, Verteilungen der Grundpopulation zu ermitteln. Hier empfiehlt sich eine intensive Beschäftigung mit Möglichkeiten über die „schweigende Mehrheit" einer Grundpopulation nähere Kenntnisse zu erlangen (missing data research, Non-Response-Analyse).

Beim *missing data research* bieten sich verschiedene Verfahren an (Sönke Albers et al., 2007). Zum Ersten ist an einen Vergleich mit einer Grundauswertung zu denken, wenn z. B. vonseiten der amtlichen Statistik (Bevölkerungsverteilungen, Unternehmensstatistiken, Branchenstatistiken etc.) solche Auswertungen vorgelegt werden. Zum Zweiten ist mit relativ einfachen Mitteln auch an einen Vergleich zwischen *Früh- und Spätantworter* zu denken bzw. einen Auswertungsvergleich zwischen einer ersten Befragungswelle und einer Nachfassaktion. Aufwendiger sind Verfahren, bei denen eine Teilstichprobe der Nichtantworter mit forcierten Mitteln, also nach einer schriftlichen Befragung durch telefonische oder persönliche Vielfachrückfragen etc., möglichst vollständig aufgeklärt wird und die Verteilung dieser intensiv aufgeklärten Teilstichprobe mit den anderen vorhandenen Daten verglichen wird.

Die zweite Variante liegt vor, wenn zu einzelnen Variablen keine Antworten bestimmter Teilnehmer vorliegen, die sich aber grundsätzlich an der Untersuchung beteiligt haben. Dies kann besonders unangenehm für die Auswertung sein, wenn einzelne Items einer Skala betroffen sind und man in diesen Fällen nur noch mit Schätzwerten (z. B. als Durchschnittswert aller Items derselben Person oder als Durchschnittswert dieses Items bei allen Personen der Stichprobe) eine einigermaßen hohe Stichprobenzahl für den Gesamtwert der Skala erhalten kann.

Bei der Dokumentation einer Untersuchung sollten Angaben über die geplante Stichprobengröße wie auch über den realisierten Stichprobenumfang gemacht werden. Üblicherweise wird hier eine Rücklaufquote ermittelt. Hier lassen sich folgende Stufen der Stichprobenentwicklung festhalten:

Die *Bruttoausgangsstichprobe*: alles, was z. B. in einer postalischen Befragung versendet wurde;

Technisch bedingte Ausfälle: d. h., Ausfälle durch Adressfehler, Identifikationsfehler etc.;

Bereinigte Ausgangsstichprobe: Bruttostichprobe nach Abzug der technisch bedingten Ausfälle;

Gesamtrücklauf der Stichprobe: alle zurückerhaltenen Fragebögen;

Unbrauchbare Fälle: Solche Fragebögen, die keinerlei Antworten beinhalten, Fragebögen mit „Faking"-Fällen bzw. Fragebögen mit ausschließlich unlesbaren Angaben;

Nettorücklaufstichprobe: Anzahl Fälle nach Abzug von unbrauchbaren Fällen.

Dieses Beispiel bezieht sich auf die Datensammlungstechnik postalisch versendeter Fragebögen und ist entsprechend bei anderen Vorgehensweisen in der Datensammlungstechnik anzupassen. Mitunter ist es aber auch nicht wirklich möglich, genaue Angaben bei der Bruttoausgangsstichprobe zu machen, da nicht ermittelt werden kann, wie viele Unternehmen, Mitarbeiter etc. tatsächlich kontaktiert wurden.

Beispiele für Stichprobenprobleme bei Panels (Panelmortalität) und für evaluierende Überprüfung einer Stichprobe bei vorhandener Gesamtauszählung finden sich in den Tabellen 6.3 und 6.4.

Tab. 6.3: Beispiel einer Rücklaufquote einer Längsschnittstudie.

Verwertbare Beantwortung des	Von ... Befragten
1. Fragebogens	151
2. Fragebogens	118
3. Fragebogens	129
1. und 3. Fragebogens	105
2. und 3. Fragebogens	104
1. und 2. Fragebogens	108
1, 2. *und* 3. Fragebogens	95
1, 2. *oder* 3. Fragebogens	179

Quelle: (Klandt, 1984).

Tab. 6.4: Beispiel Stichprobenvalidierung; Abbildungsgenauigkeit der Meldemonate (Gewerbemeldungen).

Meldemonat	Anmeldungen									Abmeldungen								
	Totaldaten			Stichprobe			Abweichungen			Totaldaten			Stichprobe			Abweichungen		
	73	74	75	73	74	75	73	74	75	73	74	75	73	74	75	73	74	75
Januar	11,1	10,6	9,9	11,5	10,5	9,8	0,4	0,1	0,1	11,9	12,8	11,7	11,1	11,4	10,7	0,8	1,4	1
Februar	9,1	8,3	8,5	9,2	7,7	8,3	0,1	0,6	0,2	8,7	7,7	8,3	7,8	6,9	7,3	0,9	0,8	1,5
März	8,7	9,6	8	9,2	9,4	7,8	0,5	0,2	0,2	7,9	8,7	7,8	9,7	8,6	7,7	1,8	0,1	0,1
April	9	8,6	8,7	9,2	7,9	8,5	0,2	0,7	0,2	7,8	8	8,5	8,6	9,2	10,3	0,8	1,2	1,7
Mai	8,1	9,1	7,4	7,7	8,4	7,8	0,4	0,7	0,4	7,7	8,1	7,2	8,4	7,6	6,7	0,7	0,5	1,7
Juni	7	6,6	8,6	7,8	6,5	9	0,8	0,1	0,4	6,7	6,4	8,4	8,7	6,5	8	2	0,1	0,4
Juli	8,1	8,2	7,8	8,6	8,2	8,3	0,5	0	0,5	7,5	8,8	7,8	7,9	8,9	8	0,4	0,1	0,2
August	8,3	7,2	6,9	8,6	7,8	6,4	0,3	0,6	0,5	7,8	7,4	6,6	8,7	7,6	7,4	0,9	0,2	0,8
September	8,2	8,1	8,7	6,8	8,6	8,8	1,4	0,5	0,1	7,7	7,5	8,1	6,7	7,8	9,3	1	0,3	1,2
Oktober	8,9	8,8	9,6	8,1	8,8	8,8	0,8	0	0,8	9,3	8,4	8,7	8,6	9,1	9,2	0,7	0,7	0,5
November	7,5	7,1	8	7,8	8,1	8,2	0,3	1,1	0,2	8,2	7,2	7,3	6,7	8,1	7,1	1,5	0,9	0,2
Dezember	6,2	7,8	7,8	5,7	7,9	8,2	0,5	0,1	0,4	8,8	9	9,2	7,1	8,3	8,2	1,7	0,7	1
Anzahl absolut (valide Fälle)	69.005	64.633	64.733	1.431	1.436	1.433	x	x	x	69.448	70.603	64.221	1.444	1.442	1.427	x	x	x

Quelle: (Klandt & Nathusius, 1977).

7 Datensammlungstechniken

7.1 Allgemeine Aspekte

Nachdem die Forschungsmotive geklärt sind, das Forschungsproblem definiert und die Entscheidung für eine bestimmte oder eine Kombination verschiedener Forschungsstrategien gefallen ist, der Bezugsrahmen entwickelt ist und die grundsätzliche Entscheidung auch für eine bestimmte Forschungsform oder eine Kombination von Forschungsformen getroffen worden ist, steht im Forschungsprozess die Wahl der Datensammlungstechniken an. Zur Wahl stehen die Beobachtung, die Befragung und die Inhaltsanalyse (vgl. dazu auch Jürgen Bortz & Döring, 2013; Diekmann, 2005; Kuß & Eisend, 2010).

Die *Beobachtung* kann als die ursprüngliche Datensammlungstechnik betrachtet werden, wie sie in naturwissenschaftlichen Fächern wie Physik, Chemie und Astronomie, zumeist als einzige Datensammlungstechnik, infrage kommt. In den Sozialwissenschaften allgemein, wie auch in der Wirtschaftswissenschaft insbesondere, erfreut sich die Datensammlungstechnik der *Befragung* besonderer Beliebtheit. Man kann diese auch als eine besondere Form der Beobachtung ansehen, bei der der Beobachtete zunächst durch eine Frage stimuliert wird und dann sein verbales Reagieren in Form einer Antwortgabe beobachtet und aufgezeichnet wird. Als dritte Datensammlungstechnik kommt in der Wirtschaftswissenschaft, insbesondere der Betriebswirtschaft, die *Inhaltsanalyse* infrage. Da sich Letztere in der Hauptsache auf schriftliche Dokumente beziehen, wird in diesem Zusammenhang oft auch von der *Dokumentenanalyse* gesprochen.

Vergleicht man die Datensammlungstechniken bezüglich ihrer Einsatzmöglichkeiten, so zeichnet sich die Beobachtung dadurch aus, dass sie gegenwartsbezogen ist, d. h., dass man nur aktuell erfahrbares Geschehen unmittelbar durch Beobachtung erfassen kann. Soweit Beobachtbares aufgezeichnet wird, sei es durch Ton, Einzelbild oder Bildsequenzaufzeichnungen, lassen sich auch Ereignisse in der Vergangenheit beobachten. Es stellt sich dann die Frage, inwieweit ein solches Verfahren eher der Inhaltsanalyse zuzurechnen ist.

- *Beobachtung* (Gegenwart)
  aktuell erfahrbares Geschehen unmittelbar angehen
- *Befragung* (Gegenwart oder Vergangenheit/Zukunft)
  über den „Filter" von Personen arbeiten
  (Objekt unmittelbar oder mittelbar: Experten)
- *Inhaltsanalyse* (Vergangenheit)
  „Spuren" von zurückliegenden Geschehnissen

Der Zeitbezug im Rahmen einer Befragung kann im Grunde sowohl in der Vergangenheit, in der Gegenwart als auch in der Zukunft liegen. Insofern stellt sich die Befragung

https://doi.org/10.1515/9783486709728-007

als eine sehr flexible Datensammlungstechnik dar. Hier ist allerdings auch zu reflektieren, ob bei einer Befragung bezüglich vergangener Dinge die Qualität der Daten leidet bzw. welchen Charakter eine Befragung hat, die sich auf Dinge in der Zukunft bezieht.

Bei der Inhaltsanalyse bzw. Dokumentenanalyse haben wir es ausschließlich mit Daten aus der Vergangenheit zu tun, d. h., hier werden Spuren von zurückliegenden Geschehnissen analysiert. Ein wichtiger Vorteil dieses Verfahrens ist, dass es zu den nicht reaktiven Ansätzen gehört; darauf wird in Abschnitt 7.5 näher eingegangen.

Tab. 7.1: Beispiel für den kombinierten Einsatz der Datensammlungstechniken.

Einsatz der Datensammlungstechniken "Multimethod Approach"

Untersuchungsobjekt	Beobachtung	Befragung von	Inhaltsanalyse
Angebotsüberblick		Makler	regionale Zeitungen
Ladenlokal			
Verkaufsfläche	–	Makler/Vermieter[1+2]	Angebotsexposé
Erweiterungsmöglichkeit	4	Makler/Vermieter[1+2]	Angebotsexposé
Raumaufteilung	4	–	Angebotsexposé
Schaufensterfläche	4	–	Angebotsexposé
Fassadenzustand	4	–	–
Ladenrampe	4	–	–
Miete	–	Makler/Vermieter[1+2]	–
Sicherheitsaspekte	4	Makler/Vermieter[1+2]	–
Werbemöglichkeiten	4	–	–
Kunden:			
Kundenfrequenz	2	–	–
Kaufkraftkennziffer	–	GfK in Nürnberg[1+2]	Statistiken der GfK und des WFA
Demografie	–	WFA in Lünen	Handbuch der Stadt Lünen
Einzugsgebiet	–	Einwohnermeldeamt[4]	Stadtplan
Bedarfsermittlung	–	Passantenbefragung[3]	–
Wettbewerbssituation:	–		
Name	–	–	IHK Unterlagen
Anzahl	–	IHK Dortmund WFA Lünen[1+2]	IHK Unterlagen
Lage			Stadtplan
Umsatz			HK Statistiken
Verkauffläche	–		–
Verkehrsanbindung	–		Stadtplan
Image	–	Passantenbefragung[3]	
Sortiment	4	–	Werbeprospekte/Flyer
Preise	4	Testkauf	Werbeprospekte/Flyer
rechtl. Rahmenbedingungen:			
Förderprogramme	–	Wirtschaftsdezernent Lünen	Statistiken des WFA/Statistiken Landesministerium für Wirtschaft
geplante Gewerbegebiete	–	Wirtschaftsdezernent Lünen	WFA Statistiken
Infrastruktur:			
Verkehrsanbindung	4	–	Verkehrspläne/Stadtplan
Parkraum	4	Makler/Vermieter[1+2]	Angebotsexposé
Anlieferzugang	4	Makler/Vermieter[1+2]	Angebotsexposé
Nähe zu ... Unternehmen	4	–	CD-ROM
Forschungszentren	4	–	Stadtplan
Schulen und Hochschulen	4	–	Stadtplan
Attraktivität der Lage	4	Makler/Vermieter[1+2]	–

Legende:
4: Zeitpunkterhebung
2: tagesbezogen, verschiedene Wochentage

Quelle: eigene Darstellung in Anlehnung an eine bifego-Studie/Projektseminar an der Universität Dortmund.

Jede der genannten Datensammlungstechniken hat bestimmte Vorzüge und bestimmte Nachteile, die im Folgenden zu behandeln sind. Abgesehen vom jeweiligen zeitlichen Bezug liegt ein ganz erhebliches Problem der Befragung in dem Filter, den die befragte Person darstellt. Darauf wird im Folgenden noch detailliert eingegangen.

Eine Möglichkeit, die Nachteile bestimmter Datensammlungstechniken zu kompensieren, bzw. die Vorteile der einzelnen Datensammlungstechniken miteinander zu kombinieren, ist ihr gemeinsamer Einsatz innerhalb einer wissenschaftlichen Untersuchung, also ein Vorgehen der multiplen Methodenanwendung (multimethod approach). So könnte man z. B. bei der Messung der Qualitäten eines Standortes die verschiedenen Aspekte z. B. der Verkehrsinfrastruktur, der Wettbewerbssituation im Umfeld, der Erreichbarkeit für Kunden und der Art des Ladenlokals durch direkte Beobachtungen (z. B. der Konkurrenzangebote im direkten Umfeld), Befragung (z. B. von Maklern, Vermietern, Kunden im Sinne einer Passantenbefragung) und Inhaltsanalyse (z. B. durch Analyse der regionalen Zeitungen, Werbeprospekte von Konkurrenten, Stadtpläne etc.) miteinander verbinden. Eine Übersicht zu diesem Beispiel findet sich in der Tabelle 7.1.

7.2 Beobachtung

Die Beobachtung ist die klassische Datensammlungstechnik in der Naturwissenschaft. Spricht man von Beobachtung, so denkt man zunächst an unmittelbar beobachtbare Phänomene, also menschliche Verhaltensweisen im betrieblichen Bereich etwa von Mitarbeitern, Kunden, Managern oder Unternehmern (Diekmann, 2005). Probleme können hierbei darin gesehen werden, dass menschliche Ausdrucksformen nicht immer eindeutig sind. So ist der Indikator „weinen" gleichermaßen als Trauer und Frust aber auch als Freude interpretierbar. Reißt ein Mensch seine Augen auf, kann dies Erstaunen aber auch Erschrecken bedeuten.

Bei komplexen Phänomenen wie Betriebsprozessen, die örtlich und zeitlich ausgedehnt und verstreut stattfinden, wird die unmittelbare Beobachtung erschwert. Hier kann z. T. durch Einsatz von Medien wie Videokameras, Computern, Mikrofonen und Aufzeichnung von Prozessdaten ein möglicher Weg der Überbrückung liegen. Die genaue Vorgehensweise bei der Beobachtung ist systematisch zu planen, aufzuzeichnen und auszuwerten. Die Qualität der Beobachtungsverfahren ist anhand der Gütekriterien wie Gültigkeit und Zuverlässigkeit zu hinterfragen.

7.2.1 Gestaltungsmöglichkeiten der Beobachtung

Um den Gestaltungsraum bei Beobachtungen zu verdeutlichen, soll zunächst eine Typologie unterschiedlicher Beobachtungsverfahren dargestellt werden.

Je nach Auslegung des Beobachtungssystems wird entweder von *Zeichensystemen*, von *Kategoriensystemen* oder von *Schätzskalen* gesprochen. Typisch für die Zeichensysteme ist, dass nur wenige ausgewählte Verhaltensweisen bzw. Ereignisse registriert werden, d. h., dass eine sehr selektive Aufzeichnung stattfindet. Diese ist üblicherweise dichotom, d. h., es wird aufgezeichnet, ob eine Verhaltensweise vorliegt oder nicht. Demgegenüber ist ein Kennzeichen von Kategoriensystemen, dass jede Handlung in einem umfassenden Klassifikationsschema aufgezeichnet wird. Auch hier ist die Aufzeichnung dichotom. Es wird also lediglich das Auftreten oder Nichtauftreten einer bestimmten Handlung, eines Ereignisses etc. festgehalten. Dagegen ist es typisch für Schätzskalen, dass neben dem Auftreten auch der Ausprägungsgrad einer interpretierbaren Verhaltensweise entlang einer Skala aufgezeichnet wird, also z. B. die Intensität, mit der eine Handlung stattfindet. Dementsprechend ist es für Beobachtungen kennzeichnend, dass man sie einerseits einer inhaltlichen Kategorie zuordnen kann, d. h. nur die Häufigkeit des Auftretens festhält, andererseits aber auch ergänzend Aussagen über die Dauer des Auftretens und der Intensität des Auftretens machen kann.

Hinsichtlich der *Kenntnis* des Beobachtungsobjektes von der *Beobachtungssituation* kann zwischen offenen und verdeckten Beobachtungen unterschieden werden (Bewusstsein des Beobachteten von der Beobachtungssituation). Bei der offenen Beobachtung ist der Beobachter für die Wahrnehmung des Beobachtungsobjektes ungeschützt und offensichtlich, während dieser bei der verdeckten Beobachtung für das Beobachtungsobjekt nicht erkennbar ist. Die offene Beobachtung kann aus methodischer Sicht insofern problematisch sein, als dass sich das Beobachtungsobjekt, dadurch dass es sich der Beobachtungssituation bewusst ist, ein verändertes Verhalten zulegt, sich also nicht so verhält, wie es sich unbeobachtet verhalten würde. Andererseits ist eine verdeckte Beobachtung aus ethischen Gesichtspunkten, wenn sie sich auf einen Menschen oder eine Gruppe von Menschen bezieht, problematisch.

Bezüglich der *Teilnahme* des Beobachters oder der Beobachter an den Geschehnissen einer sozialen Situation wird zwischen teilnehmender und nicht teilnehmender Beobachtung unterschieden. Bei der teilnehmenden Beobachtung greift der Beobachter partiell in das Handlungsgeschehen ein, während er bei der nicht teilnehmenden Beobachtung quasi außerhalb des Geschehens bleibt. In diesem Kontext sind Fragen der Verfälschung der Situation bzw. der Beeinflussung der Situation noch problematischer als im vorgenannten Fall.

Bezüglich der *Untersuchungsbedingungen* generell kann zwischen Beobachtungen im natürlichen Umfeld, also im Rahmen einer Feldforschung, oder in einem künstlichen Umfeld, also im Rahmen einer Laborforschung, differenziert werden. Hier tauchen ähnliche Probleme wie bereits bei den vorgenannten Aspekten auf.

Strukturierung/Standardisierung: Wie bei anderen Datensammlungstechniken kann man auch bei der Beobachtung von unterschiedlich stark strukturierten Varianten ausgehen. Die unstrukturierte Beobachtung ist insbesondere in einem heuristischen explorativen Kontext sinnvoll, während die durchstrukturierte Variante insbesondere im Prüfzusammenhang also der Prüfstrategie angemessen ist.

Eine Besonderheit bei der Beobachtung ist der Fall der *Selbstbeobachtung* (Introspektion), der dem Normalfall der *Fremdbeobachtung* gegenüberzustellen ist. Formen der Selbstbeobachtung haben historisch gesehen z. B. in der Individualpsychologie (Wilhelm Wundt) eine gewisse Rolle gespielt, werden aber heute eher ausnahmsweise eingesetzt, da methodische Zweifel an der Objektivierbarkeit derartiger Daten besteht, was allerdings ihren möglichen Einsatz im explorativen Bereich trotzdem diskutabel macht.

Bezogen auf die *Zeitgleichheit* von Beobachtungsgeschehen und Beobachtung kann von direkter oder indirekter Beobachtung gesprochen werden. Die indirekte Beobachtung ist allerdings im Grunde eher der Inhaltsanalyse als der Beobachtung als Datensammlungstechnik zuzurechnen.

Machen wir uns die Varianten der Beobachtungstechnik am Beispiel der Beobachtung des Ablaufs einer Vorstandssitzung klar. Bezogen auf die Strukturiertheit kann hier mit einem Klassifikationsschema gearbeitet werden, das z. B. unspezifisch aus der Kleingruppenforschung genommen wird (Bales, 1950; vgl. Abschnitt 7.2.4) oder aber als spezifisches Instrument zur Erfassung von Verhaltensweisen in einer Vorstandssitzung entwickelt wird, das z. B. auf die verschiedenen betrieblichen Real- und Formalprozesse und Gremienarbeit auf strategischer, taktischer und operativer Ebene usw. ausgerichtet ist. Wird der Beobachter den anderen Teilnehmern zu Beginn der Sitzung als solcher vorgestellt, würden wir dies als eine offene Beobachtungssituation bezeichnen. Wird er als Protokollant eingeführt, hätten wir es mit einer Variante der verdeckten Beobachtung zu tun. Denkbar wäre auch, dass der Beobachter in einem Nebenraum sitzt und entweder durch einen Einwegspiegel, durch eine Videokamera oder durch Mikrofone das Geschehen im Nachbarraum wahrnehmen kann. Bezüglich der Teilnahme wäre als eine Variante denkbar, dass der Beobachter in der Beobachtungszeit keine Äußerungen macht und sich auch sonst mit Gestik und Mimik zurückhält. Wir würden ihn dann als nicht teilnehmenden Beobachter bezeichnen, wohingegen ein Eingreifen in die Diskussion als eine teilnehmende Beobachtung zu sehen wäre. Eine Beobachtung der Vorstandssitzung in einem gewöhnlichen Konferenzraum wäre als natürlich Situation zu betrachten. Würde das Ganze in ein psychologisches Labor verlegt, betrachtet man dies als künstliche Situation.

Ansätze zur Beobachtung von Verhaltensweisen in Betriebsgremien, Managementgruppen etc. sind im Sinne von Laborsituationen z. B. auch durch den Einsatz von computerbasierten *Planspielen* (*Simulation*) denkbar. Ansonsten ist eine Vielzahl von Ansatzstellen der Beobachtung von Betriebsprozessen von Kundenverhalten im Ladenlokal gegeben (z. B. die in der kommerziellen Praxis vielfach eingesetzten Testkäufe, die der Überprüfung der Professionalität von Mitarbeitern im Verkaufsbereich dienen).

Bevor diese Datensammlungstechnik eingesetzt werden kann, ist es notwendig, ein inhaltlich passendes *Beobachtungssystem* zu entwickeln, soweit keine vorhandenen bereits standardisierten Beobachtungssysteme vorliegen. Dies kann wie bei anderen Datensammlungstechniken einerseits deduktiv, andererseits induktiv geschehen bzw. in Verbindung beider Ansätze. Beim deduktiven rationalen Ansatz greift man auf vorhandene Theorien zurück, leitet die relevanten Variablen ab und setzt diese in Beobachtungsoperationalisierungen um. Beim induktiven empirischen Ansatz würde man zunächst mit einer unstrukturierten Beobachtung beginnen und dann vor dem Hintergrund implizierten strukturierenden Vorwissens einen ersten Strukturierungsversuch unternehmen. Erfolg versprechend kann eine Verbindung beider Formen sein, bei denen man zunächst intuitiv induktiv arbeitet und dann versucht, über Aufarbeitung vorhandener theoriebasierter Ansätze zu zusätzlichen Ergebnissen zu kommen. Ergebnis einer solchen Entwicklung wäre ein Kategoriensystem zur Klassifikation der Beobachtungen. An ein solches Kategoriensystem lassen sich verschiedene Anforderungen stellen. Hier ist an die Eindimensionalität der jeweiligen Kategorie zu denken, d. h., bezogen auf eine Kategorie sollte auch nur ein Aspekt der Verhaltensweise aufgenommen werden.

Des Weiteren sollte die jeweilige Kategorie eindeutig sein, d. h., eine bestimmte Beobachtungseinheit sollte ganz klar einer bestimmten Kategorie zuordenbar oder nicht zuordenbar sein. Je nachdem welche Art von Beobachtungssystem entwickelt wurde und ob man tatsächlich alle Beobachtungen zuordnen möchte, ist auf die Vollständigkeit der Kategorien zu achten. Im Sinne der eindeutigen Zuordnung und der Praktikabilität ist die Operationalität der Kategorien ein weiterer wesentlicher Punkt. Insgesamt muss das Kategoriensystem soweit überschaubar bleiben, dass es zumindest nach entsprechender Schulung für den Beobachter handhabbar bleibt.

7.2.2 Beobachtungseinheiten

Bei der Beobachtung ist auch grundsätzlich zu klären, was im Einzelnen als *Beobachtungseinheit* bezeichnet werden soll. Laut Cranach and Frenz (1969, S. 286) ist eine Beobachtungseinheit ein kleinstes, nicht reduzierbares Ereignis zur Analyse des Verhaltens. Dies wirft die Frage auf, wie die Abgrenzung eines solchen kleinsten, nicht reduzierbaren Ereignisses stattfinden kann. Es bieten sich grundsätzlich zwei Möglichkeiten der Abgrenzung an. Das eine ist eine inhaltliche Abgrenzung entsprechend einem unterstellten Sinnzusammenhang, der für eine Aktionseinheit als ein Ereignis oder ein Verhalten (act) gesehen wird. Bei einer Beobachtung von Mitarbeitern im Büroumfeld würde man z. B. ein Telefongespräch als eine Sinneinheit sehen oder ein persönliches Gespräch mit einem Kunden zur Verkaufsberatung als eine Einheit betrachten. Eine zweite, formellere Abgrenzung ist über Zeiteinheiten möglich, d. h., hier wird nicht nach Sinnzusammenhängen in der Beobachtung erfasst, sondern in formellen, vorher definierten Zeitabständen, z. B. alle 10 s oder einmal in der Minute, festgehalten, welche Aktivität gerade vor sich geht. Längere, über mehrere Zeiteinheiten laufende Aktivitäten würden also mehrfach erfasst und sehr kurze Aktivitäten würden möglicherweise durch das zeitliche Raster fallen. Das Problem der angemessenen Festlegung der Zeiteinheiten ist also eine Balance zwischen der Selektivität bei zu langen Zeiteinheiten und dem Fragmentieren bei inhaltlich zu kurzen Einheiten.

Mit Blick auf die Stichprobentheorie ergibt sich also bei Einsatz der Beobachtungstechnik neben der Frage, welche *Beobachtungsobjekte* ausgewählt werden sollen, auch die Frage, welche Stichprobe von *Beobachtungseinheiten* erhoben werden soll (wie häufig, mit welcher Ausdehnung etc.).

7.2.3 Probleme und Grenzen der Beobachtung

Wo liegen nun Probleme und Begrenzungen für den Einsatz von Beobachtungstechniken? Zum Ersten ist die Frage der *Selektivität* zu stellen: Zum einen der Selektivität bei der Zuwendung im Sinne der physischen, sinnlichen Wahrnehmung, d. h. die Frage, welcher Umfeldausschnitt wird wahrgenommen? Ist dies der relevante Umweltausschnitt? Welche weiteren, evtl. relevanten Umweltausschnitte werden ausgelassen? Hier werden entsprechende Entscheidungen mit der Festlegung der Beobachtungsinhalte getroffen. Der zweite Aspekt der Selektivität ist die Wahrnehmung, d. h. also insbesondere die bewusste Wahrnehmung von gewissen Indikatoren für Inhalte, für das Erkennen von Start und Ende, von Kontexten etc. Dem weiteren Problem der selektiven Erinnerung, d. h. dem Vergessen auch von bewusst Wahrgenommenen, lässt sich durch direkte Aufzeichnung in schriftlicher Form bzw. mithilfe begleitender Audio- oder Videomitschnitte entgegentreten.

Bei Einsatz von Beobachtern sind grundsätzliche Möglichkeiten von Fehlleistungen zu hinterfragen. Beispiele, die darunter fallen, sind, dass extreme Ereignisse sich wesentlich stärker einprägen, dass die Vercodung nur in einer Mittelkategorie erfolgt, dass nur milde Urteile im Sinne von Großzügigkeit stattfinden, dass ein erster Eindruck die Folgeereignisse beeinflusst oder im Umfeld bestimmter Ereignisse andere Ereignisse eingefärbt wahrgenommen werden (Haloeffekte) bzw. dass der Beobachter in die Beobachtungssituation eine implizite Theorie mit einbringt und versucht, in seinen Beobachtungen und Aufzeichnungen eine gewisse logische Konsistenz einzufügen.

Es bestehen auch Grenzen für den Einsatz der Beobachtung als Datensammlungstechnik im Kontext betrieblicher Studien. So gibt es eine Reihe von sozialen Situationen, zu denen Forscher im Allgemeinen keinen Zugang besitzen. Es dürfte z. B. relativ schwierig sein, sich Zugang zu Vorstandssitzungen von Dax-notierten Unternehmen zu verschaffen. Auch die Analyse von informellem Verhalten innerhalb eines Unternehmens ist eher schwierig zugänglich. Wie bereits eingangs gesagt, ist naturgemäß auch vergangenes und zukünftiges Verhalten einer direkten Beobachtung nicht zugänglich. Schwierig und problematisch ist es oft auch, aktuelles beobachtbares Verhalten angemessen zu erfassen, wenn die entsprechende Vorgeschichte dieses Verhaltens nicht bekannt ist. Das kann zu erheblichen Verzerrungen und fehlerhaften

Interpretationen führen. Schließlich sind wichtige Begrenzungen ethischer Art zu berücksichtigen, also grundsätzlich das Eindringen in die Privatsphäre bzw. dem Einsatz einer Täuschung (deception) über vorgenommene oder vorzunehmende Beobachtungen, z. B. im Rahmen von experimenteller Forschung.

7.2.4 Der Ansatz der Interaktionsanalyse nach Bales

Wie bei den anderen Datensammlungstechniken, so bietet sich auch bei der Beobachtung an, auf bereits vorliegende Operationalisierungsansätze zurückzugreifen, soweit diese inhaltlich zum eigenen Ansatz passen. Als Beispiel sei die Interaktionsanalyse von Bales (1950) genannt, die vielfältig in der Kleingruppenforschung und Organisationsforschung eingesetzt wurde. Die Abbildung 7.1 verdeutlicht die Struktur und zeigt,

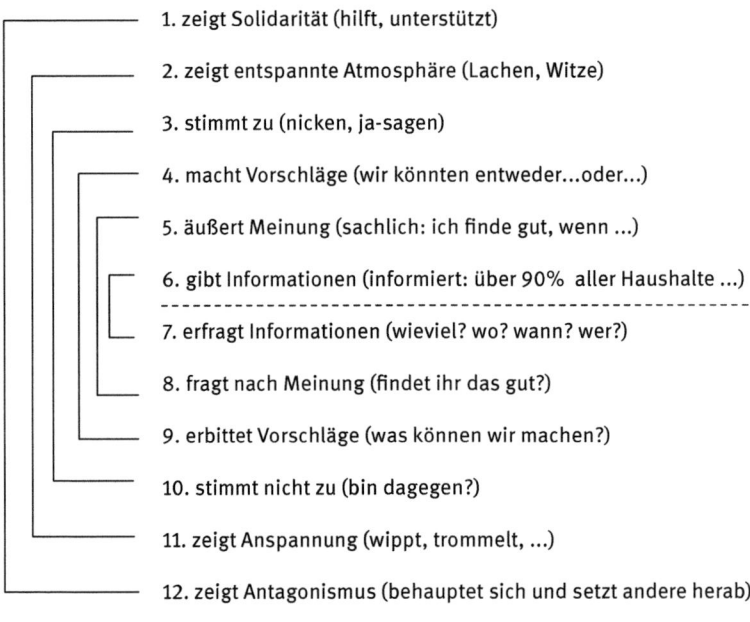

Abb. 7.1: Bales-Verhalten von Kleingruppen: Kategorien der Interaktionsanalyse. Quelle: In Anlehnung an Bales (1950).

Tab. 7.2: Kategorienschema nach Bales: Anwendungsbeispiel.

Zeitpunkt der Beobachtung	Kategorie	Person Absender	Person Adressat
12:00	6	6	5
12:03	8	5	alle
12:05	12	5	3

Legende:
3,5,6: bestimmte Personen
6, 8, 12: Kategorien aus der vorhergehenden Grafik

Quelle: eigene Darstellung.

dass dieses System von 12 Kategorien symmetrisch aufgebaut ist. Die Art der Vercodung ist der Tabelle 7.2 zu entnehmen.

Die erste Aufzeichnung ist z. B., dass um 12:00 Uhr die Person Nr. 6 als Absender an die Person Nr. 5 als Adressat entsprechend der Kategorie 6 Informationen gegeben hat. Entsprechend wurde für 12:03 Uhr aufgezeichnet, dass die Person Nr. 5 unspezifisch, d. h. an keinen besonderen Adressaten, eine Frage nach der Meinung der anderen gestellt hat. Um 12:05 Uhr wurde schließlich aufgezeichnet, dass die Person Nr. 5 gegenüber der Person Nr. 3 als Adressat Antagonismus gezeigt hat. Ein weiteres, aus der Literatur bekanntes, Beobachtungsschema geht auf Chappel zurück.

7.2.5 Beispiel Kategorisierungssystem für Beobachtungen im Büroumfeld

Anbei findet sich zunächst eine Übersicht für ein Kategorisierungssystem für Beobachtungen im Büroumfeld, bevor danach auf ein detailliertes Ablaufschema eingegangen wird. Dieses Kategoriensystem wurde vom bifego-Institut (www.bifego.de) in ähnlicher Form bei der Analyse von Betriebsabläufen eines Produktionsbetriebes entwickelt und eingesetzt (nicht veröffentlicht).

1. Telefonieren
2. Face-to-Face-Kontakt
3. Dialog mit IT intern
4. Internetnutzung extern
5. Schriftstückbearbeitung allgemein
6. Raumwechsel
7. Sonstiges

Beobachtung im Büroumfeld: Details

1. Telefonieren

<u>Art des Telefonats</u>
- B ruft an.
- B ruft zurück.
- B wird direkt angerufen.
- B wird zurückgerufen.
- B nimmt den Hörer nicht ab.
- B unterbricht redet intern.
- B übernimmt Gespräch von Mitarbeitern.
- B holt sich Telefonat auf eigenen Apparat.

<u>Bezugsperson</u>
- Unternehmensintern (Mitarbeiter, Kollege, Vorgesetzter)
- Filiale
- Kunden/Auftraggeber
- Sonstiges

2. Face-to-Face Kontakte

<u>Interne</u>
B spricht an:
- Mitarbeiter
- Kollegen
- Vorgesetzte

B wird angesprochen von:
- Mitarbeitern
- Kollegen
- Vorgesetzten
- Abteilungsbezug
- Eigene
- Fremde

<u>Externe</u>
B spricht an:
- Kunden
- Lieferant
- Bewerber (Stellen)
- Konkurrent
- Sonstige

B wird angesprochen:
- Kunden
- Lieferant
- Bewerber
- Konkurrent
- Sonstigen

3. Dialog mit interner Datenverarbeitung (IT)

<u>Medium</u>
- Bildschirm
- Tastatur
- Drucker
- Anderes

Richtung
- Datenabfrage
- Dateneingabe

Einsatztyp Software
- Textbearbeitung
- Datenbank
- Tabellenkalkulation
- Grafik
- FIBU
- Lohn- und Gehaltsabrechnung
- Fakturierung
- Betriebsbuchhaltung
- Internet allgemein
- Andere

4. Internetnutzung
- E-Mail
- Social Media
- Recherchen
- Sonstiges

5. Schriftstück bearbeiten

Posteingang
- Auftrag
- Anfrage
- Rückfrage
- Sonstiges

Postausgang
- Bestellung
- Rückfrage
- Sonstiges

Aktenbearbeitung
- interner Vorgang
- externer Vorgang

(Akten-) Notizen
- anfertigen
- lesen

Eingesetzte Technik (Texte)
- Diktat ins Diktiergerät
- Diktat in Stenoaufnahme
- Diktat in die Spracherkennung
- handschriftlich
- maschinenschriftlich

Grafik, Foto, Video, Audio

6. Raumwechsel

Intern
- Büro der Geschäftsleitung
- Büro der gleichen Abteilung

- Büro anderer Abteilungen
- betrieblicher Produktionsbereich
- betriebliche Lager/Versandbereich
- andere betriebliche Bereiche
- Besprechungszimmer
- Speise-/Erfrischungsräume
- Toiletten
- Duschräume
- Sonstiges

<u>Extern</u>

Kontaktperson(en)
- Kunden
- Lieferant
- Konkurrent
- Verband
- Öffentlichkeit
- Banken
- Sonstige

Ortsbezug
- im gleichen Ort
- Deutschland
- europäisches Ausland
- global

Verkehrsmittel
- Taxi
- PKW, eigengelenkt/Fahrer
- Zug
- Flugzeug
- sonstige

Abb. 7.2: Beobachtung im Büroumfeld (b) Kategorienbeispiel. Quelle: eigene Darstellung in Anlehnung an unveröffentlichte bifego-Studie: Betriebsanalyse in einer Schraubenfabrik.

7.2.6 Medieneinsatz bei der Beobachtung

Zur Beobachtung lassen sich eine Reihe technischer Hilfsmittel einsetzen, die Sprache, Geräusche oder Musik aufzeichnen oder Bildaufzeichnungen im Sinne von Fotos, Einzelaufnahmen oder von Sequenzen ermöglichen. Hierzu ist erst einmal festzustellen, dass auch solche Aufzeichnungen durchaus selektiv sein können. Dies gilt für Bildaufzeichnungen mehr als für Tonaufzeichnungen. Der große Vorteil derartiger Aufzeichnungen ist, dass ein wiederholtes Abspielen möglich ist und dass mehrere Beobachter – auch zeitlich versetzt – mit dem gleichen Ausgangsmaterial konfrontiert, ihre interpretativen Aufzeichnungen machen können und somit eine erhöhte Aufzeichnungsobjektivität erreicht werden kann.

Einen ganz besonderen Stellenwert gewinnt seit Ende der 1990er-Jahre die Möglichkeit von Beobachtungen mithilfe des *Internets*. Man kann hier z. B. auch an den Einsatz von Webcams denken. Eine praktisch größere Bedeutung hat aber bislang das Beobachten von Verhaltensweisen im Internet, wie sie über Tastaturnutzung und Mausklick durch das Beobachtungsobjekt abgeliefert werden. Hier lassen sich drei unterschiedliche Möglichkeiten differenzieren. Das Erste ist, dass sich Beobachtungsobjekte freiwillig registrieren lassen. Das Zweite ist die unfreiwillige Aufzeichnung beim Besuch bestimmter Seiten und Verfolgung z. B. des Kaufverhaltens, Besuchverhaltens etc. Das Dritte geht noch einen Schritt weiter und setzt im Computer des Beobachtungsobjektes Cookies ab, die auch während der Offlinezeit Aufzeichnungen über die Verhaltensweisen des jeweiligen Computernutzers ermöglichen.

Bezüglich der aufgezeichneten Verhaltensweisen kann man zum Ersten die Visits festhalten, also die Anzahl der Nutzungsvorgänge innerhalb eines Webangebotes. Zum Zweiten die Pageviews, also die Anzahl der Sichtkontakte von bestimmten Seiten durch den Nutzer und schließlich die Anzahl erfolgter Hyperlinkweiterleitungen.

Vorteile der Beobachtung im Internet sind zum einen in der einfachen technischen Lösbarkeit zu sehen. Des Weiteren im geringen zeitlichen und finanziellen Aufwand, der für diese Beobachtungen notwendig ist. Ein großer Vorteil ist, dass die Daten unmittelbar digital generiert werden und vorliegen. Insbesondere zur Aufzeichnung von Kaufentscheidungen und Entscheidungsverhalten vor der Kaufentscheidung lassen sich ungeahnt detaillierte Aufzeichnungen machen. Nachteile der Beobachtung im Internet ist, dass sich hierfür nur sehr spezifische Bereiche eignen und nur bestimmte Arten von Verhaltensweisen aufgezeichnet werden können. Ein großes Problem ist auch die faktische Zurechenbarkeit zu einer bestimmten Person, da unter einer Nutzerkennung, E-Mail-Adresse etc. auch mehrere Nutzer agieren können.

Weitere Vorteile der Beobachtung im Internet sind:
- Stimulierungsmöglichkeiten mit verschiedenen Medien (Text, Bild, Ton, Film);
- weiteres Adressatenfeld (global);
- Erreichbarkeit allgemein.

Es stellen sich in diesem Zusammenhang aber auch vielfältige Probleme bezüglich Datenschutz und ethischer Vertretbarkeit.

Abschließend ist festzuhalten, dass die Beobachtung auch im betriebswirtschaftlichen Bereich eine vielfältig einzusetzende Datensammlungstechnik ist, leider aber relativ wenig in Forschungsarbeiten von dieser Möglichkeit Gebrauch gemacht wird. Dies liegt zum einen in der Unkenntnis der Möglichkeiten, zum anderen allerdings auch sicherlich darin, dass Beobachtungen sehr zeitaufwendig sein können, wenn sie in klassischer Manier gemacht werden, also z. B. eine *Zeitbudgetanalyse* des Managementverhaltens eines Jungunternehmers durch einen physisch über mehrere Tage anwesenden Beobachter geleistet werden muss. Die Möglichkeit, im Rahmen des

Internets mit Beobachtungen zu arbeiten, eröffnet einen Bereich, der auch bezüglich der Erhebungsökonomie sehr attraktiv sein kann.

7.3 Befragung

Bei der Befragung stellt sich als grundsätzliche Frage, wann ist Befragen sinnvoll bzw. welche grundsätzlichen Voraussetzungen werden eigentlich bei dem Einsatz der Datensammlungstechnik Befragung erfüllt. Man kann dies mit einem einfachen Satz benennen: „Der zu Befragende muss willig und fähig sein". Die Willigkeit bezieht sich einerseits auf die *Antwortbereitschaft*, d. h., gibt es bei dem Befragten eine grundsätzliche Bereitschaft, überhaupt zu antworten. Des Weiteren gibt es bei dem Befragten die Bereitschaft, ehrlich und unbeeinflusst zu antworten, also die Frage nach der *Antwortehrlichkeit*. Bezogen auf die Fähigkeit geht es zum einen um die *Sprachkompetenz*, also die Fähigkeit der Befragten, Fragen und die darin enthaltenen Begriffe zu verstehen, und zum anderen um die *Sachkompetenz*, d. h. um die Fähigkeit der Befragten, sachlich angemessen zu urteilen. Dies ist dann der Fall, wenn die entsprechende Frage sich auf seine persönliche Erfahrungswelt und seinen persönlichen Wissensstand bezieht.

Grundvoraussetzung: Der zu Befragende ist **willig** und **fähig!**
– *Antwortbereitschaft*
  Bereitschaft der Befragten, überhaupt zu antworten (Rücklaufquote)
– *Antwortehrlichkeit*
  Bereitschaft der Befragten, ehrlich und unbeeinflusst zu antworten
– *Sprachkompetenz*
  Fähigkeit der Befragten, Fragen (Begriffe) zu verstehen
– *Sachkompetenz*
  Fähigkeit der Befragten, angemessen zu urteilen (siehe Erfahrungswelt)

Die Datensammlungstechnik der Befragung ist, wie bereits eingangs festgestellt, die bei weitem beliebteste Datensammlungstechnik in betriebswirtschaftlichen Forschungen. Dies liegt zum einen daran, dass andere Datensammlungstechniken weniger bekannt sind und die alternativen Möglichkeiten weniger klar gesehen werden, zum anderen aber auch daran, dass bestimmte Varianten von Befragungen relativ schnell mit relativ geringem Aufwand große Datenmengen produzieren.

Um die Möglichkeiten der verschiedenen Befragungsvarianten zu veranschaulichen, soll mit einer Typologie der Befragung bzw. einer nachfolgenden Typologie einzelner Fragen begonnen werden (vgl. dazu auch Sönke Albers et al., 2007; Berekoven et al., 2009; Raab et al., 2004).

7.3.1 Gestaltungsparameter der Befragung insgesamt

Wie bei den anderen Datensammlungstechniken ist hier zunächst eine Entscheidung über die mögliche *Standardisierung* zu treffen. Dies betrifft die Formulierung der Fragen, die Reihenfolge der Fragen und die Vorgabe der Antwortmöglichkeiten. Entsprechend wird dann von unstrukturierter, teilstrukturierter, standardisierter und vollstandardisierter Befragung gesprochen. Teilstrukturiert ist z. B. der Interviewleitfaden, der bei Intensivinterviews und Tiefeninterviews eingesetzt wird, während typischerweise die postalisch versendeten Fragebögen voll standardisiert und strukturiert sind, aber gegebenenfalls doch gewisse offene Antwortbereiche im Sinne von *Hybridfragen* beinhalten.

Ein zweiter Aspekt ist die Frage der *Schriftlichkeit* der Befragung, also ob man eine Befragung als mündliche Befragung, wie z. B. das persönliche Interview, oder als schriftliche Befragung, z. B. durch Versand eines Fragebogens, realisiert. Eng damit verbunden ist auch der Aspekt des *Medieneinsatzes*, also findet die Befragung von Angesicht zu Angesicht (face to face) ohne einen Medieneinsatz statt oder wird das Medium Papier, Telefon, Fax, Post, E-Mail, Website, SMS etc. benutzt. Neben den Klassikern des persönlichen Interviews und dem Versand von Fragebögen durch die Post sind in den letzten Jahren Befragungen über das Medium Internet in Form von E-Mails oder entsprechender Webseiten zunehmend auch in der wissenschaftlichen Forschung eingesetzt worden. Auf die Besonderheiten, Einschränkungen und Vorteile etc. wird im weiteren Verlauf noch eingegangen.

Weiterhin ist bei einer Befragung zu entscheiden, wie viele Teilnehmer in einer Erhebungssituation *gleichzeitig befragt* werden können und sollen. Die Befragung kann 1 : 1 erfolgen, d. h., es gibt einen Interviewer und einen Befragten. Es ist aber auch möglich, ganze Gruppen von Personen parallel zu befragen, wobei hier noch zu differenzieren wäre, inwieweit jeder einzelne Anwesende für sich selber isoliert antwortet oder ob Interaktionen auch zwischen den Befragten und nicht nur zwischen Fragenden und Befragten stattfinden.

Bezüglich der *Sprachlichkeit* haben wir es im Normalfall mit sprachnutzenden Befragungen zu tun. Im Bereich interkultureller Studien wird teilweise versucht, sprachfreie Befragungen durch Präsentation von Symbolen zu realisieren. Bezogen auf Antwortvorgaben sind aus der Literatur z. B. die *Cunin-Items* bekannt. Eine völlig sprachfreie Darbietung stellt sich aber in der Praxis meist als eher schwierig dar.

Durchschaubarkeit für den Befragten: Im Allgemeinen sind Befragungen Situationen, bei denen sich der Befragte über die Befragungssituation bewusst ist. Es ist aber auch durchaus denkbar, die Situation so zu gestalten, dass zwar eine Befragung stattfindet, der Befragte dies aber für eine natürliche Gesprächssituation hält und somit nicht durchschaut, dass er befragt wird. Vorteilhaft aus methodischer Sicht könnte hierbei sein, dass die vollständige Natürlichkeit der Situation zu unverfälschten Ergebnissen führt, während, wie wir später noch sehen werden, bei offensichtlichen

Befragungssituationen eine Vielzahl von verfälschenden Einflüssen einwirken können.

Ermittlungsziel: Für den wissenschaftlichen Bereich wenig Bedeutung haben sogenannte *vermittelnde Befragungen*, bei denen das Anliegen des Interviewers weniger darin liegt, vom Befragten Informationen zu erhalten, als umgekehrt im Rahmen der Befragung vonseiten des Fragenden hin zum Befragten Informationen zu transportieren. Diese Methode wird am ehesten in der Werbeindustrie eingesetzt.

Befragungswiederholung: Je nachdem, ob die Befragung einmal oder mehrfach durchgeführt wird, ob bei mehrfachem Befragen mit den gleichen Gruppen gearbeitet wird (*Trendbefragung*) oder ob die identischen Personen immer wieder befragt werden (*Panelbefragung*) wird nach der Häufigkeit und Gruppe der Befragung unterschieden.

Unmittelbarer vs. mittelbarer Untersuchungsansatz in der Befragung: Diese Differenzierung hat erhebliche Bedeutung für die Qualität einer Untersuchung und hat im Grunde schon den Charakter unterschiedlicher Forschungsformen. Beim unmittelbaren Ansatz wird eine direkte Befragung des *Untersuchungsobjektes* durchgeführt, d. h., das *Erhebungsobjekt* ist identisch mit dem Untersuchungsobjekt. Der Fragende hat also einen direkten Kontakt mit dem Untersuchungsobjekt. Beim mittelbaren Ansatz dagegen findet eine Befragung von Experten über Dritte, sprich das Untersuchungsobjekt, statt. Anders ausgedrückt, das Untersuchungsobjekt ist ungleich dem Erhebungsobjekt, das bedeutet, dass nur indirekte Informationen über das Untersuchungsobjekt gewonnen werden. Dieser mittelbare Ansatz wird häufig als *Expertenbefragung* bezeichnet. Beim unmittelbaren Ansatz wird typischerweise eine Erhebung der unabhängigen Variablen und der abhängigen Variablen jeweils getrennt und isoliert beim Befragten vollzogen. Die logische Verbindung zwischen den Variablen wird nach der Erfassung der Daten auf dem Wege der statistischen Analyse hergestellt, etwa durch Mittelwertvergleiche, durch Korrelationen, durch Regressionen etc. Beim mittelbaren Ansatz hingegen werden im Grunde nur Wissen oder Vermutungen von Experten über einen Beziehungszusammenhang zwischen unabhängigen und abhängigen Variablen abgefragt. Die Forschung limitiert sich damit auf den *Stand des existierenden Expertenwissens*. Sie kann lediglich eine Systematisierung und einen Vergleich über mehrere Experten hinweg leisten, ermittelt aber nicht darüber hinaus objektive Ergebnisse bezogen auf die Beziehungszusammenhänge zwischen unabhängigen und abhängigen Variablen. Der mittelbare Untersuchungsansatz erscheint daher eher im Rahmen einer explorativen Forschungsstrategie partiell geeignet, Hypothesen über mögliche Beziehungszusammenhänge zu finden. Hingegen ist der mittelbare Ansatz nicht dazu angetan, im Rahmen der Prüfstrategie entsprechende kausale Zusammenhänge aufzudecken. Vorteilhaft beim mittelbaren Untersuchungsansatz ist, dass er ein schneller, relativ wenig aufwendiger Weg ist, um erste Vorstellungen und Ergebnisse bezogen auf Beziehungszusammenhänge aufzudecken. Entscheidender Nachteil bleibt aber, dass die Wissenschaft mit dieser Vorgehensweise nicht über den aktuellen Stand der Expertenmeinungen und des Expertenwissens hinauskommen kann.

Damit schließt die Typologie der *Befragung als Ganzes* und wir kommen zu einer Typologie der *Formulierung einzelner Fragen*.

7.3.2 Gestaltungsmöglichkeiten einzelner Fragen

Bezüglich des Vorliegens von *Antwortvorgaben* werden drei Typen von Fragen differenziert. Zum Ersten die *offene Frage*, bei der es keine Antwortvorgaben gibt. Zum Zweiten die *geschlossene Frage*, bei der alle möglichen Antworten vorgegeben werden, und schließlich die *Hybridfrage*, bei der Vorgaben für Antworten gemacht werden, allerdings eine letzte Antwortvorgabe offen gestaltet wird („Sonstiges, und zwar ____“). Geschlossene Fragen sind typisch für vollstandardisierte Fragebögen. Der Vorzug liegt zum einen in der leichten Erfassung, und zum anderen in der effizienten Auswertung. Werden Hybridfragen einbezogen, so ist vor der eigentlichen Erfassung eine Nachcodierungsarbeit notwendig. Typischerweise wird hier zunächst einmal gesichtet, welche sonstigen Antworten gegeben werden. Es wird dann versucht, die Antwortgaben auf die Hybridfrage in vergleichbaren Kategorien nachzuerfassen, um sie systematisch oder tabellarisch etc. auswerten zu können. Bei geschlossenen Fragen wird im Weiteren zwischen solchen Fragen, die nur eine Nennung erlauben (first choice), oder anderen Fragen, bei denen mehrere Antwortalternativen gleichzeitig genutzt werden können (multiple choice), unterschieden. Letztere Fragen sind allerdings bei der Auswertung meistens wieder in dichotome Teilfragen aufzulösen, sodass bei einer Frage mit z. B. fünf Antwortvorgaben im Multiple-Choice-Fall diese eine Frage in fünf dichotome Teilfragen aufgelöst wird.

Je nachdem ob eine Frage offensichtlich formuliert ist (*Transparenz*) oder ob der Versuch gemacht wird, den Befragten über das wirkliche Ziel einer Frage im Unklaren zu lassen, wird von *durchschaubaren* oder *verdeckten* bzw. *täuschenden Fragen* gesprochen. Die täuschende Frage kann z. B. in Fällen angesetzt werden, bei denen man beim Befragten eine verzerrende Reflexion über die Antwortgabe vermeiden will oder wo aufgrund von Zweifeln an Kompetenz unbewusste Aspekte offengelegt werden sollen. Derartige Fragen werden z. B. im Zusammenhang mit Tabuthemen eingesetzt, um eine evtl. Unwilligkeit zur Antwortgabe des Befragten zu überwinden oder im Bereich der Motivforschung, z. B. in Form von projektiven Tests (Gröppel-Klein & Königstorfer, 2009). So kann man beispielsweise statt der offensichtlichen Frage „Wie häufig wechseln Sie ihre Bettwäsche?“ auch versuchen, über eine Beantwortung der Frage nach Waschmittelverbrauch Aussagen zum Hygieneverhalten von Befragten zu bekommen. Unter Umständen misst man allerdings hier auch das Umweltbewusstsein, da der Befragte es vermeidet, größere Mengen Waschmittel in die Umwelt zu entlassen. Eine mehr auf die Qualität von Aussagen ausgerichtete Differenzierung ist die in *Fakt- vs. Meinungsfragen*. Hier spielen auch Überlegungen hinein, inwieweit man dem Wahrheitsgehalt von Antworten bei Befragten vertrauen kann, z. B. bei länger zurückliegenden Ereignissen und Aspekten. Dies dürfte für den Bereich *Faktfragen* der Fall sein, oder ob man eher Zweifel haben muss, was typisch für *Meinungsfragen* (soft data) ist. Synonyme für Faktfragen sind z. B. *Tatsachenfragen* oder *Wissensfragen*, also Fragen über nachprüfbare Ereignisse und Zustände, die tatsächlich als wahr oder falsch beantwortet werden, und wo klar ist, was eine Lüge ist oder nicht. Synonyme für Meinungsfragen sind *Stellungnahmen* oder *Beurteilungen*, d. h., die Antworten sind diskutierbar, nicht eindeutig widerlegbar und der Übergang zur Lüge und zur Unwahrheit ist undeutlich und gleitend.

Beispiele aus einer Konsumentenbefragung für *Faktfragen* könnten sein:
- „Wie viele Zigaretten rauchen Sie pro Tag?"
- „Wie oft werden in ihrem Unternehmen Konferenzen abgehalten?"
- „Wie hoch ist die Nettomiete Ihrer Wohnung?"

Beispiele für typische Meinungsfragen sind:
- „Was halten Sie von Elektro-Autos?"
- „Bevorzugen Sie eher einen demokratischen, ein autoritären oder einen Laisser-faire-Führungsstil?"
- „Wie schätzen Sie die Nützlichkeit von Smartphones ein?"

Eine weitere Differenzierung ist die von *Verhaltens- und Eigenschaftsfragen*. Bezüglich Verhalten kann man nach *zurückliegendem* oder *aktuellem Verhalten* fragen. Bei Eigenschaften lässt sich noch weiter in *motivationale Eigenschaften*, in *Fähigkeitseigenschaften* und in moderierende bzw. *Charaktereigenschaften* unterscheiden.

Je nach Einschätzung des *Beeinflussungsgrades* wird zwischen *suggestiven Fragen*, *tendenziösen Fragen* und *neutralen Fragen* differenziert. Der Einsatz derartiger Fragen verbindet sich entweder mit der Stützung einer vorgefassten Meinung oder aber der Neutralisierung von Gesellschaftskonventionen. Beispielsweise könnte man eine Suggestivfrage wie folgt formulieren: „Sie sind doch sicherlich der Meinung, dass frisch gewaschene Wäsche strahlend weiß sein soll?". Diese Frage legt selbstverständlich eine bejahende Antwort nahe, was aus wissenschaftlicher Sicht unerwünscht ist und daher bewusst vermieden werden sollte. Für tendenziöse Fragen wären z. B. auch unbalancierte Antwortalternativen denkbar, wie „Sind Sie mit den Verhältnissen in Deutschland im Allgemeinen zufrieden oder wünschen Sie sich vieles grundsätzlich anders?". Es zeigt sich auch sonst, dass je nach Formulierung einer Frage unterschiedliche Antwortverhalten entstehen. Auf die Aussage: „Man sollte Peepshows verbieten" sagen 28 % der Befragten ja und 72 % der Befragten nein. Bei der Aussage: „Man sollte Peepshows erlauben" sieht die Verteilung 50 % zu 50 % aus.

Neben diesen mehr inhaltlich ausgerichteten Klassifikationen von Einzelfragen sind auch die *Funktionen im Kontext* eines Fragebogens eine Basis für eine Klassifikation. Bezogen auf ihre technische Funktion wird z. B. von *Filterfragen* gesprochen. Diese haben die Aufgabe, bestimmte Teilgruppen innerhalb der Befragung zu differenzieren und diesen Teilgruppen unterschiedliche Fragen zu stellen. Untersucht man z. B. in einer Befragung gleichermaßen potenzielle und tatsächliche Unternehmer, wäre es unsinnig den potenziellen Unternehmern Fragen nach dem eigenen Unternehmenserfolg zu stellen bzw. umgekehrt den Unternehmern Fragen nach ihrer Absicht zum Wechsel in die Selbstständigkeit. Hier wird man durch eine Filterfrage versuchen, diese beiden Gruppen zu separieren. Innerhalb schriftlicher Befragungen ist dies oft problematisch, weil die Befragten einer komplexen Mehrfiltrigkeit nicht folgen können. Besonders einfach sind derartige Filterfunktionen in internetbasierten Befragungen einzubauen.

Eine weitere technische Funktion ist die der *Kontrollfrage*. So kennt man in der Psychologie sogenannte Lügenskalen, die Antworttendenzen in Richtung sozialer Wünschbarkeit und ähnlichem herausarbeiten sollen, um auf dieser Basis eine Relativierung der anderen Fragen zu erreichen (Thies, 2012).

Eine weitere Gruppe von *Fragenfunktionen im Kontext* stellen *inhaltliche Funktionen* dar. So z. B. die *Eisbrecherfragen*, die eine Entkrampfung und Auflockerung beim Befragten bewirken sollen. Hier wird oft nach einem einfachen Sachverhalt gefragt, der jedem bekannt ist und unproblematisch und unstrittig ist. So könnte man eine Befragung zu unterschiedlichem Image und Qualitäten von Automarken damit beginnen, dass man gut bekannte Automarken wie Daimler, Volkswagen und BMW entsprechend ihrem Bekanntheitsgrad abfragt. Auch *Trichterfragen* haben eine inhaltliche Funktion. Sie sollen von allgemeinen zu speziellen Fragen hinführen, um dem Befragten einen leichteren inhaltlichen Einstieg zu geben. So könnte man z. B. als Einstieg die Frage benutzten: „Haben Sie in letzter Zeit ein Gerät der Unterhaltungselektronik gekauft – ja/nein?", um dann differenziert auf TV, Hi-Fi oder Smartphones etc. einzugehen. Schließlich gehören zu den inhaltlich funktionalen Fragetypen auch die *Übergangsfragen*, die einen thematischen Wechsel einleiten bzw. erleichtern sollen.

Antworthemmungen: Bei Durchführung von Befragungen muss man bezogen auf bestimmte Fragen mit Antworthemmungen rechnen, sodass man ganz bewusst durch bestimmte Maßnahmen versuchen sollte gegenzusteuern. Typische Gründe für Antworthemmungen sind z. B. Befragungen im Bereich von *Tabuthemen*, wie beispielsweise Geld, Einkommen, Sex, Politik oder kriminelles Verhalten. Werden z. B. Nachteile bei Bekanntwerden bestimmter Verhaltensweisen im Unternehmen erwartet, so kann man kaum mit ehrlichen Antworten rechnen. Man denke z. B. daran, dass befragte Arbeitnehmer die Erwartung haben, dass auf diese Weise das Fehlverhalten zum Schaden des Unternehmens bekannt würde. Das wäre z. B. der Fall, wenn während der Arbeitszeit nicht genehmigte Kaffeepausen eingelegt werden, das Lesen der Tageszeitung erfolgt, Computerspiele gemacht würden oder eine übergebührliche Nutzung des Internets durch privat orientiertes Surfen erfolgt. Ähnliches gilt für Fragen nach kriminellem Verhalten, etwa bezüglich Steuerhinterziehung, Ladendiebstahl, Drogenmissbrauch oder Pädophilie. Je nach kulturellem Umfeld liegt aber auch schon die Frage nach dem persönlichen Einkommen im Bereich der Tabuzone.

Welche Möglichkeiten hat man nun, solche Hemmungen abzubauen, um dennoch derartige Themen erfragbar zu machen? Geht es z. B. um Einkommen oder Gewinn eines Unternehmens, hilft es sehr oft, nicht die exakten Verhältnisse zu erfragen, sondern dem Befragten die Möglichkeit zu geben, seine Antworten in relativ breiten Klassen von Antwortvorgaben einzutragen. Ein anderer Weg ist, einen an sich kriminellen Tatbestand durch die Art der Fragestellung zu verharmlosen; so wird man bezogen auf Ladendiebstahl vielleicht nicht von Diebstahl oder Stehlen sprechen, sondern „etwas mitnehmen" sagen und bezogen auf die Hinterziehung von Steuern eher von „Vermeidung von Steuern" reden. Auch bieten sogenannte *Mitläuferappelle* eine Möglichkeit, den Befragten über gewisse Grenzen hinauszulocken, indem man etwa formuliert „alle machen das so" oder „es ist doch ganz normal, dass … ". Ähnlich sieht es auch mit dem sogenannten Überrumpeln aus, wo z. B. suggestiv gesagt wird: „Sie haben doch sicherlich schon mal … ".

7.3.3 Wichtige Realtypen der Befragung

Nachdem durch die Klassifikation der Befragungstypen und die Klassifikation der Einzelfragen die Gestaltungsmöglichkeiten umrissen sind, sollen im Folgenden einige multidimensionale Realtypen der Befragungstechnik beschrieben werden.

7.3.3.1 Das persönliche Interview

Der ursprüngliche Typ der Befragung ist das *persönliche Interview*. Dieses wird in den meisten Fällen entweder völlig unstrukturiert oder aber *leitfadengestützt* durchgeführt (Buber & Holzmüller, 2007). Eher selten sind vollständig strukturierte und standardisierte Interviews. Bezüglich des leitfadengestützten Interviews wird oft auch von Intensiv- oder *Tiefeninterview* gesprochen. Wie bei allen eher unstrukturierten oder wenig strukturierten Formen der Datensammlung bietet es sich insbesondere in einem explorativen Kontext an und wird daher in den meisten Fällen auch eher als Fallstudie realisiert. Allerdings können Interviews auch Teil einer Laboranordnung sein. Die möglichen Interaktionsstrukturen zwischen Interviewer, Befragten und den Rahmenbedingungen sind beim Interview besonders stark ausgeprägt und besonders gut reflektiert. Daher soll entsprechend der Abbildung 7.3 die persönliche Befragung, also das Interview, als sozialer Prozess u. a. auch vor dem Hintergrund eines implizierten Rollenverständnisses im Folgenden hinterfragt werden, um für eine sehr bewusste Gestaltung dieser Situation zu sensibilisieren.

Beginnen wir mit den wirksamen Einflussfaktoren, die aufseiten des Interviewers angelegt sind. Es stellt sich zunächst die Frage, welche Signale der Interviewer bezogen auf seine sichtbaren Merkmale setzt (wie z. B. Alter, Geschlecht, Kleidung oder Accessoires wie Aktentasche etc.). Diese sichtbaren Merkmale gehen zusammen mit dem erkennbaren Verhalten des Interviewers (sei er nun autoritär, aggressiv, neutral,

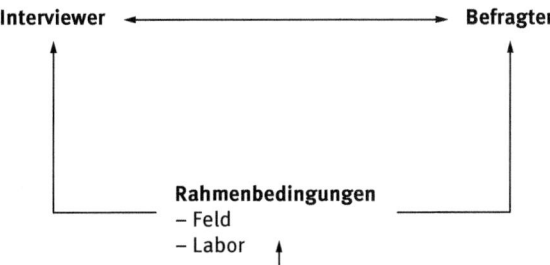

„Rollenverständnis" von Interviewer und Befragten:
– gegenseitige Erwartung an Verhalten
– asymmetrisches Verhalten

Abb. 7.3: Persönliche Befragung: Grundmodell. Quelle: eigene Darstellung.

freundlich, distanziert, verständnisvoll oder entgegenkommend) und teilen sich auch durch entsprechende Gestik, Mimik und Sprache mit. Im Allgemeinen wird hier empfohlen, dass der Interviewer sowohl bezüglich sichtbarer Merkmale als auch erkennbaren Verhaltens eher neutral auftritt, d. h. kein extremes Outfit zeigt und sich eher neutral, freundlich und distanziert gibt. Neben diesen direkten Merkmalen des Interviewers nimmt der Befragte auch das mit dem Interviewer verbundene Forschungsinstitut etc. wahr. Hier können z. B. Aspekte des Images der jeweiligen Institutionen eine Rolle spielen. Für Forschungsaufgaben ist ein Image einer Hochschule oder eines nicht kommerziellen Forschungsinstitutes meist hilfreich.

Neben der Wahrnehmung des Interviewers durch den Interviewten ist ein weiterer wichtiger Einflussfaktor die Wahrnehmung des Interviewers, insbesondere seine Einstellung und *Erwartung* bezogen auf mögliche Hypothesen und seine potenziell *selektive Wahrnehmung* oder seine Erwartung konsistenter Antwortstrukturen beim Befragen. Hier ist es sehr wichtig, dass durch eine intensive und gleichartige Schulung aller eingesetzten Interviewer eine möglichst neutrale Haltung des Interviewers gegenüber dem Befragten hergestellt wird. Bezüglich des Verhaltens aufseiten des Befragten sind mögliche Wirkungen sozialer Wünschbarkeiten von Antworttendenzen oder von Prozessen des Vergessens oder des Verdrängens zu reflektieren. Im Zusammenhang mit *sozialen Wünschbarkeiten* spielen gesellschaftliche Werthaltungen, die vermuteten Werthaltungen des Interviewers, die Projektion eigener Hoffnungen und Erwartungen aufseiten des Befragten und der Wunsch, das eigene Prestige des Befragten gegenüber dem Interviewer zu verbessern, eine Rolle. Hinsichtlich der *Antworttendenzen* (response set) wird in der Literatur über *Jasagereffekte* (z. T. auch über Neinsagereffekte), der Neigung auf Indifferenzkategorien auszuweichen, der Bevorzugung von Extremkategorien oder auch einer besonderen Beliebtheit von „runden Zahlen" berichtet. Des Weiteren spielen Effekte des Vergessens von persönlich eher irrelevanten Dingen, die entsprechend bei Fragen nicht erinnert werden oder das Verdrängen von unangenehmen Erfahrungen eine Rolle.

Wie bereits erwähnt, findet das Interview meistens unter Feldbedingungen statt. Damit stellt sich aber die Frage, inwieweit nicht doch versucht werden sollte, bestimmte Konstellationen der möglichen Bedingungen im natürlichen Rahmen zu vermeiden oder gewisse Aspekte auch bewusst zu gestalten. Aspekte des Umfeldes beziehen sich zum Ersten auf den *Zeitpunkt* der Befragung, zum Zweiten auf die *Örtlichkeit* der Befragung und zum Dritten wären die Einflüsse möglicher direkt oder indirekt *beteiligter Dritter* zu reflektieren. Der Zeitpunkt der Befragung ist abgesehen von speziellen Befragungsthemen weniger kritisch bezüglich Tageszeit, Wochentag oder Jahreszeit. Hier ist es allerdings so, dass es unter Umständen dem Befragten leichter fällt, bei sogenannten Saisonthemen über derartige Aspekte zu sprechen, wenn die unmittelbare saisonbezogene Information und Erfahrung vorliegt. Sehr oft ist allerdings die Örtlichkeit der Befragung ein wichtiger Aspekt. Dies steht z. T. auch in direktem Zusammenhang mit Einflüssen Dritter. So gibt es je nach Thema unter Umständen Befangenheiten, wenn die Befragung in einem Betrieb, zu Hause, in einem Laden oder auf der Straße stattfindet, weil vonseiten des Befragten mögliche Wahrnehmungsteilnahme von dritten Personen, wie dem Chef, den Kollegen, dem Ehepartner oder Lebensgefährten eine Rolle spielt. Neben diesen möglicherweise unerwünschten Zuhörern oder Zuhörern, gegenüber denen man eine besondere Profilierungsneigung entwickelt, ist auch an direkte Störeffekte, die die Konzentration der befragten Personen und/oder auch des Interviewers beeinflussen, zu denken. Aspekte der Rahmenbedingungen und des Umfeldes sollten also insgesamt gesehen themenbezogen problematisiert werden und zumindest in Teilen standardisiert und kontrolliert werden.

Wo liegen nun mögliche *Nachteile und Vorteile des Interviews*? Ein wesentlicher Vorteil des Interviews ist in der Flexibilität der Gestaltung zu sehen, in den Möglichkeiten des Interviewers auf Antworten des Befragten zu reagieren, um weitere Vertiefungen bestimmter Themen zu erreichen oder auch um auf zusätzliche Aspekte zu stoßen. In diesem Sinne liegen die Vorteile des Interviews insbesondere in *explorativen Phasen* der Forschung. Des Weiteren ist aber auch denkbar, dass die soziale Interaktion des Interviewers mit dem Befragten zu einer *Vertrauensbasis* führt, die mit anderen Befragungsmethoden nicht erreicht werden kann.

Ein ganz wesentlicher Nachteil des Interviews ist der *große Aufwand*, der im Kontext der Interviewdurchführung zu betreiben ist. Dieser liegt schon im Organisatorischen begründet, man denke an aufwendige Terminabstimmungen, Rüstzeiten für die An- und Abreise, erheblichen Zeitaufwand für die Durchführung von Interviews, die durchaus auch bei 3–5 h liegen kann, die Transkription von Audioaufzeichnungen in einen schriftlichen Text oder die unbedingt notwendige Interviewerschulung etc.

Die komplexe soziale Interaktionssituation, die ein Interview darstellt, ist auf der einen Seite, wie bereits erwähnt, eine Chance z. B. eine Vertrauensbasis aufzubauen. Sie beinhaltet allerdings auch eine Vielzahl von unerwünschten Effekten und Beeinflussungen, die zu veränderten künstlichen Befragungsergebnissen führen können. Diese wurden bereits angesprochen. Generell ist das Problem von Antwortverzerrungen der Befragung zu reflektieren. Dies betrifft jedoch nicht nur das Interview.

Problematisch sind z. B. Verweigerungen von Antworten, weil der Befragte dazu keine Stellung nehmen will (er fühlt sich vielleicht unangenehm berührt) oder nicht kann (er besitzt keine einschlägige Kompetenz). Zum Teil ist auch mit einer Meinungslosigkeit zu rechnen, die durch Pseudoantworten überspielt wird, wo also mangels eigener direkter Erfahrungen oder Reflexionen nur Meinungen aus den Massenmedien wiedergegeben werden. Eine zweite Gruppe problematischer Antworten sind die, die als *sozial erwünschte* Antworten gelten, also das wiedergeben, was generell als positiv in einer Gesellschaft gewertet wird, ohne dass es wirklich der eigenen Meinung entspricht bzw. wenn Befragte bestimmte Vermutungen über die vom Interviewer gewünschten Antworten entwickeln und dann entweder bewusst (Metaebene) in diesem Sinne reagieren bzw. bewusst antagonistisch beantworten. Weiter ist mit formalen Effekten, z. B. bei einseitiger Formulierungsrichtung von Fragen (positiv oder negativ) zu rechnen oder aber von Positionseffekten, die sich durch eine bestimmte Reihenfolge und Anordnung der Einzelfrage ergibt. Des Weiteren kann durch Anwesenheit von Dritten die Befürchtung von drohenden Sanktionen eine Rolle spielen oder sogenannte Auftraggebereffekte. Schließlich ist je nach Harmoniebedürfnis der Befragten auch mit Jasager- oder Zustimmungseffekten zu rechnen:

- Verweigerung
- Meinungslosigkeit
- sozial erwünschte Antworten
- interviewergewünschte Antworten
- formale Effekte
- Positionseffekte
- Anwesenheitseffekte
- Auftraggebereffekte
- Sonstige

7.3.3.2 Schriftliche, postalisch versendete Befragung

Diese Art der Befragung erfreut sich traditionell erheblicher Beliebtheit. Dies liegt wohl insbesondere daran, dass hier mit vergleichsweise geringem zeitlichen und finanziellem Aufwand größere Datenmengen gewonnen werden können (Berekoven et al., 2009). Man sollte sich allerdings darüber klar sein, dass die Qualität der so gewonnenen Daten, insbesondere mit Blick auf verzerrende Stichprobeneffekte, höchst problematisch ist. Diese Art der Befragung wird im Allgemeinen als vollstandardisierte und strukturierte Befragung mit durchweg geschlossenen Fragen realisiert, gegebenenfalls werden auch Hybridfragen miteingeschlossen. Die schriftliche Befragung findet normalerweise unter Feldbedingungen statt. Die Entwicklung eines solchen standardisierten schriftlichen Fragebogens setzt schon erhebliches Vorwissen und Erfahrungen mit dem Untersuchungsthema voraus. Typischerweise werden also vorher in einer Vorstudie eher qualitative, unstrukturiertere Voruntersuchungen stattfinden oder man greift auf bereits entsprechend bewährte Operationalisierungen zur Messung der einzubeziehenden Variablen zurück.

Des Weiteren muss die Vorbereitung der *Adressen* bzw. Zugangsdaten unter stichprobentheoretischen Gesichtspunkten durchgeführt werden. Neben allgemeinen Verzeichnissen, wie Telefonbüchern, Gelbe Seiten und „Wer liefert Was?" sind insbesondere Adressbuchverlage wie Schober hilfreich, allerdings ist entscheidend wichtig, eine klar definierte Grundgesamtheit zu haben und nachvollziehen zu können, wie das jeweilige Adressmaterial entstanden ist, welche Pflege es erfährt bzw. wie aktuell die Adressen sind. Neben der Konzeption des Fragebogens und der Akquise der Adressen ist es auch sehr wichtig, ein motivierendes *Begleitschreiben* zu entwickeln. Hier kann man z. B. auf die Bedeutung und Nützlichkeit der Studie, die Wichtigkeit der Antwortgabe durch den Angesprochenen hinweisen, gegebenenfalls *Vertraulichkeit* zusichern und soweit das Interesse zu erwarten ist, eine Zusendung von Untersuchungsergebnissen allgemein versprechen. In Einzelfällen kann auch die Auslobung von *Prämien* und Preisen eingesetzt werden. Unterstützend wirkt je nach Kontext auch ein Referenzschreiben einer angesehenen Person oder Institution. Im Kontext privater Adressaten empfiehlt es sich auch, einen adressierten und möglicherweise auch *frankierten Rückumschlag* beizulegen. Je nach Rücklaufquote ist es preiswerter, statt einer Freistempelung den Umschlag nur mit „Gebühr zahlt Empfänger" bzw. dem Begriff „Rückantwort" zu versehen. Werden Unternehmen oder Organisationen etc. angeschrieben, so zeigt sich im Allgemeinen, dass eine Freistempelung oder Übernahme der Rückantwortgebühren nicht notwendig ist.

Wichtig ist beim Begleitschreiben, dass eine bestimmte *fixe Terminangabe*, also eine Deadline, vorgegeben wird. Diese sollte etwa sieben bis 14 Tage nach dem Zusendedatum liegen. Nach dieser Zeit könnte dann eine *Nachfassaktion* gestartet werden, bei der, je nachdem ob man bei der Erhebung anonym oder mit identifizierten Personen und Organisationen arbeitet, entweder alle angestrebten Teilnehmer nochmals angeschrieben werden und dies verbunden wird mit einem ersten Dankschreiben oder eben nur noch gezielt diejenigen angeschrieben werden, die auf das erste Anschreiben nicht reagiert haben. Möglicherweise wird man eine zweite Nachfassaktion starten müssen. Die Aktivität endet dann gegenüber den Befragten mit der Zusendung der Ergebnisse. In den meisten Fällen werden diese Ergebnisse lediglich statistische Ergebnisse über die Gesamtbefragungsgruppe sein. In Einzelfällen könnten es aber auch Individualergebnisse sein, die im Zweifel den Befragten deutlich stärker zu einer Teilnahme motivieren können. (Wie stehe ich im Vergleich zu allen anderen Befragten dar?)

- Vorbereitung (Fragebogen, Adressen, …)
- Versandaktion
  - Fragebogen
  - Begleitschreiben
    - Nützlichkeit der Studie
    - Wichtigkeit der Antwortgabe

  - Vertraulichkeit
  - Auswahlerklärung
  - Ergebniszusendung
  - Referenzschreiben
  - fixe Terminangabe
  - rückadressierter Umschlag
    - unfrei
    - Rückantwort (Gebühren)
    - freigestempelt
- 1. Nachfassaktion (ein bis zwei Wochen später)
  - Dankschreiben soweit geantwortet
  - Erinnerung soweit noch nicht (Identifikationsnummer)
  - evtl. Ersatzfragebogen
  - evtl. neuer Rückantwortumschlag
  - erneuter Termin
    - evtl. zweite Nachfassaktion (drei bis vier Wochen)
    - Zusendung der Ergebnisse

Im Folgenden soll eine Gegenüberstellung dieser postalischen schriftlichen Befragung mit dem persönlichen mündlichen Interview vorgenommen werden (siehe Tabelle 7.3). Welche Vorteile bietet die postalische Befragung im Vergleich zum persönlichen Interview? Hier ist an erster Stelle der weitaus geringere finanzielle Aufwand

Tab. 7.3: Vor- und Nachteile der postalischen Befragung im Vergleich zum persönlichen Interview.

Vorteile	Nachteile
Geringer finanzieller Aufwand (v. a. geringere Arbeitszeit pro Befragter)	Hohe Ausfallquoten (nur 10 % Rücklauf)
	Systematisch verzerrender Ausfall
- Verteilung	(Selbstselektion)
- Verwaltung/Kontrolle	- Thematisch besonders Interessierte
Geringer organisatorischer Aufwand	- Bildungsniveau
(Mitarbeiterstab) durch flächendeckenden	Wer hat ausgefüllt?
Postdienst	- Chef
Keine Interviewereinflüsse	- Stab
Mehr Zeit für Befragten (überlegter)	- Sekretariat
Zeitpunkt der Beantwortung wählbar	Wann und wo wurde ausgefüllt?
Anonymität größer (Antwortbereitschaft)	Eher geschlossene Fragen
	Reihenfolge der Beantwortung nicht fix
	Verzweigungen problematisch
	Bei Fragebogenentwicklung:
	Problemvoraussicht
	Geringer Umfang (Abschreckung)

Quelle: eigene Darstellung.

zu nennen, d. h. also insbesondere, dass pro befragter Person eine wesentlich geringere Arbeitszeit sowohl für die Verteilung als auch für die Verwaltung und Kontrolle
anfällt. Auch ist der organisatorische Aufwand z. B. mit Blick auf den Mitarbeiterstab
weitaus geringer, da ein flächendeckender Postzustelldienst nutzbar ist. Weiterhin ist
vorteilhaft, dass nicht mit Effekten der sozialen Interaktion zwischen Interviewer und
Befragten gerechnet werden muss, dass sich der Befragte den Zeitpunkt der Antwortgabe flexibel aussuchen kann und sich bei der Befragung so viel Zeit nehmen kann,
wie er möchte. Als ein weiterer vorteilhafter Aspekt der postalischen Befragung ist
auch die mögliche Anonymität für die befragten Personen zu nennen, die, je nachdem welches Thema man behandelt, zu einer größeren Antwortbereitschaft führen
kann.

Die postalische schriftliche Befragung hat allerdings im Vergleich zum persönlichen Interview auch eine Reihe von Nachteilen. An erster Stelle ist die hohe Ausfallquote zu nennen, da im Allgemeinen nur zwischen 8 und 12 % der angeschriebenen
Personen einen Rücklauf geben. Diese Ausfallquote ist in vielen Fällen systematisch
durch die Selbstselektion eines Teils der Grundgesamtheit verzerrt. Insbesondere ist
damit zu rechnen, dass die besonders thematisch interessierten Personen weit überproportional antworten. Bei einer Befragung der Alumni der EBS Universität für Wirtschaft und Recht zum Thema unternehmerische Selbstständigkeit ergab sich ein un-
gewöhnlich hoher Anteil an Absolventen der Hochschule, die einer selbstständigen
Tätigkeit nachgingen (über 60 %). Da Effekte der Selbstselektion vermutet wurden,
wurde etwa ein Jahr später eine weitere Befragung gestartet, bei der als Thema allerdings nicht die unternehmerische Selbstständigkeit, sondern die allgemeine beruf-
liche Orientierung im Begleitschreiben genannt war. Dies führte dazu, dass weniger
als die Hälfte (rund 45 %), der auf diese Welle Antwortenden eine selbstständige Tätigkeit angaben. In beiden Fällen lag die Rücklaufquote bei rund 10 %. Weiterhin ist
bei den Nachteilen der postalischen Befragung festzuhalten, dass nie definitiv klar
ist, wer einen Fragebogen ausgefüllt hat. Insbesondere wenn Fragebögen an Unternehmen geschickt werden, ist in vielen Fällen nicht damit zu rechnen, dass die möglicherweise angestrebte Zielgruppe der Führungskräfte den Fragebogen ausgefüllt hat,
sondern dieser vom Stab oder vom Sekretariat ausgefüllt wurde. Des Weiteren ist nicht
gewährleistet, dass die Befragten wirklich der vorgegebenen Reihenfolge von Fragen
gefolgt sind und dass gezielte Führungen durch den Fragebogen nicht unbedingt tatsächlich auch realisiert werden können. Bei der Entwicklung des Fragebogens ist eine
sehr hohe Anforderung zu stellen, da, soweit nicht auch offene oder Hybridfragen verwendet werden, grundsätzlich alle Varianten von möglichen Antworten bereits vorge-
sehen sein müssen. Im Allgemeinen ist es auch so, dass ein postalischer Fragebogen
vom Umfang her sehr viel schneller an die Grenzen des Möglichen gerät, als dies vielleicht für eine persönliche Befragung gilt, da Letztere den Befragten doch stärker mo-
tiviert.

Wie bereits erwähnt ist die *Rücklaufquote* bei postalischen Befragungen sehr gering, d. h., meistens hat man es mit einer *schweigenden Mehrheit* von 90 % und noch

mehr zu tun, sodass sich die Frage stellt, wie man die Rücklaufquote bei einer postalischen Befragung verbessern kann. Ein wichtiger Faktor ist das bereits erwähnte Begleitschreiben und die dort erreichte Motivation für den Befragten. Hinsichtlich des Fragebogens ist neben der optischen und grafischen Aufbereitung, die eine gewisse Übersichtlichkeit erzeugen sollte, sehr wichtig, dass die Befragten sich bei den üblichen geschlossenen Fragen wirklich mit allen ihren Antwortwünschen wiederfinden. Ein weiterer wichtiger Faktor ist die Frage der Fragebogenlänge. Tendenziell ist bei längeren Fragebögen mit einer geringeren Antwortquote zu rechnen. Sehr gut bewährt haben sich Fragebögen mit einem Umfang von vier DIN-A4-Seiten. Es stellt sich auch die Frage, ob man vor dem eigentlichen Fragebogen einen vorbereitenden Kontakt, etwa durch einen Brief oder Anruf, herstellt und möglicherweise beim Nachfragen und Nachfassen andere Medien einsetzt. In jedem Fall ist es wichtig, konkrete Termine zu setzen und zwar besser in der Form von „bis zum xx.xx." als „in x Wochen". Um dem Antwortenden die Arbeit zu erleichtern, ist es in jedem Fall sinnvoll, der Befragung einen adressierten Rückumschlag beizulegen. Das gilt insbesondere bei privaten Zielpersonen. Für diese Zielpersonen ist es auch in jedem Fall sinnvoll, entweder eine Freistempelung oder den Vermerk „Gebühr bezahlt Empfänger" auf dem Umschlag anzubringen. Letzteres ist trotz erhöhtem Nachporto bei niedrigen Rücklaufquoten kostengünstiger als alle Rückumschläge freizumachen. Als weitere Antwortanreize ist die Auslobung von Preisen, die persönliche Mitteilung der Ergebnisse der Studie oder auch eine individuelle Analyse der Daten des Befragten zu überlegen.

- Begleitschreibenformulierung;
- optisch/grafische Aufbereitung des Fragebogens;
- geschlossene Fragen (vollständige Antwortvorgaben, in denen sich der Befragte wiederfindet);
- Fragebogenlänge (Standard: vier Seiten);
- vorbereitender Kontakt (Brief oder Anruf vorweg);
- Antwortanreiz (Preise, Ergebnisse der Studie);
- Nachfrage/Nachfassen (per Brief, Telefon);
- Terminsetzung (besser „bis 31. 12. 18" als „in x Wochen");
- adressierter Rückumschlag (vor allem bei privaten Zielpersonen);
- Freiumschlag (vor allem bei privaten Zielpersonen) bzw. „Gebühr zahlt Empfänger".

7.3.3.3 Das Telefoninterview

Neben dem persönlichen Interview und der postalischen Befragung hat sich als dritte Form das Telefoninterview bewährt (Diekmann, 2005). Hier werden die Flexibilität, die auch im persönlichen Interview vorhanden ist, und die kostengünstige flächendeckende Zugriffsmöglichkeit ohne räumliche Anwesenheit des Interviewers zusammengeführt.

Bei einer Flächenabdeckung mit Festnetzanschlüssen ist die grundsätzliche Erreichbarkeit diverser Grundgesamtheiten durchweg gelöst. Allerdings hat sich in jüngster Zeit durch die Verschiebung zu Mobiltelefonen die vor einigen Jahren fast vollkommene flächenmäßige Abdeckung der Haushalte mit telefonischen Festnetzanschlüssen wieder etwas reduziert. Da Mobiltelefonnummern häufiger wechseln und entsprechende Telefonverzeichnisse nicht im gleichen Maße wie bei Festnetznummern existieren, ist die Erreichbarkeit diverser Grundgesamtheiten nicht mehr unbedingt gegeben. Bezogen auf Unternehmen dürfte aber nach wie vor eine fast 100%ige Zugänglichkeit und Identifizierbarkeit über Festnetztelefonnummer möglich sein. Bei Telefoninterviews steht grundsätzlich die ganze Breite unterschiedlicher Standardisierungsgrade von einem völlig offenen Telefoninterview über leitfadengestützte Telefoninterviews bis hin zu vollstandardisierten und strukturierten Interviews am Telefon zur Verfügung. Allerdings geht man im Allgemeinen davon aus, dass die Dauer eines Telefoninterviews eher auf Zeiträume von 5–15 min beschränkt sein soll, was bedeutet, dass zumeist doch eher stark strukturierte Vorgaben notwendig sind.

Der Ablauf von Telefoninterviews hat nach der entsprechenden Vorbereitung der Fragebögen und der Auswahl von Telefonnummern bei der Durchführung einige Besonderheiten. So sollte insbesondere die zeitliche Erreichbarkeit entsprechend differenziert angegangen werden. Einerseits ist es denkbar, dass die Amtsleitung besetzt ist und eine spätere Wiederholung erfolgen muss. Andererseits kann es aber auch sein, dass aufseiten des Angerufenen niemand abhebt oder nur der Anrufbeantworter erreicht wird. Auch hier ist eine Wiederholung nach bestimmten festen Vorgaben zu anderen Tageszeiten und an anderen Wochentagen sinnvoll. Kommt ein Kontakt grundsätzlich zustande, stellt sich die Frage, ob der Kontakt mit der gewünschten Zielperson entsteht oder ob eine andere Person das Telefon abgenommen hat. Ist die Zielperson nicht da, so besteht die Möglichkeit mit der Drittperson einen evtl. Termin abzusprechen. Wird die Zielperson erreicht, so ist eine Verweigerung der Zielperson möglich. Willigt sie ein, so kann das Telefoninterview durchgeführt werden.

- Vorbereitung (Fragebogen, ...)
- Auswahl der Telefonnummern: Telefonverzeichnisse
- Versuch der Durchführung (Auswahl)
    - Besetztzeichen   später Wiederholung
    - Keiner geht ans Telefon   später Wiederholung
    - Kontakt kommt zustande: (last birthday)
        Zielperson nicht da:
        - Termin vereinbaren   später Wiederholung
        - Terminvereinbarung nicht möglich   später Wiederholung
        Zielperson da:
        - Verweigerung
        - Durchführung:
            - Einleitung
            - Befragung
            - Bedanken

Tab. 7.4: Vor- und Nachteile des Telefoninterviews im Vergleich zum persönlichen Interview.

Vorteile	Nachteile
Geringere Kosten als persönliches Interview	„Geheimnummer" (Verzerrung)
Schnelle Untersuchungsdurchführung	Umzüge: Aktualität der Eintragungen
Weite Verbreitung von Festnetz- und	Verweigerungen, Abbruch der Eintragungen
Mobiltelefon	Schwer erreichbare Personengruppen
Geringere Ausfallraten als postalische	unterrepräsentiert
Befragung	Keine optische Unterstützung der Befragung
Komplexe Verzweigungen im Fragebogen	(Antwortkategorien/Diagramme)
möglich	Keine langen, komplexen Fragen (Erinnerung)
Computereinsatz möglich (CATI)	Umgebung nicht erkennbar (Wohnung, Familie)
Geringere Wartezeit auf Daten	Begrenzte Dauer/Zumutbarkeit

Quelle: eigene Darstellung.

Besondere Vorteile des Telefoninterviews liegen im Vergleich zum persönlichen Interview in den weitaus geringeren Kosten (siehe Tabelle 7.4). Durch eine grundsätzlich sehr schnelle Untersuchungsdurchführung (im Vergleich zum Interview und zur postalischen Befragung), eine weite Verbreitung von Festnetzanschlüssen und von Mobiltelefonen, erschließt sich eine sehr große Spanne von Grundgesamtheiten. Ein ganz wesentlicher Vorzug gegenüber der postalischen Befragung liegt in der vergleichsweise niedrigen Ausfallrate und in den Möglichkeiten zu komplexen Verzweigungen des Fragebogens, insbesondere in der Verbindung mit einem Computereinsatz (computeraided telephone interview, CATI).

Nachteile des Telefoninterviews ergeben sich aus einer nicht vollständigen Verbreitung von Festnetz- und Mobiltelefonen bzw. der fehlenden Zugänglichkeit entsprechender Telefonnummern. Hier ist die Frage nach der Aktualität von entsprechenden Eintragungen in Verzeichnissen abzuwägen. Es ist auch damit zu rechnen, dass spezifische Personengruppen schwieriger als andere Personengruppen über Telefon erreichbar sind (Berufstätige, speziell Berufstätige mit starker Reisetätigkeit im Vergleich zu Erwerbslosen). Auf der technischen Seite sind komplexe und sehr lange Fragen schwieriger zu handhaben bzw. ist es nicht möglich, wie bei der Interview- oder Fragebogenbefragung eine optische Unterstützung zu geben, z. B. durch die Vorgabe von Antwortkategorien oder Diagrammen. Weiter ist auch nicht erkennbar, inwieweit Einflüsse des Umfeldes während der Interviewsituation wirken können (Familie, Ehepartner, Kollegen, Vorgesetzte, Untergebene etc.). Schließlich ist nach allgemeiner Erfahrung die zumutbare Dauer von Telefoninterviews kürzer als dies bei persönlichen Interviews oder schriftlichen postalischen Befragungen möglich ist.

Man kann auch versuchen, die Vorzüge von schriftlicher Befragung, von persönlichem Interview und telefonischem Interview durch eine Kombination dieser Ansätze zusammenzuführen. Ein entsprechendes Beispiel zeigt die folgende Aufstellung.

- 1. Anschreiben
  - Ankündigung eines Telefonats
- 2. Telefonat
  - offene Fragen
  - erklärungsbedürftige Fragen
- 3. Postalischer Kontakt
  - geschlossene Fragen
  - quantitative Fragen
- 4. Telefonat
  - Klärung von Problemen
  - Bedanken
- 5. Ergebniszusendung postalisch

7.3.3.4 Befragung in Gruppensituationen

Bei den bisher vorgestellten Befragungstypen wurden immer einzelne Personen jeweils separat befragt. Im Folgenden sollen aber auch kurz die Möglichkeiten von Befragungen in Gruppendiskussionen erwähnt werden, die spezifische Vorzüge entwickeln können. Zum einen ist hier denkbar, dass man Personen in einer Gruppe parallel befragt, ohne dass sie in direkte Interaktion treten. Die Befragung kann z. B. so organisiert sein, dass zu einem bestimmten Termin eine Mehrzahl von Personen in einem Raum jeweils durch Vorlage eines schriftlichen Fragebogens befragt wird. Hier könnte man an einschlägige Kongressveranstaltungen denken, die als Gelegenheit zu einer solchen Befragung genutzt werden oder daran, dass z. B. mit Mitarbeitern einer Abteilung im Einverständnis mit dem Unternehmen ein bestimmter Befragungstermin vereinbart wird. Insbesondere unter dem Gesichtspunkt einer hohen Rücklaufquote, was auch die Ökonomie der Befragung angeht, bietet eine solche Vorgehensweise erhebliche Vorteile gegenüber einer individuellen Befragung. Der Erstautor hat entsprechende positive Erfahrungen z. B. im Rahmen eines Personalleiterkongresses und bei einer Untersuchung mit technisch-wissenschaftlichen Mitarbeitern als potenzielle Spin-off-Gründer machen können.

Einen völlig anderen Weg geht man bei der Gruppendiskussion (Fokusgruppe), die im Bereich der Konsumentenforschung eher in der Praxis als in der Wissenschaft eingesetzt wird, für den wissenschaftlichen Bereich aber durchaus auch in der explorativen Forschungsphase eine hohe Nützlichkeit haben kann. Hier kann man sehr gut Meinungsbildungsprozesse explorieren. Einer kleineren Gruppe von etwa sechs bis 12 Teilnehmern wird ein Grundstimulus, z. B. ein Film, ein Zeitungsartikel, ein Leserbrief etc. vorgestellt, ein Diskussionsleiter oder Moderator führt das Gespräch und stellt an die Gesamtheit der Befragten entsprechende Fragen. Da die Reaktionen vielfältig sind, empfiehlt sich eine Dokumentation auf Audio und/oder Video. Die Stärken dieses Ansatzes liegen darin, dass es vielfältige spontane Reaktionen gibt, man ein größeres Spektrum an Meinungen feststellen kann bzw. insbesondere auch den Meinungsbildungsprozess nachvollziehen kann. Schwächen sind darin zu sehen, dass die individuellen Meinungen durch die Diskussion beeinflusst werden und damit der ursprüngliche Standpunkt der jeweiligen Teilnehmer evtl. verzerrt wird. Des Weiteren können unter Umständen dominante Meinungen Minderheitsmeinungen unterdrücken und auch der Einfluss des Gruppenleiters auf die Meinungsbildung sollte nicht unterschätzt werden.

7.3.3.5 Befragungen im Internet

In den letzten Jahren gewinnen Befragungen im Internet auch im wissenschaftlichen Bereich an Bedeutung (Berekoven et al., 2009).

Grundsätzlich können Befragungen auf der Basis verschiedener Dienste im Internet durchgeführt werden. So kann z. B. ein standardisierter Fragebogen als Dokument unter einer www-Adresse (URL) publiziert werden. Oder es ist denkbar, dass eine E-Mail mit einem Fragebogendokument als Anhang versendet wird. Eine weitere Variante wäre, dass nicht ein schriftlicher Fragebogen durch eine E-Mail oder SMS verschickt wird, sondern lediglich der Link zu dem Fragebogen. Ein solcher Hinweis kann sicherlich auch außerhalb des Internets z. B. in einem Printmedium gemacht werden. Des Weiteren können auch Diskussionsgruppen im Netz genutzt werden, um Interviews durchzuführen. Darüber hinaus gibt es noch eine Vielzahl weiterer Varianten, bei denen das Internet eine Rolle spielt.

Wird der Fragebogen als Dokument im Internet veröffentlicht, so besteht das Hauptproblem darin, dass dieser Fragebogen von der angepeilten Zielgruppe *gefunden* und *ausgefüllt* werden muss. Hier gibt es mehrere Möglichkeiten, um seine Zielgruppe zu erreichen: 1.) Man kann sich über Adresshändler E-Mail-Adressen besorgen und dann die Personen gezielt per E-Mail anschreiben. 2.) Man schaltet selber Werbung auf verschiedenen Websites mit dem jeweiligen Link (Pop-ups). 3.) Oder man veröffentlicht in verschiedenen Foren und Diskussionsgruppen seinen Link. Letzteres ist sehr effektiv, wenn man auf themenspezifischen Plattformen, die sich inhaltlich in der einen oder anderen Form mit dem Forschungsthema auseinandersetzen, auf die Studie verweist.

Außerdem besteht die Möglichkeit, eine Ankündigung der Befragung per Brief oder durch Presseorgane, Printwerbung, Plakate etc. vorzunehmen. Zur Motivation können wie bei der schriftlichen Befragung Preise ausgelobt, Ergebnisse der Untersuchung allgemein oder auch individuell angeboten werden.

Für eine Befragung im Internet sprechen verschiedenen *Vorteile* (siehe Tabelle 7.5). Erstens liegen die variablen Kosten der Befragung extrem niedrig, d. h., es können kostengünstig sehr viele Personen befragt werden. Zweitens bietet das Internet eine Vielzahl von Gestaltungs- und Layoutierungsmöglichkeiten, die über die Printmedien deutlich hinausgehen. So lassen sich bewegte Bilder sowie Audio und audiovisuelle Stimuli einsetzen. Sehr wichtig ist auch die Möglichkeit einer vielfältigen computergesteuerten Filterführung zur differenzierten Befragung von Subgruppen

Tab. 7.5: Befragung im Internet: Vor- und Nachteile im Vergleich zur schriftlichen Befragung.

Vorteile	Nachteile
Internationale, länderübergreifende Befragung möglich	Selbstselektion der Teilnehmer
Viele Menschen weltweit erreichbar	Übliche Nachteile einer schriftlichen Befragung:
Für bestimmte Themenstellungen besonders gut geeignet, (z. B. bei Zielgruppe: Computerbenutzer, Internet- und Smartphone-User)	– Keine Überprüfung des Befragten möglich – Keine direkten Rückfragen, es können keine Stoffe, Materialien vorgeführt werden – Keine Messung von Mimik etc. möglich (evtl. Webcam?)
Daten liegen bereits in digitaler Form vor	Durch Anonymität des Netzes evtl. leichtere Bereitschaft zu falschen Antworten
Variable Kosten der Befragung niedrig, es können kostengünstig sehr viele Personen befragt werden	Forschungsstand und Erfahrung zu Marktforschung im Internet insgesamt geringer
Zusätzliche Gestaltungsmöglichkeiten/ Layoutmöglichkeiten: Bewegtbild/Grafiken etc. (Ladezeiten beachten)	Zu lange Fragebögen vermeiden wegen Onlinekosten des Befragten und geringerer Wahrnehmungsfähigkeit am Display
Computergesteuerte Filterführung möglich	

Quelle: Eigene Darstellung.

einrichten zu können. Die Ergebnisse der Befragung liegen nach erfolgter Befragung unmittelbar in digitaler Form für die sofortige Auswertung vor. Es ist sehr leicht, auch internationale und länderübergreifende Befragungen durchzuführen und somit viele Menschen, Unternehmen etc. weltweit sehr schnell und kurzfristig zu erreichen. Das gilt besonders für Fragestellungen im Bereich der Computer- und Internetnutzung etc.

Allerdings gibt es auch deutliche *Nachteile* bei der Befragung im Internet. Insbesondere mit Blick auf die Definierbarkeit von Stichproben können erhebliche Probleme auftauchen. Ähnlich wie bei der postalischen Befragung ist mit einer hohen Selbstselektion der Teilnehmer zu rechnen. Außerdem gibt es weitgehend auch die üblichen Nachteile der schriftlichen Befragung, d. h., es ist keine Überprüfung möglich, wer den Fragebogen letztendlich ausgefüllt hat. Es können keine Stoffe, Materialien oder Gerüche zugeführt werden, es gibt keine direkte Rückfragemöglichkeit für den Befragten, keine Erfassung von Mimik und Gestik (evtl. Videokamera) etc. Gerade die Anonymität des Netzes erhöht evtl. die Bereitschaft zu falschen Antworten (faking). Es ist auch die Frage, wie lang Onlinebefragungen sein sollten oder dürfen, da für einen gewissen Teil der Befragten während des Ausfüllens direkte Onlinekosten entstehen, andererseits aber auch die Wahrnehmungsfähigkeit an Bildschirmen gegenüber gedruckten Medien offensichtlich schlechter ist.

Will man potenzielle Befragte über eine E-Mail ansprechen, besteht ein wesentliches Problem darin, dass die unerwünschte Zusendung von E-Mails (Spam) z. T. riesige Ausmaße annimmt, sodass dieser Kanal zur Kaltansprache immer weniger geeignet erscheint bzw. dank Spamfilter unterbunden wird. Andererseits kann man bei Vorliegen persönlicher Kontakte eine sehr schnelle und individuelle Erreichbarkeit per E-Mail realisieren.

Die Umsetzung von Befragungen im Internet bzw. der Entwurf solcher Strukturen wird durch verschiedene Softwareprodukte unterstützt, wie z. B. durch Rogator, Questback, Survey Monkey etc. Möglichkeiten des Internets erlauben Fragen unterschiedlichen Typs wie Einfachauswahl, Mehrfachauswahl, Matrixfragen und offene Fragen mit Textantworten.

Interessant ist auch die Möglichkeit der randomisierten Fragendarbietung, d. h. die Vermeidung von systematischen Ausstrahlungseffekten (Haloeffekten) dadurch, dass jedem Befragten eine andere Reihenfolge von Fragen dargeboten wird. Die Unterstützungssoftwareprodukte bieten einen sehr unterschiedlichen Umfang von Möglichkeiten an.

Besonders interessant erscheint auch die Möglichkeit einer individuellen Ergebnisrückmeldung für die Befragten. Der Erstautor hat in diesem Kontext entsprechende positive Erfahrungen mit psychologischen Tests im Internet machen können.[1] Den Teilnehmern wird in diesem Test offeriert, dass sie als Antwort eine individuelle Analyse ihres eigenen Profils erhalten können. Dies scheint ein sehr wirksames Motivationsinstrument und Argument zu sein, da zwischen 2004 und 2007 rund 10 000 Befragte von dieser Möglichkeit Gebrauch gemacht haben.

7.4 Inhaltsanalyse und insbesondere Dokumentenanalyse

Bei der Inhaltsanalyse werden systematisch und objektiv zuvor festgelegte Merkmale von Inhalten in Texten, Bildern, Fotos, Audio- oder Videoaufzeichnung erfasst. Diese werden dann meist quantitativ analysiert (Holsti, 1968). Während der Begriff Inhaltsanalyse weiter gefasst ist, konzentriert sich die Dokumentenanalyse, wie der Begriff schon andeutet, insbesondere auf schriftliche Texte (Aktennotizen, Zeitungsartikel, Lesebücher oder Protokolle etc.). Neben dem Inhalt sollten idealerweise auch der ursprüngliche Sender und der ursprüngliche Empfänger einer (quantitativen) Analyse unterzogen werden. Auch eine Literaturanalyse kann, wenn sie entsprechend systematisch strukturiert wird, als eine Form Dokumentenanalyse interpretiert werden.

7.4.1 Grundfragen der Inhaltsanalyse

Idealtypisch wird in einer Inhaltsanalyse (Buber & Holzmüller, 2007) untersucht, wer etwas gesagt hat (Sender, Autor), was jemand gesagt hat (Inhalt), an wen sich diese Information richtet (Empfänger), wie diese Information gestaltet ist (Form), warum

---

[1] https://www.impulse.de/gruendung/grundertest/2005896.html

die Information gegeben wird (Motivation, Rückschluss auf vorherige Vorgänge) und mit welcher beabsichtigten Wirkung (Effekte im Nachgang) dies geschieht. Bei einer Beschaffungsentscheidung einer IT-Anlage, die auf der Basis einer Aktenanalyse folgt, sind z. B. die folgenden Fragen zu beantworten:

Beschaffungsentscheidungen für eine DV-Anlage (Aktenanalyse)
Wer:	Leiter Beschaffung
Was:	Vorzüge/Nachteil/Preise
An wen:	an den Vorstand
Wie:	Aktennotiz
Warum:	unzureichende Situation
Wirkung, Folge:	Kauf, Nichtkauf, Implikationen

Gegenstände der Inhaltsanalysen sind durchweg auf die Vergangenheit bezogen und typischerweise auf unstrukturiertes Material ausgerichtet. Im Vordergrund bei der Inhaltsanalyse und insbesondere der Dokumentenanalyse stehen sprachliche Artikulationen. Damit berührt dieser Bereich auch sehr stark die Linguistik. Bezieht sich die Inhaltsanalyse nicht nur auf rein textliches Material, sondern wird auch akustisches Material bzw. bildliches Material einbezogen, so treten neben die Sprache auch sonstige Laute, Mimik und Gestik bzw. die Analyse von Situationen hinzu.

7.4.2 Gestaltungsparameter der Inhaltsanalyse

Man unterscheidet vier verschiedene Typen bei der Inhaltsanalyse.
1.) Die erste ist die *Frequenzanalyse*. Hier wird lediglich die *Häufigkeit* des Vorkommens von bestimmten Textelementen in einem vorgegebenen Dokument festgehalten.
2.) Bei der *Valenzanalyse* wird darüber hinaus auch eine *bewertende Einstufung* vorgenommen. Inwieweit wird ein Begriff positiv, negativ oder neutral bewertet.
3.) Bei der *Intensitätsanalyse* wird ebenfalls eine Bewertung vorgenommen. Bei dieser ist aber die *Bewertungsskala differenzierter* aufgelöst. Sie geht z. B. von null für negativ bis neun für positiv.
4.) Bei der *Kontingenzanalyse* wird das Vorkommen bestimmter Begriffe in einem *kontextuellen Zusammenhang* erfasst (keywords in context).

7.4.3 Einheiten der Inhaltsanalyse

Bei der Inhaltsanalyse wird zwischen Aussageeinheit, Erhebungseinheit, Zähleinheit und Analyseeinheit differenziert. Bei der *Aussageeinheit* handelt es sich um den Merkmalsträger und das Objekt einer Aussage. Dies können also z. B. Menschen wie Unternehmer, Manager, Mitarbeiter etc., Organisationseinheiten wie Unternehmen oder ein ganzes Wirtschaftssystem sein. Bei der *Erhebungseinheit* handelt es sich um das technisch bedingte Objekt, das Gegenstand der Stichprobe ist, also z. B. ein Geschäftsbericht, ein Jahresabschluss, eine Akte, ein Heft einer wissenschaftlichen Zeitschrift etc. Auf der nächsten Ebene wird dann von der *Zähleinheit* als kleinster Einheit der Erhebung gesprochen. Dies könnte dann z. B. ein Artikel in einer wissenschaftlichen Zeitschrift, ein Absatz, eine Zeile oder ein Wort sein. Unter *Analyseeinheit* versteht man das jeweilige Objekt bei der konkreten Auswertung.

- *Aussageeinheit* (Merkmalsträger)
    - Objekt der Aussage:
    - Menschen (Unternehmer, Manager, ...)
    - Unternehmen (z. B. Geschäftsbericht, Jahresabschluss)
    - Wirtschaftssystem
- *Erhebungseinheit* (Merkmalsträger Ebene 1)
  (technisch bedingt) Objekt der Erhebung (Stichprobe)
    - Akte „Müller"
    - „Heft Nr.2 der DBW, 2010
- *Zähleinheit* (Merkmalsträger Ebene 2)
  kleinste Einheit bei der Erhebung
    - Artikel in der DBW
    - Absatz in ...
    - Zeile in ...
    - Wort in ...
- *Analyseeinheit*: Objekt bei der (DV-) Auswertung

7.4.4 Zur Terminologie bei der Inhaltsanalyse

Zum Teil wird bei der Inhaltsanalyse eine spezifische Terminologie verwendet, die hier kurz umrissen werden soll. Bezogen auf die Merkmalsdimensionen wird von *Oberkategorien* gesprochen, also den inhaltlich relevanten Variablen, wie z. B. das Betriebsklima. Auf einer nächsten Ebene wird von *Kategorien* oder Unterkategorien gesprochen, also den möglichen Ausprägungen einer Merkmalsdimension, in unserem Beispiel Betriebsklima z. B. kommunikativ oder stressig. Bezogen auf die Verschlüsselung wird dann von einem *Code* oder Schlüssel gesprochen, der für bestimmte Kategorien steht, z. B. 21 für kommunikativ und 29 für stressig. Schließlich werden bestimmte *Maßeinheiten* festgelegt, also z. B. die Häufigkeit des Auftretens eines Wortes oder die Länge einer Zeile in Buchstaben gezählt.

Bezüglich der Entwicklung von Kategoriensystemen lässt sich ähnlich wie bei den Beobachtungen eine Liste von Anforderungen definieren. Kategoriensysteme sollten selbstverständlich relevante Aspekte der Ausgangsproblematik aufgreifen. Sie sollten erschöpfende Ausprägungen haben, d. h., es müsste eine Zuordnung dieser Erhebungsarbeit hinsichtlich aller Merkmalsdimensionen möglich sein. Diese Zuordnung sollte eindeutig sein, d. h., jede Erhebungseinheit sollte genau nur zu einer Kategorie zuzurechnen sein. Der Detaillierungsgrad sollte des Weiteren angemessen bezüglich der Anzahl der vorgegebenen Dimensionen und der vorgegebenen Ausprägung der Dimensionen (Anzahl der Kategorien) sein. Bei der inhaltlichen Differenzierung sollten Überlegungen der Forschungsökonomie einfließen und die Qualität des Kategoriensystems sollte hinsichtlich der Reliabilität und Validität überprüft werden.

- *Merkmalsdimension* (Oberkategorie)
  inhaltlich relevante Variable (Phänomen) (Betriebsklima)
- *Kategorien* (Unterkategorien)
  Mögliche Ausprägungen einer Merkmalsdimension, Merkmalsklassen einer Dimension (kommunikativ, stressig, …)
- **Code**
  Schlüssel (Kürzel) für die Kategorien einer Merkmalsdimension („21", „29")
- **Maßeinheit** (Merkmalsausprägung)
  - Häufigkeit des Auftretens eines Wortes (12-mal, 120-mal)
  - Länge einer Zeile in Buchstaben („147", „213")

Es gibt eine Vielzahl von Möglichkeiten, wie inhaltsanalytische Systeme angelegt sein können. Sie werden vielfach in ähnlicher Form entwickelt, wie dies bei Fragebögen üblich ist, d. h., zum einen kann man auf vorhandene Operationalisierungen zurückgreifen, zum anderen wird man auch spezifische, auf die jeweilige Fragestellung genau ausgerichtete Operationalisierungen neu entwickeln müssen. Ein aus der klassischen sozialwissenschaftlichen Literatur bekanntes System ist die Bewertungsanalyse nach Osgood (1959), die in der Abbildung 7.4 dargestellt ist.

Diese *Bewertungsanalyse von Osgood (1959)* ist in ihrer Handhabung sehr aufwendig und eher von einer linguistischen Denkweise geprägt. Sie wird daher eher selten eingesetzt. Ein weiteres Verfahren von Osgood (1959) ist die *Kontingenzanalyse*. Ziel der Kontingenzanalyse ist die Entdeckung von Zusammenhängen von Begriffen. Ausgangspunkt ist eine Nullhypothese, nämlich die, dass die Worte im Text zufällig verteilt sind. Über die Zufallswahrscheinlichkeit des gemeinsamen Auftretens von bestimmten Wortgruppen wird auf einen Zusammenhang von Begriffen geschlossen. Bei diesem Verfahren muss zunächst einmal die Auswahl der Stichprobeneinheit erfolgen, sodann die Auswahl der entsprechenden Kategorien, die Verwendung finden sollen. Problematisch kann die Verwendung von Synonymen als zwei unterschiedliche Kategorien sein. Hieraus wird eine Rohdatenmatrix abgeleitet, bei der das Auftreten einer Kategorie mit einem „+" und das Nichtauftreten mit einem „–" innerhalb eines als Stichprobeneinheit gewählten Textabschnittes gekennzeichnet wird. Aus dieser Rohdatenmatrix wird eine Kontingenzmatrix entwickelt, die den statistischen Erwartungswert der tatsächlichen relativen Häufigkeit des Auftretens dieser Kategorie gegenüberstellt. Schließlich wird auch die Signifikanz der Kontingenzen, sprich dem signifikanten Unterschied zwischen dem Erwartungswert und der tatsächlichen ermittelten Häufigkeit, geprüft.

7.4.5 Phasen einer Inhaltsanalyse

Wenn auch die Verfahren der Inhaltsanalyse relativ unterschiedlich sind, so lassen sich doch einige allgemeine Entwicklungsschritte bei einer Inhaltsanalyse beschreiben.

Es beginnt mit der Festlegung des Forschungsproblems, der Klärung der Forschungsmotive und der Forschungsstrategie und der Entwicklung eines inhaltlichen Bezugsrahmens. Auf dieser Basis wird dann festgelegt, mit welchem *Forschungsmaterial* (Texten, Videos etc.) gearbeitet werden soll. Diese müssen die Voraussetzung erfüllen, dass sie Erstens inhaltlich relevant sind, dass sie Zweitens tatsächlich vorhanden sind und dass sie Drittens zugänglich und aufbereitbar sind. In einem weiteren Schritt wird dann die Festlegung der *Erhebungseinheiten* und der *Zeiteinheiten* vorgenommen. Dies sollte unter stichprobentheoretischen Gesichtspunkten erfolgen. Nun steht die Entwicklung des Kategoriensystems im Sinne einer Operationalisierung mit entsprechenden Zuweisungsanleitungen und Verschlüsselungen, der Vorgabe von Ober- und Unterkategorien auf der Agenda. Es folgt der Pretest des Kategorienschemas und des Erhebungsvorgehens. Nach Durchführung der eigentlichen Haupterhebung findet die Codierung und die maschinenlesbare Erfassung statt. Sofern vorher mit entsprechend digital vorliegenden Texten bzw. dem Einscannen von Volltexten gearbeitet worden ist, sieht dies anders aus. Die nachfolgende Auswertung wird in mehreren Stufen, eindimensional, kontextual, mehrdimensional vorgehen.

- Satzerlegung:
  a) Einstellungsobjekt – verbales Bindeglied – umgangssprachlicher Terminus
  (E = 1)   (V)   (UT)
  oder
  b) Einstellungsobjekt – verbales Bindeglied – Einstellungsobjekt
- Analyse bzgl.: – Richtung aufgrund V und UT
  – Intensität aufgrund V und UT
- Beispiel (J. Friedrichs):
  „Die Gewerkschaften kritisieren mutig die Haltung der Unternehmer als stabilitätsgefährdend"

EO1	V	Wert	EO2 od. UT Wert	Prod.
Gewerkschaften kritisieren	−3	Unternehmer	−1	+3
Gewerkschaften sind	+1	mutig	+3	+3
Unternehmer sind	+1	stabilitätsgefährdend	−2	−2

Für jedes EO kann Bewertung des Autors errechnet werden
Gewichtung der Einzeläußerung kontextbezogen:

$$EO1 = \frac{\sum_{i=1} Vi * Uti + Evi * EO2}{E/Vi/}$$

Abb. 7.4: Inhaltsanalyse: Bewertungsanalyse nach Osgood. Quelle: In Anlehnung an Osgood (1959).

Die Arbeit schließt mit der üblichen Interpretation, Dokumentation, Präsentation, Verwertung und einer Modifikation des Ausgangbezugsrahmens zu einem Ergebnisbezugsrahmen ab.

- Festlegung des Forschungsproblems
- Festlegung des Forschungsmaterials (Texte, Filme, Websites, …)
    - inhaltlich relevant
    - tatsächlich vorhanden
    - zugänglich
- Festlegung der Erhebungseinheiten, Zählereinheiten (Stichprobe)
- Entwicklung des Kategorienschemas, Zuweisungsanleitung, Verschlüsselung, Ober-/Unterkategorien
- Pretest des Kategorienschemas, Erhebungsvorgehens
- Haupterhebung
- Codierung
- maschinenlesbare Erfassung (oder „Scannen" des Volltextes)
- Auswertungen
    - eindimensional
    - kontextual
    - mehrdimensional
- Interpretation
- Dokumentation/Verwertung

7.4.6 Vorteile und Nachteile der Inhaltsanalyse

Wo liegen nun die Vorteile und Nachteile einer Inhaltsanalyse im Vergleich zu anderen Datensammlungstechniken? Zu den Vorteilen gehört, dass sie ein *nicht reaktives Messverfahren* darstellt, d. h., dass keine Beeinflussung des Messobjektes durch den Forscher aufgrund des Bewusstseins des Messobjektes über den Messvorgang zu erwarten ist. Ein weiterer Vorteil kann in der „Zeitlosigkeit" gesehen werden, d. h., der Erhebungszeitpunkt ist nicht in dem Maße gebunden wie z. B. bei der Beobachtung. Je nach Konstellation ist auch mit einer Ersparnis an Aufwand zu rechnen, da keine Primärerhebung notwendig ist, sondern dass Material ja bereits vorliegt. Die Frage ist allerdings, inwieweit das Material z. B. auch digital vorliegt oder ob es erst maschinenlesbar gemacht werden muss, z. B. durch Einscannen von Texten.

Diesen genannten Vorteilen steht auch eine Reihe von Nachteilen gegenüber. Zum Ersten kann man nur auswerten, was aus welchen Gründen, die nicht mehr unbedingt nachvollziehbar sein müssen, aus einem nicht mehr unbedingt vollständig rekonstruierbaren Kontext an Materialien wie Dokumenten geschaffen wurde. Aus diesem Grund gibt es hierbei nur bedingte Steuerungsmöglichkeiten bezüglich der Erhebungsinhalte, d. h., der Forscher hat nur noch die Wahl, eine Teilmenge aus den vorhandenen Materialien zu bilden. Daraus ergibt sich in der Summe eine wesentliche

Einschränkung der Operationalisierungsmöglichkeiten, unter Umständen auch, dass das vorliegende Material erst relativ aufwendig aufbereitet werden muss. Man denke z. B. an die Ansätze von Osgood bezogen auf die sogenannte Bewertungsanalyse.

Spezifische *Probleme* sind bei der Inhaltsanalyse bzw. insbesondere bei der Dokumentenanalyse bezüglich z. B. Homografen zu verzeichnen. Das sind Begriffe, die mehrere Bedeutungen haben, wie z. B. die Bank als Kreditinstitut oder Sitzgelegenheit, das Tor im Sinne von Fußballtor, einem menschlichen Tor oder im Sinne von Tür oder aber bezogen auf Metaphern, die als solche insgesamt erkannt werden müssen, damit nicht eine wirkliche Auslegung irre führt (unter die Haut gehen, mit dem Herzen dabei sein oder die Verwendung von Tiernamen als Schimpfnamen, wie z. B. Ziege, Gans, Bulle, Esel oder auch Metaphern aus dem militärischen Bereich, wie zum Angriff blasen, unter Beschuss geraten etc.). Wichtig ist auch, dass bei Begriffen neben dem denotativen sachlichen Kern die konnotative, also wertende emotionale Komponente in der richtigen Weise erfasst und interpretiert wird. Bei diesen Interpretationen sind das Verständnis und die Kenntnis des größeren Kontextes oft von entscheidender Bedeutung. Probleme können auch bezüglich der Schlussfolgerung entstehen. Insbesondere ist es nicht immer einfach, Merkmale des jeweiligen „Senders", etwa bezüglich Persönlichkeit, Einstellung, Wert, Absichten und Ziele zu erfassen oder sich darüber klar zu werden, welche Vermutungen der „Sender" bezüglich der Merkmale des „Empfängers" impliziert. Ebenso ist es sehr schwierig, das Umfeld samt situativen Kontext des jeweilig wirksamen soziokulturellen Systems angemessen zu erfassen. Es ist auch die Frage zu stellen, inwieweit bei der Inhaltsanalyse ethische Probleme auftauchen.

Vorteile
– Keine Beeinflussung des Messobjekts durch den Forscher;
– Zeitlosigkeit: Erhebungszeitpunkt weniger gebunden;
– Ersparter Aufwand: keine Primärerhebung nötig;
– Geringere ethische Probleme (aber: Intimes/Geheimnis).

Nachteile
– Man kann nur auswerten, was
    – aus welchen Gründen und
    – mit welcher Absicht auch immer in einem
    – nicht immer nachvollziehbaren Kontext an Dokumenten geschaffen wurde:
        Vorzugsweise Auswahlaktivitäten, aber
        nur geringe Steuerungsmöglichkeiten
        der Erhebungsinhalte (Merkmalsdimensionen, Merkmalsausprägungen)
        der Erhebungsprozedur (Auswahl der Erhebungseinheiten)

Daraus ergibt sich:
- Einschränkung der Operationalisierung
- Aufwendige Aufbereitung des Materials

Für die Datensammlungstechnik der Inhaltsanalyse bzw. insbesondere der Dokumentenanalyse ergibt sich heute insbesondere im Internet ein reiches Betätigungsfeld. Das Internet ist für die Dokumentenanalyse besonders gut geeignet, da die Texte bereits digital vorliegen. Hier kann zum einen an die üblichen www-Seiten gedacht werden, zum anderen aber genauso gut auch an Beiträge in Newsgroups oder die Analyse von E-Mails.

Vorteilhaft ist insbesondere die digitale Form der Information. Aber auch die unglaublich große Menge an Informationen, die vorliegen, sowie die Möglichkeit, weltweite Zugriffe zu bekommen und die Chance, auf sehr aktuelle Dokumente zugreifen zu können. Nachteile können darin gesehen werden, dass grundsätzlich ein selektierter Teilnehmerkreis erreichbar ist, wenn sich auch dies in den letzten Jahren immer weniger so darstellt und dass es auch nach wie vor eine gewisse thematische Selektivität gibt. Hier gilt es, dass dieses Nachteilsargument zunehmend aufgehoben wird. Ein wesentlicher Aspekt ist allerdings die Flüchtigkeit des Bestandes, d. h., dass das Internet in ständiger Veränderung ist, sodass einzelne Dokumente nicht ohne Weiteres jederzeit wieder nacherhoben oder geprüft werden können, da sie laufend verändert werden. Außerdem bieten sich vielfache Probleme bezogen auf die Abgrenzung und die Auswahl der zu analysierenden Dokumente.

Die folgende Aufstellung schildert einige Vor- und Nachteile dieses speziellen Materials im Vergleich zur klassischen Inhaltsanalyse.

⇒ Das Internet ist für Inhaltsanalyse *besonders gut* geeignet
- Gegenstand:
  Seiten des www, Beiträge in Newsgroups und andere Materialien.

Vorteile:
- Information in digitaler Form;
- Menge an Informationen ist groß;
- Zugriff auf weltweite Informationen;
- Zugriff auch auf sehr aktuelle Dokumente möglich.

Nachteile:
- selektierter Teilnehmerkreis;
- thematische Selektivität;
- ständige Veränderung der Dokumente während der Datenerhebung (Flüchtigkeit des Bestandes);
- Problematik der Abgrenzung/Auswahl der zu analysierenden Dokumente.

7.4.7 Reliabilität und Validität bei der Inhaltsanalyse

Wie bei allen methodischen Ansätzen ist nach den Gütekriterien, insbesondere der Reliabilität und der Validität auch bei der Inhaltsanalyse zu fragen. Mit Blick auf die Reliabilität im Sinne von Objektivität muss gewährleistet sein, dass eine einheitliche Codierung z. B. unter mehreren eingesetzten Codierern gewährleistet ist, was durch Intercodierervergleich (auch internaler Vergleich) geprüft werden und dem durch Codiererschulung und explizit erarbeitete Codiereranweisungen Rechnung getragen werden kann. In diesem Sinne ist dann die Übereinstimmung von Indikator und Messvorschrift im Sinne von Codieranweisungen zu prüfen.

Bezogen auf die Validität ist insbesondere zu hinterfragen, inwieweit die Bedeutungsrekonstruktion auf der Basis einer festgestellten gemeinten Nachricht des Senders und der Entschlüsselung durch den Empfänger tatsächlich festgestellt werden konnte.

7.5 Reaktive und nicht reaktive Verfahren

Die Inhaltsanalyse- bzw. Dokumentenanalyse sowie unter Einschränkung bestimmte Varianten der Beobachtung (nicht offensichtliche Beobachtung) und ausnahmsweise auch einige Verfahren der Befragung (in natürlichem Umfeld als Gespräch getarnt), sind nicht reaktive Verfahren. Das heißt, das sind Verfahren, bei denen die Untersuchungsobjekte sich nicht der Messsituation bewusst sind und man daher annehmen kann, dass im Vergleich zu natürlichem Verhalten keine abweichende, verfälschende Reaktion gezeigt wird. Als reaktives Verhalten wird dagegen betrachtet, wenn ein Messobjekt (der Unternehmer, der Mitarbeiter, der Konsument) sich in der Messsituation anders verhält, als dies unter normalen natürlichen Bedingungen der Fall wäre. Das heißt, hier haben wir das Problem, dass die Messsituation und die Messung eine Veränderung des Messobjektes beinhaltet. Im sozialwissenschaftlichen Bereich ist das insbesondere mit Blick auf das Bewusstsein und einer möglichen Reflexion auf der Metaebene möglich, d. h., die Befragten oder Untersuchungspersonen entwickeln Überlegungen und daraufhin verändertes Verhalten, da sie wissen, dass ihre Verhaltensweisen, wie z. B. auch ihre Befragungsantworten, bestimmten Zwecken dienen. Dieses Problem der Veränderung eines Messobjektes durch die Messung entspricht dem der Physiker in der Quantentheorie.

In der Literatur finden sich einige speziell zur Vermeidung von reaktivem Verhalten entwickelte Messverfahren. Dies sind zum einen *physiologische Verfahren*, also z. B. die Messung der galvanischen Hautreaktionen, von Pulsschlägen, von Pupillengrößen- und -ausrichtungen, bei denen davon ausgegangen wird, dass ein Mensch normalerweise keine Kontrolle über diese Verhaltensweisen hat. Zum anderen werden *Spuren menschlichen Verhaltens* genutzt, also insbesondere spezielle physische Rückstände und Veränderungen in der Umwelt. Zum Beispiel können in Verkaufsräumen oder Museen etc. abgetretene Teppichböden, Bodenfliesen usw. einen Hinweis auf besonders häufige Nutzung bestimmter Wege oder Bereiche geben. In Bibliotheken sind der allgemeine Zustand von Büchern und evtl. abgeknickte Seiten oder Markierungen Hinweise von intensiverer Nutzung. Eine Analyse von Abfällen in Abfallbehältern an Autobahnraststätten kann z. B. unterschiedliche Marktanteile bestimmter Softdrinks und Snacks im Reiseverhalten von Touristen oder Autobahnnutzern allgemein ermöglichen. Weitere Beispiele sind von plattgedrückten Kindernasen verschmutzte Schaufensterscheiben von Spielzeugläden, die einen Hinweis für besonders beliebte Angebote bieten.

Bekannt geworden ist in diesem Zusammenhang auch die sogenannte *Technik der verlorenen Briefe* (lost letter technique), bei der Briefe mit Absendern bestimmter Organisationen oder Bevölkerungsgruppen, Parteien etc. oder entsprechenden Adressierungen etwa in Fußgängerzonen verschiedener Städte gezielt „verloren" werden. Im nächsten Schritt wird dann festgehalten, wie viel Prozent dieser Briefe jeweils von Findern in Briefkästen eingeworfen werden und so die fingierten Adressaten erreichen. Dies hat sich insbesondere im Bereich der Vorurteilsforschung als eine interessante, nicht reaktive Alternative für ein Feldforschungsexperiment dargestellt.

8 Datenaufbereitung und -auswertung

Das folgende Kapitel nimmt durchweg nur Bezug auf standardisierte (quantitative) Daten, d. h. nicht standardisierte Daten wie Fließtext, die qualitativen Antworten auf Hybridfragen werden hier nicht behandelt – also keine qualitativen Auswertungsverfahren.

8.1 Datenaufbereitung

Bei der Datenaufbereitung von standardisierten Daten auf unterschiedlichen Messniveaus, die durchweg durch numerische Zeichen (0–9) erfasst werden sollten, gibt es unterschiedliche Ausgangslagen (siehe Tabelle 8.1). Zum einen werden solchen Daten traditionell auf Papier erfasst, etwa durch Fragebögen, Beobachtungsbögen oder Codierbögen für die Dokumentenanalyse. Zum anderen werden die Daten gleich in digitaler Form erfasst, etwa bei Fragebögen, die im Internet als Webseiten platziert werden oder liegen bereits digital vor. Bezogen auf die papierbasierten Daten sollte ein erster Schritt die Verleihung einer Fallidentifikation sein, um jeden einzelnen Fall bei Bedarf (d. h., wenn in einer späteren Bearbeitungsphase ein Fehler erkannt wird) wieder zum Originalbeleg zurückverfolgen zu können. Der zweite Schritt ist, dass man einen Codeplan erstellt, aus dem deutlich wird, in welcher Reihenfolge Variablen platziert werden sollen, gegebenenfalls auch, welcher Platzbedarf (Speicherplatz) für eine bestimmte Variable existiert, mit welchen Ziffern die einzelnen Antwortkategorien erfasst und welche Ziffern als *fehlende Werte* vergeben werden sollen.

Bezüglich der Zuordnung von Ausprägungen von Merkmalsdimensionen zu bestimmten Zahlen oder Ziffern hat es sich bewährt, Variablenausprägungen, die eine Zustimmung zu einer Variablen beinhalten, mit einem hohem Wert und Variablen, die eine verneinende Ausprägung haben, mit einem niedrigen Wert zu versehen, beginnend mit eins als niedrigsten Wert. Die Verwendung von null oder Leerzeichen wird im Allgemeinen vermieden, da unter Umständen Verwechslungsmöglichkeiten mit Nichtausfüllen gegeben sind. Für fehlende Werte (missing values) werden meist alle Stellen mit einer „9" für „keine Antwort" oder einer „8" für „entfällt" ausgefüllt, d. h., eine einstellige Variable hat dementsprechend eine 9 oder eine 8, bei zweistelligen Variablen würde eine 99 oder 88 verwendet etc.

Die Erfassung der Daten zur weiteren Verarbeitung wird oft mit Tabellenkalkulationssystemen wie Excel oder Datenbanken wie Access durchgeführt. Einzelne Statistikprogramme verfügen auch über eigene Erfassungsmöglichkeiten, so werden Daten bei SPSS ähnlich einer Struktur der Tabellenkalkulationsprogramme erfasst. Bei der Datenerfassung ist zu überlegen, wie Erfassungsfehler vermieden werden können. Traditionell wurde und wird dies bei der kaufmännischen Belegerfassung durch eine Doppelerfassung, d. h. Ersterfassung und Prüferfassung bewirkt. Das setzt voraus,

https://doi.org/10.1515/9783486709728-008

Tab. 8.1: Datenaufbereitung bei standardisierten Daten (meist quantitativ).

Sofortprüfung bei Eingabe	
Art der Variable	z. B.
Alphanumerisch	Offene Fragen
Numerisch	Jede Zahl
Datum	Geburtsdatum
Währungsdaten	Gewinn, Umsatz
Wertebereich der Variablen	
Minimum–Maximum	Alter 18 bis 120
Einzelwerte	1,3,4,7

Säubern der Daten

Eindimensional (soweit nicht schon bei Eingabe erfolgt)
Zweidimensional
    Inhaltliche Widersprüche
    Filterführung

Analyse, Korrektur, Kontrolle

Quelle: eigene Darstellung.

dass bei der Prüferfassung das Programm in der Lage ist, die Ersterfassung zu lesen und mit der Zweiterfassung zu vergleichen und evtl. einen Fehlerhinweis zu geben. Dies kann man allerdings auch durch separate Doppelerfassung bewirken, bei der im Nachhinein variablenweise und fallweise durch ein entsprechendes Auswertungsprogramm die eingegebenen Wert verglichen werden und die Werte ausgeworfen werden, die eine abweichende Erfassung zeigen.

Weitere Prüfungen beziehen sich auf den Variablentyp. Neben einfach numerischen Variablenerfassungen im Sinne natürlicher Zahlen gibt es Sondertypen, wie z. B. Datumsvariablen oder auch Währungsdaten, die auf systemlogische Konsistenz geprüft werden können bzw. gegebenenfalls werden z. B. bei Hybridfragen alphanumerische Variablen zu erfassen sein. Es ist hilfreich, wenn man bezüglich einzelner Variablen jeweils die Wertebereiche definieren und unmittelbar bei der Erfassung prüfen kann. Bei computerbasierten Fragen, z. B. im Internet, geschieht dies online in direkter Kommunikation mit der befragten Person.

Soweit Sofortprüfungen bei der Eingabe oder bei der unmittelbaren Datenerhebung nicht möglich sind, folgt eine Datenprüfung nach vollendeter Erfassung der Daten. Eindimensional, also Variable für Variable, wird geprüft, inwieweit bei Auszählungen auch Werte außerhalb des vorgesehenen Wertebereichs vorhanden sind. Dies kann naturgemäß nur einen Teil der möglichen Fehler identifizieren. Unter Umständen ist auch eine zweidimensionale Überprüfung der Daten angebracht und möglich. Hier muss man allerdings sehr vorsichtig mit möglicherweise „scheinbaren" inhaltlichen Widersprüchen umgehen, da unter Umständen Psychologik nicht gleich Logik ist bzw. sich unter Umständen diese auch darstellt, d. h. befragte Personen z. B. Fragen anders interpretiert und gedeutet haben, als sie vom Forscher intendiert waren. Die Treffsicherheit von Filterführung, z. B. bei schriftlichen Fragebögen, wo der Proband die Möglichkeit hat auch gegen die gedachte Filterführung zu arbeiten, lässt sich mit zweidimensionalen Abfragen prüfen.

Soweit Fehler identifiziert werden, ist der optimale Weg, der allerdings auch aufwendig ist, bei jedem identifizierten Fehler zurück auf den originalen Beleg, sprich Fragebogen oder Erfassungsbogen etc. zu gehen und die ursprünglichen Informationen zu überprüfen und entsprechend zu korrigieren. Bei sehr großen Datenmengen und einem geringen Teil von derartigen Fehlern ist der weniger aufwendige Weg einer Umsetzung fehlerhafter Werte in fehlende Wertecodes (missing values) auch eine gangbare Alternative.

8.2 Datenanalyse

8.2.1 Grundlagen

Liegen die Daten gesäubert vor, so folgt nun ein Schritt, bei dem einzelne Variablen nach Bedarf umcodiert werden können z. B. bei Variablen, die Teil einer Skala sind und unterschiedliche Beantwortungsrichtungen beinhalten oder wenn aus stetigen Werten mit Blick auf bestimmte Arten der Darstellung in den Auswertungen klassifizierte Variablen gebildet werden sollen. Des Weiteren werden neue Variablen zu erstellen sein, wenn Skalen sich aus mehreren Einzelvariablen (Items) zusammensetzen, die Zeitdauer sich aus unterschiedlichen Kalenderdaten errechnet, verschiedene Währungen vorliegen, relative Werte gesucht sind (Umsatz pro Mitarbeiter) oder über logische Abfragen möglicherweise aus einer oder mehreren Variablen Gruppenbildungsvariablen entstehen sollen (siehe Tabelle 8.2).

Weitere Schritte der Datenvorbereitung können notwendig sein, wenn durch Nacherhebungen zusätzliche Fälle an die ursprünglichen Daten angefügt werden sollen oder wenn man nach einer zweiten Erhebungswelle mit identischen Fällen zusätzlicher Variablen den Datensatz erweitern möchte.

Tab. 8.2: Vorbereitung der Analyse quantitativer Daten.

Datenvorbereitung	z. B.
Umcodierung einzelner Variablen	Gruppenbildung
Neubildung von Variablen	aus zwei oder mehr Variablen eine Variable bilden (Zeitdauer / Skalen)
Zusammenführung von Dateien	Nacherhebung neuer Fälle
Zusätzliche Variablen	Weitere Erhebungswellen mit Erfolgsdaten der vorliegenden Fälle

Quelle: eigene Darstellung.

Nach Durchführung sämtlicher Vorbereitungsarbeiten empfiehlt es sich, unabhängig von inhaltlichen Auswertungsaspekten, eine eindimensionale Analyse, sprich Auszählung mit absoluten Werten, gegebenenfalls auch Errechnung von Mittelwerten, Streuungen, Schiefe und Wölbung durchzuführen, um einen Eindruck von den Variablen zu haben und evtl. verbliebene Fehler doch noch erkennen zu können. Außerdem ist es wichtig, zu prüfen, wie weit z. B. Normalverteilungsannahmen sich über die erhobenen Variablen hinweg als einigermaßen vertretbar erweisen.

8.2.2 Unvollständige Datensätze

Eine besondere Problematik ist die Datenanalyse unvollständiger Datensätze (Sönke Albers et al., 2007). Einerseits können, und dies ist ein Problem der Stichprobe insgesamt, Fälle vollkommen ausgefallen sein, andererseits passiert es auch immer wieder, dass zu einzelnen Variablen keine Ergebnisse vorliegen. Gründe dafür, dass keine Werte für eine bestimmte Variable ermittelt sind, können z. B. sein, dass die jeweilige Fragestellung auf den konkreten Fall nicht zutrifft (entfällt), dass aufgrund von Inkompetenz keine Antwort gegeben wird (weiß nicht), dass der potenzielle Befragte zwar eine Antwort geben könnte, sie aber verweigert (will nicht), oder dass ein Datenfehler bei der Erfassung vorliegt, der nicht rekonstruierbar war. Diese auf Befragungsdaten bezogen Gründe stellen sich modifiziert bei anderen Datensammlungstechniken wie folgt dar: Bei der Inhaltsanalyse z. B. nicht bewertbar, nicht ermittelbar, die Fragestellung traf nicht zu etc. Bei Beobachtungsdaten entsprechend: Beobachtungskategorie passte nicht, entsprechendes Verhalten wurde nicht beobachtet etc.

Arten
– völliger Ausfall eines Falles
– teilweise Ausfall eines Falles

Gründe für keine Antwort (KA)
– Fragestellung trifft auf Fall nicht zu   (entfällt)
– keine Auskunft (Befragung): Inkompetenz   (weiß nicht)
– Antwortverweigerung (Befragung)   (verweigert)
– Datenfehler (nicht rekonstruierbar) bei Erfassung (technisch)

Problem der Verzerrung
→ Struktur der Verweigerer anders als übrige Fälle (nicht zufällig)

Behandlung
– missing cases research
– variablenweise Ausschluss
– fallweise Ausschluss

- Schätzwert einsetzen
  - andere Werte des Falles
  - andere Fälle dieser Variablen

Missing-Data-Technik (vgl. Bortz S. 310)
- Mit dieser Notbehelftechnik werden fehlende Einzeldaten durch den jeweiligen Stichprobenmittelwert bzw. den Mittelwert der jeweiligen Faktorenstufenkombination ersetzt.
- Folge ist die Reduktion der Fehlervarianz, sodass z. B. im F-Test eher progressiv entschieden wird.

Wie beim völligen Ausfall eines Falles stellt sich auch bei vorhandenen Werten einzelner Variablen die Frage, inwieweit die Fälle, bei denen keine Werte vorliegen, von den Fällen abweichen, bei denen entsprechende Ergebnisse vorliegen. Das heißt, dass das Nichtvorliegen von Ergebnissen und Daten nicht einer zufälligen Verteilung folgt, sondern systematisch mit bestimmten inhaltlichen Aspekten der Untersuchung variiert. Dies ist allerdings nur durch einen systematischen missing value research korrigierbar.

Die Behandlung von fehlenden Werten kann auf unterschiedliche Weise erfolgen. Zum einen kann ein variablenweiser Ausschluss erfolgen, d. h. immer dann, wenn diese Variable einzeln oder zusammen mit anderen Variablen ausgewertet wird, werden entsprechende Werte nicht ermittelt. Beim fallweisen Ausschluss wird ein kompletter Fall aus dem Datensatz eliminiert, wenn in einer Analyse bei irgendeiner Variablen ein Wert fehlt. Neben dem Ausschluss von Fällen kann man auch versuchen, anstelle des fehlenden Wertes eine möglichst gute Schätzung einzusetzen. Für die Schätzung des fehlenden Wertes kann man entweder die Variablenausprägung, die andere Fälle für diese Variablen haben, mitteln, oder aber einen Mittelwert desselben Falles für andere Variablen heranziehen (Jürgen Bortz & Döring, 2013). Aus diesem Vorgehen ergibt sich eine Reduktion der Fehlervarianz, sodass z. B. im F-Test eher progressiv entschieden wird.

8.2.3 Datenauswertung allgemein

Bezogen auf standardisierte quantitative Daten soll im Folgenden ein Überblick über wesentliche Teile des Standardrepertoires an statistischen Auswertungsmethoden gegeben werden (für Details siehe u. a. K. Backhaus, Erichson, Plinke, & Weiber, 2013; Rasch, 2010). Dies soll und kann kein statistisches Lehrbuch ersetzen, es soll aber zum Verständnis beitragen, warum und wie die Methodik der *Datensammlung* und die Methodik der *Datenauswertung* (also insbesondere die Statistik) miteinander verzahnt sind. Diese Verzahnung sollte daher schon bei der Planung des Untersuchungsdesigns berücksichtigt werden. Es ist zwar sicherlich auch möglich, dass man durch die Entscheidung für ein bestimmtes Untersuchungsdesign auch eine bestimmte Art von Daten generiert und dann erst nach angemessenen Datenauswertungsmethoden sucht. Grundsätzlich erscheint es aber geschickter, wenn man von einer theoretischen, konzeptionellen und inhaltlichen Ebene ausgehend über angemessene Analysemethoden nachdenkt und von diesen Analysemethoden ausgehend dann bestimmt, wie entsprechend der Forschungslogik das Gesamtdesign einer Untersuchung angelegt werden sollte.

In der Schnittstelle zwischen Datengewinnung und Datenauswertung kommt der Frage des Messniveaus (Skalenniveau) eine besondere Bedeutung zu. Zum einen wird hier über die Qualität der Daten im Sinne von Informationsgehalt der Daten bestimmt, zum anderen sind aber mit dem jeweils gegebenen Skalenniveau die entsprechende Anwendbarkeit von Rechenoperationen und Auswertungsalgorithmen definiert. Hinzu treten dann allerdings oft noch weitere Modellannahmen, die bestimmten Algorithmen zugrunde liegen, wie z. B. dass es eine bestimmte Zahl von Ausprägungen einer Variablen geben muss bzw. auch empirisch eine entsprechende Streuung der Werte vorhanden sein sollte.

Bei der Unterscheidung der Skalenniveaus wird üblicherweise zwischen *nominalskalierten* Daten, *ordinal* skalierten Daten (Rangskala) und *metrischen* Daten mit den beiden Unterfällen Intervallskalen und Ratioskalen differenziert. Dabei gilt, dass die erstgenannten ein niedrigeres Skalenniveau besitzen als die zuletzt genannten und dass sich mit diesem Skalenniveau auch ein geringerer (bzw. aufsteigend ein höherer) Informationsgehalt und damit eben wie gesagt auch die Anwendung zusätzlicher Rechenoperationen bzw. die Nutzung weiterer statistischer Maße ermöglicht wird.

Durch Umformung der Daten ist es jederzeit zulässig, von einem höheren Skalenniveau auf ein niedrigeres Skalenniveau zu transformieren. Hat man z. B. metrische Daten mit stetigen Ausprägungen, so können diese z. B. durch Klassifizierung in Klassen mit jeweils gleicher Klassenbreite zusammengefasst werden, die immer noch metrisches Messniveau haben bzw. bei Verwendung ungleicher Klassenbreiten auf das Messniveau von Ordinaldaten reduziert werden. Der umgekehrte Weg einer Transformation von Daten mit einem niedrigen Skalenniveau zu einem höheren Skalenniveau ist nur ausnahmsweise denkbar, z. B. dann, wenn bei ursprünglich nominalskalierten Daten im Nachhinein ein Ordnungsprinzip eingebracht werden kann, das eine ordinale Umgruppierung erlaubt (z. B. Grad der Haftungsbeschränkung bei Rechtsformen wie GBR, OHG, KG, GmbH).

Es stellt sich die Frage, warum man überhaupt Daten eines hohen Skalenniveaus in Daten eines niedrigeren Skalenniveaus transformieren sollte, wo dies doch mit einem Informationsverlust verbunden ist. Insbesondere unter Gesichtspunkten der Darstellung, z. B. in einer Kreuztabelle oder Grafik, ist es aber wegen der besseren Übersichtlichkeit opportun, eine entsprechende Variante einer Skala, z. B. der metrisch erfassten Umsatzwerte in klassifizierte Werte zu verwenden. Einen Überblick über die metrischen (auch parametrischen Verfahren) und nicht metrischen Skala (parameterfreie Verfahren) gibt die Tabelle 8.3.

Tab. 8.3: Analyse quantitativer Daten: Mögliche statistische Verfahren bei Messniveauunterschieden.

Skala		Merkmale	Mögliche rechnerische Handhabung
Nicht metrisch	Nominalskala	Klassifizierung qualitativer Eigenschaftsausprägungen	Bildung von Häufigkeiten
	Ordinalskala	Rangwert mit Ordinalzahlen	Median, Quantile
Metrisch	Intervallskala	Skala mit gleichgroßen Abständen Ohne natürlichem Nullpunkt	Addition/Subtraktion
	Ratioskala	Skala mit gleichgroßen Abständen Mit natürlichem Nullpunkt	Addition/Subtraktion Multiplikation/Division

Quelle: eigene Darstellung.

Im Folgenden soll zunächst bezogen auf ein- und zweidimensionale Analysen und sodann bezogen auf multivariate Verfahren das Spektrum üblicher statistischer Algorithmen und Darstellungsformen eingegangen werden unter Berücksichtigung der Skalenniveauvoraussetzungen.

8.2.4 Eindimensionale Analysen (univariate Analysen)

Bezogen auf *nominalskalierte Daten* ist das Repertoire statistischer Verfahren relativ eng begrenzt. Hier bietet sich insbesondere eine tabellarische Darstellung der Verteilung durch absolute Anzahlen und relative Anteile an. Als Verteilungskennziffer ist nur die Darstellung eines Mittelwertes in Form des Modus, sprich häufigsten Wertes, möglich. Bezogen auf die Verteilung ist neben den absoluten und relativen Verteilungen (z. B. in Prozent- oder Promillewerten) auch die Darstellung der jeweils aggregierten Werte möglich, macht aber aufgrund der willkürlichen Anordnung der Ausprägungen bei nominalskalierten Daten nur bedingt Sinn. Man könnte hier lediglich daran denken z. B. von der Kategorie mit der höchsten Besetzungszahl abnehmend zu Kategorien mit geringer Besetzungszahl anzuordnen und damit dann auch den kumulierten Werten eine Bedeutung zu geben bzw. in umgekehrter Reihenfolge.

Bezogen auf *ordinale* eindimensionale Analysen kann neben den tabellarischen Verfahren, die bei nominalskalierten Daten möglich sind, eine Berechnung von Quantilen erfolgen, insbesondere der Median als der Wert, der eine Verteilung in zwei gleichgroße Hälften teilt, wird als kennzeichnender Mittelwert häufig benutzt. Entsprechend können z. B. Quantilswerte, die die Verteilung in Viertel teilen oder beliebige andere Quantilswerte benutzt werden.

Bei *metrischen Daten*, insbesondere Ratioskalen, treten dann einer Reihe von weiteren Maßen hinzu. Bezogen auf die Verteilungskennziffern ist insbesondere das arithmetische Mittel als typischer Mittelwert wichtig. Daneben wird die Spannweite (range) und die Standardabweichung (standard deviation) als Maß der Streuung von Werten um das besagte arithmetische Mittel herangezogen. Daneben wird die Wölbung (kurtosis) sowie die Schiefe (scewness) zur Charakterisierung der Verteilungshöhe bzw. des schnellen oder langsamen Ansteigens der Verteilung genutzt.

8.2.5 Zweidimensionale Analysen (bivariate Analysen)

Bei der zweidimensionalen Analyse gibt es für die nominalskalierten Daten die Möglichkeit der Darstellung in einer Kreuztabelle. Dies geschieht wieder durch Aufführen der entsprechenden absoluten oder relativen Häufigkeiten des Vorkommens der einzelnen Kategorien, wobei die relativen Häufigkeiten meist in Form von Spaltenprozenten, gegebenenfalls auch im Sinne von Zeilenprozenten oder Gesamtprozentpunkten aufgeführt werden. Als Basis für verschiedene bivariate Zusammenhangsmaße wird ein Vergleich der Randverteilungen bzw. der Vergleich der Erwartungswerte der Randverteilungen mit den empirischen Werten der Randverteilung herangezogen, so z. B. Phi oder Cramers V. Der Wert Chi^2 ist ein auch für nominalskalierte Daten nutzbarer Signifikanztest, auf dem verschiedene Zusammenhangsmaße (Korrelationsmaße) basieren. Hier wird ein Vergleich zwischen Erwartungswerten und empirischen Werten vorgenommen.

Grundsätzlich sind bei eindimensionalen Analysen neben einer vollständigen tabellarischen Darstellung die Errechnung von Verteilungskennziffern (Mittelwerte, Streuungsmaße, Maße der Schiefe und Wölbung) üblich. Bei den zweidimensionalen Analysen werden neben den tabellarischen Darstellungen v. a. Zusammenhangsmaße bzw. entsprechende Korrelationsmaße und im Weiteren Signifikanzmaße errechnet (dies auch bei eindimensionalen Darstellungen). Bei den Signifikanzmaßen ist im Sinne der Inferenzstatistik jeweils die Beziehung zwischen den in der Stichprobe vorgefundenen Verhältnissen und den in der Grundgesamtheit tatsächlich vorhandenen Verhältnissen im Blick.

Bezogen auf die zweidimensionale Analyse von Ordinaldaten können zusätzlich Korrelationskoeffizienten wie Lambda, Gamma und insbesondere Spearman Rho herangezogen werden. Bei der zweidimensionalen Analyse von metrischen Daten wird meist auf Pearsons Produktmomentkorrelationskoeffizienten zurückgegriffen.

Obwohl es auch einige spezielle Möglichkeiten zur Analyse von *Zusammenhängen dreier Variablen* gibt, wie z. B. mittels Partialkorrelation, bei denen der Zusammenhang von zwei Variablen unter einer rechnerischen Konstanthaltung einer dritten Variable genutzt wird, wird jenseits von ein- und zweidimensionalen Analysen meistens von multivariaten Verfahren im Allgemeinen gesprochen.

- **Eindimensionale Analyse**
  - Häufigkeitsverteilungen
    - absolut
    - in %
  - Verteilungskennziffern
    - Mittelwert (arithmetisches Mittel; Median, Modus)
    - Streuung (Standardabweichung; Spannweite)
    - Schiefe (rechts, links)
    - Wölbung (Höhe)
- **Zweidimensionale Analyse**
  - Kreuztabellen
    - absolut
    - in % (Spalten, Zeilen, Gesamt)
  - Zusammenhangsmaße
    - Phi, Cramers V (nominal)
    - Lambda, Gamma, Spearman RHO (ordinal)
    - Pearson-Korrelation (metrisch)
- **Multivariate Analysen** (nur metrische Verfahren)
  - Datenreduktion (Faktorenanalyse)
  - Datenstrukturierung (Regressionsanalyse)
  - Gruppenbildung (Clusteranalyse)
- **Inferenzstatistik**
  - Vertrauensintervalle %, Mittelwert
  - Signifikanzmaße
    - Chi^2
    - T-Test

8.2.6 Mehrdimensionale Analysen (multivariate Verfahren)

Die multivariaten Verfahren lassen sich in Verfahren der Datenkomprimierung und der Datenstrukturierung sowie der Gruppenbildung aufteilen. Die wichtigsten sind die *Faktorenanalyse*, die *Regressionsanalyse* und die *Clusteranalyse*. Die Grundidee bei der Datenkomprimierung ist, dass man bei einer unübersichtlichen Anzahl einzelner Variablen versucht, unter möglichst geringem Informationsverlust eine deutlich kleinere Anzahl von Variablen zu gewinnen, um so eine größere Übersichtlichkeit zu erreichen. Derartige Verfahren werden häufig den strukturanalytischen Verfahren vorangestellt. Bei diesen soll mit kausalanalytischer Zielrichtung der Zusammenhang zwischen einer abhängigen Variable und einer gewissen Zahl von unabhängigen Variablen in Form einer mathematischen Gleichung ermittelt werden. Bei den Verfahren der Gruppenbildung (z. B. der Clusteranalyse) geht es darum, möglichst homogene Teilgruppen zusammenzustellen, also Fälle, die einen möglichst großen Ähnlichkeitsgrad haben und sich von anderen Fällen damit deutlich unterscheiden. Geht es also bei den Datenkomprimierungsverfahren um Ähnlichkeit zwischen Variablen, so ist die Orientierung bei Gruppenbildungsverfahren auf die Ähnlichkeit von Fällen ausgelegt. Da sich historisch und pädagogisch gesehen diese drei Gruppen von Verfahren am besten auf der Basis von metrischen Daten darstellen lassen, soll eine Benennung von entsprechenden Verfahren für nicht parametrische Daten erst nach der Darstellung der parametrischen Daten erfolgen.

Eine weitere Unterscheidung der multivariaten Verfahren, die allerdings oftmals mehr eine Frage der Sichtweise ist, ist die Unterscheidung zwischen *explorativ* vs. *konfirmativ* (bzw. *strukturentdeckend* vs. *strukturprüfend*; siehe Tabelle 8.4). Die Grundvorstellung hierbei ist, dass man bei den konfirmativen Ansätzen aufgrund des Standes der Forschung und der Theorieentwicklung eine konkrete Vorstellung über vorhandene Strukturen hat, die es dann empirisch zu überprüfen gilt. Man wählt bei den heuristischen explorativen Entdeckungen und Verfahren eine primär induktive Vorgehensweise, d. h. hier hat man im Vorfeld noch keine oder wenige Vorstellungen, sondern entwickelt diese erst auf der Basis der empirischen Daten. Anhand der eben dargestellten Unterscheidung in strukturentdeckende und strukturprüfende Verfahren werden die prominentesten Vertreter innerhalb der genannten Kategorien im nächsten Abschnitt kurz vorgestellt und inhaltlich umrissen.

Tab. 8.4: Analyse von quantitativen Daten zur Typologie multivariater Verfahren.

Strukturentdeckend	Strukturprüfend
Entdeckung von Zusammenhängen zwischen Variablen oder Objekten – der Anwender hat noch *keine Vorstellungen über Beziehungszusammenhänge* (es erfolgt daher vorab durch den Anwender *keine Zweiteilung* der Variablen *in abhängige und unabhängige* Variablen).	Überprüfung von Zusammenhängen zwischen Variablen (Anwender hat auf sachlogischen Überlegungen Vorstellungen über Zusammenhänge zwischen Variablen und möchte diese überprüfen).

Quelle: Eigene Darstellung.

8.2.6.1 Strukturentdeckende Verfahren

Explorative Faktorenanalyse

Die Grundidee der *explorativen Faktorenanalyse* ist, dass hinter einer größeren Zahl von vorliegenden Beobachtungsvariablen allgemeinere zentrale Faktoren aufzufinden sind, deren Wirkung sich in den beobachteten Variablen ausdrückt. Dies ermöglicht es, eine unübersichtliche Anzahl von Variablen auf eine deutlich reduzierte Zahl von Variablen zurückzuführen. Das Verfahren wurde maßgeblich von Pearson (1901) bzw. Spearman (1904) geprägt und wurde ursprünglich im Rahmen der Intelligenzforschung verwendet. Hier war es das Ziel, einen abstrakten allgemeinen Intelligenzfaktor hinter einer Vielzahl von speziellen Intelligenzen darzustellen und zu isolieren. Durch eine Reduzierung der Variablen mithilfe der Faktorenanalyse konnte eine Analyse wesentlich erleichtert werden. Mittlerweile hat sich das Verfahren auch in anderen Anwendungsbereichen erfolgreich etabliert und ist vor allem im Bereich der Marktforschung sehr beliebt.

Die explorative Faktorenanalyse stellt sich in mehreren Verfahrensschritten dar:

1. Auswahl der Variablen und Berechnung ihrer Korrelations- oder Kovarianzmatrix: Ausgangsmaterial der explorativen Faktorenanalyse sind die Rohdaten bzw. die daraus generierte Korrelationsmatrix. Letztere sollte in Form einer Produkt-Moment-Korrelation oder Spearman-Rangkorrelation (für ordinale Daten) vorliegen. Hier muss nun überprüft werden, ob die Korrelationsmatrix überhaupt dazu geeignet ist, um eine Faktorenanalyse durchzuführen. Es gilt: Je weniger die beobachtete Korrelation der Indikatoren durch andere Variablen erklärt werden kann, desto eher ist eine Faktorenanalyse sinnvoll. Als Schwellenwert wird bei dem sogenannten KMO-Kriterium ein Wert größer 0.8 empfohlen (Kaiser, 1970). Typischerweise werden die Variablen dann so zusammengestellt, dass sie einen gemeinsamen Bezugsbereich haben. So wurde in der Persönlichkeitsforschung (differenzielle Psychologie) dieses Verfahren z. B. auf umfangreiche Pools von Items zur Beschreibung der Persönlichkeit angesetzt (Cattell, 1950).

2. Auswahl des Extraktionsverfahrens der Faktoren sowie Schätzung der Kommunalitäten: Mithilfe der sogenannten Hauptachsenmethode werden die Kommunalitäten geschätzt. Die Kommunalität bezieht sich dabei auf den Umfang einer gegenseitigen Varianzerklärung innerhalb des Pools der einbezogenen Variablen, erklärt also die gemeinsame Varianz über alle Faktoren hinweg für eine Variable. Sofern angenommen wird, dass die gesamte Varianz erklärt werden kann, werden alle Kommunalitäten gleich 100 % gesetzt und es wird eine Hauptkomponentenanalyse durchgeführt.

3. Bestimmung der Zahl der Faktoren: Nach der Extraktion wurden evtl. sehr viele Faktoren erzeugt, jedoch nur wenige von ihnen können tatsächlich genug Varianz erklären, um ihre weitere Verwendung zu rechtfertigen. In diesem Schritt stellt sich daher die Frage, wie viele Faktoren benötigt werden, um die Interkorrelation der Indikatoren zu beschreiben. Hierzu gibt es jedoch keine generelle Antwort, sondern vielmehr einen gewissen Interpretationsspielraum. Für die Faktorenreduzierung wird empfohlen, sich an dem Kaiser-Kriterium und/oder dem Scree-Test zu orientieren.

4. Rotation der Faktorladungen zur Verbesserung der Faktorinterpretation: Durch eine Rotation kann die Ladungsstruktur vereinfacht werden, was die Interpretation erleichtern soll. Hierzu stehen verschiedene Verfahren zur Verfügung, wie z. B. orthogonale Rotationsverfahren wie Varimax, Quartimax oder Equimax bzw. schiefwinklige Rotationsverfahren wie Oblimin oder Promax. Letztere bieten evtl. eine deutliche verbesserte Interpretierbarkeit, sind jedoch im orthogonalen Faktorenmodell nicht erlaubt (Schmidt & Hollensen, 2006).

5. Faktorinterpretation: Zum Schluss müssen die Faktoren noch interpretiert werden. Das heißt, der Wissenschaftler muss nach dem verbindenden Überbegriff zwischen den Variablen suchen. Hier gilt der Richtwert, dass die Ladungen der zugehörigen Items nicht kleiner als 0,5 sein sollten.

Ein wesentliches Ziel der explorativen Faktorenanalyse ist es, die Variablen so zu gruppieren, dass die einzelnen Gruppen homogen sind und die Gruppen zueinander möglichst eine hohe Heterogenität aufweisen. Dabei wird durch die Verdichtung der Variablen bewusst ein gewisser Informationsverlust zugunsten einer besseren Interpretierbarkeit in Kauf genommen. Durch die explorative Faktorenanalyse können somit verdeckte Strukturen identifiziert werden, jedoch eignet sich dieses Verfahren nicht, um vorhandene Theorien zu prüfen.

Hierarchische Clusteranalyse
Mithilfe der *Clusteranalyse* sollen Datenobjekte in einer unstrukturierten Punktewolke zu bestimmten Gruppen (Clustern) zugeordnet bzw. zusammengefasst werden. Das übergeordnete Ziel einer Clusteranalyse ist damit eine zugrunde liegende Logik/Einteilung hinter dem ungeordneten Datensatz zu identifizieren. Die Gruppierung kann dabei über verschiedene Algorithmen bewerkstelligt werden (Aldenderfer & Blashfield, 1984). Je nach dem verwendeten Algorithmus kann es aber große Unterschiede bei dem finalen Ergebnis in Form der Gruppenbildung geben.

Grundsätzlich erfolgt eine Clusteranalyse in den folgenden drei Schritten (K. Backhaus et al., 2013):
1. Variablenauswahl: Zuerst muss bestimmt werden, welche Variablen verwendet werden, nach denen die Clusterbildung erfolgen soll.
2. Proximitätsbestimmung: Als Nächstes muss ein Proximitätsmaß ausgewählt werden. Dabei verwendet man üblicherweise entweder ein Ähnlichkeits- oder Distanzmaß. Die Entscheidung dafür hängt davon ab, welches Skalenniveau bei den zugrunde liegenden Variablen verwendet wird. Bei metrischen Variablen werden Distanzmaße, bei kategorialen Variablen Ähnlichkeitsmaße benutzt.
3. Clusterbildung: Zum Schluss muss bestimmt werden, welcher Clusteralgorithmus verwendet wird. Diese Entscheidung hängt maßgeblich davon ab, wie umfangreich der Datensatz ist und welche Variablen verwendet werden.

Für die hierarchische Clusteranalyse existieren grundsätzlich zwei Grundtypen von Algorithmen (Maimon & Rokach, 2005): „Bottom-up" und „Top-down". Bei dem „Bottom-up"-Verfahren bildet jedes Datenobjekt einen initialen Cluster. Nach und nach werden diese agglomeriert und zu größeren Clustern zusammengefasst. Dies geschieht solange bis alle Datenobjekte einem einzigen Cluster angehören. Bekannte Algorithmen für das „Bottom-Up"-Verfahren sind z. B. single linkage, complete linkage, average linkage, median oder centroid method. Bei dem „Top-down"-Verfahren werden hingegen zunächst alle Datenobjekte einem großen Cluster zugeordnet. Dieser wiederum wird Schritt für Schritt in kleinere Cluster aufgeteilt, solange, bis jeder Cluster nur noch ein Datenobjekt beinhaltet.

Eine Clusteranalyse wird sehr gerne im Bereich des Marketings vorgenommen, wo Kunden zu bestimmten Käufergruppen zugeordnet werden können. Die Clusteranalyse ist generell in der Praxis ein sehr häufig eingesetztes Verfahren, welches mit gängigen Statistikprogrammen wie SPSS, MATLAB oder R durchgeführt werden kann.

Multidimensionale Skalierung

Durch eine *multidimensionale Skalierung* ist es möglich, eine grafische Darstellung eines Wahrnehmungsraumes von verschiedenen Objekten zu erstellen. Hierbei ist es das Ziel, die Objekte räumlich so zu platzieren, dass die jeweiligen Distanzen zwischen den Objekten möglichst mit den erhobenen (Un-) Ähnlichkeiten der Objekte übereinstimmen. Das heißt, je näher sich ein Objekt an einem anderen Objekt befindet, desto ähnlicher ist es diesem bzw. je weiter entfernt sich ein Objekt von einem anderen Objekt befindet, desto weniger ähnlich ist es (Borg, 2013). Mit der multidimensionalen Skalierung wird dem Wissenschaftler damit ein Werkzeug an die Hand gegeben, mit dem er kompliziertere Sachverhalte anschaulich darstellen kann.

Generell gestaltet sich der Ablauf einer multidimensionalen Skalierung wie folgt (K. Backhaus et al., 2013):

1. Messung der (Un-) Ähnlichkeiten: Für die Bestimmung der (Un-) Ähnlichkeiten der Objektpaare werden Personen nach ihrer subjektiven Einschätzung gefragt. Dies kann über ein Rating oder mit der Methode der Rangreihung realisiert werden.
2. Auswahl des Distanzmodells: Die Abbildung der Objekte in einen psychologischen Wahrnehmungsraum wird durchgeführt, indem man diese in einem mehrdimensionalen Raum setzt und über Abstandsdistanzen die Ähnlichkeiten der Objekte zueinander visualisiert. Hierzu muss in diesem Schritt ein Distanzmaß festgelegt werden. Zur Bestimmung der Distanzmaße kann man z. B. eine euklidische Metrik oder die City-Block-Metrik verwenden.
3. Ermittlung der Konfiguration: Ziel sollte hier eine möglichst adäquate Darstellung der Objekte im Wahrnehmungsraum sein. Hier wird üblicherweise mit einer willkürlich gewählten Startkonfiguration angefangen. Im nächsten Schritt werden auf Basis dieser Startkonfiguration die Distanzen berechnet und ein Vergleich zwischen diesen berechneten Distanzen und der Unähnlichkeitsreihenfolge gezogen. Dieser Vorgang wird solange wiederholt bis die Einhaltung der jeweilig gesetzten Gütekriterien erreicht worden ist.
4. Interpretation und Bestimmung der Anzahl der Dimensionen: Die Zahl der Dimensionen wird von dem Wissenschaftler festgelegt. Normalerweise wird hierfür der zwei- oder dreidimensionale Raum gewählt.

5. Aggregation: Im letzten Schritt gibt es prinzipiell zwei Vorgehensweisen. (1) Entweder wurden schon zu Beginn die individuellen (Un-) Ähnlichkeitsangaben von den einzelnen Personen angegeben und diese mithilfe des arithmetischen Mittels oder des Medians aggregiert. In diesem Fall ist die multidimensionale Skalierung mit dem Ende des vorhergehenden vierten Schritts beendet. (2) Oder es wurden jeweils individuelle multidimensionale Skalierungen vorgenommen. In diesem Fall muss zum Schluss eine Aggregation der Ergebnisse über alle Personen hinweg erfolgen.

8.2.6.2 Strukturprüfende Verfahren
Varianzanalyse
In der Statistik bezeichnet man die Verteilung oder auch Streuung von Werten um einen Mittelwert als Varianz. Hierbei ist anzumerken, dass die Varianz nicht zu verwechseln ist mit der Standardabweichung. Die Varianz geht vielmehr aus einer Quadrierung der Standardabweichung hervor.

Als ein strukturprüfendes Verfahren wird die *Varianzanalyse* zur Identifikation von Mittelwertunterschieden zwischen zwei oder mehreren Stichproben insbesondere in der experimentellen Forschung eingesetzt (Holtmann, 2010). Im Wesentlichen kann die folgende Fragestellung mithilfe einer Varianzanalyse geklärt werden: Bestehen signifikante (Mittelwert-) Unterschiede zwischen mindestens zwei Stichproben? Ist z. B. die Homogenität der Fälle innerhalb einer experimentellen Gruppe deutlich größer als zwischen den Gruppen?

Jedoch sind Variationen der Varianzanalyse durch eine variierende Anzahl und Kombination der zu betrachtenden unabhängigen und abhängigen Variablen bzw. Faktoren denkbar. Im einfachsten Fall würde es sich um eine einfache Varianzanalyse (engl. analysis of variance, *ANOVA*) handeln. Die Varianzanalyse würde in diesem Fall die Beziehung zwischen einer unabhängigen und einer abhängigen Variablen untersuchen. Analog zur einfachen Varianzanalyse können mehrere abhängige Faktoren bzw. mehrere unabhängige Faktoren in einer multivariaten Varianzanalyse (engl. multivariate analysis of variance, *MANOVA*) untersucht werden (Jürgen Bortz & Döring, 2013).

Eine beispielhafte Anwendung der Varianzanalyse kann im Vergleich von einer Experimental- zu einer Kontrollgruppe gezeigt werden. Hierbei würde es gelten festzustellen, ob die Behandlung der einen Gruppe einen signifikanten Unterschied zu anderen Gruppen erkennen lässt.

Im Folgenden wird auf die Vorgehensweise zur Durchführung einer einfachen Varianzanalyse näher eingegangen (Rasch, 2010). Bevor aber eine Analyse der Varianzen erfolgen kann, sollte sichergestellt werden, dass die Stichproben bestimmte Voraussetzungen erfüllen.

Zum einen sollte man sich vergewissern, ob die gewählten Stichproben unabhängig voneinander sind und ob die notwendigen Skalierungen der Variablen gewährleistet sind. Hinsichtlich der abhängigen Variablen wird für die Durchführung der Varianzanalyse ein kardinales d. h. metrisches (Intervall- oder Verhältnisskalierung) und für die unabhängige Variabel ein kategoriales Skalenniveau (Nominal- oder Ordinalskalierung) vorausgesetzt.

Zum anderen sollten mittels einer Auswertung der deskriptiven Statistik erste statistische Rückschlüsse über die Stichproben gezogen werden. Hier gilt es in erster Linie, sich über zwei weitere Grundvoraussetzungen zur Durchführung einer Varianzanalyse zu vergewissern. Die Stichprobe sollte einer Normalverteilung folgen (Feststellung einer Normalverteilung der Daten). Weiterhin gilt es, die einzelnen Varianzen näher zu begutachten. Hier sollte man sich vergewissern, dass die Varianzen in den zu untersuchenden Stichproben gleich sind (Feststellung der Varianzhomogenität) (Bleymüller, Weißbach, Gehlert, & Gülicher, 2015).

Können die Voraussetzungen gewährleistet werden, so kann die Durchführung der Varianzanalyse starten. Zur Analyse werden hierbei die Mittelwerte innerhalb und zwischen den einzelnen Stichproben ermittelt und miteinander verglichen. In der Praxis werden in der Regel statistische Programme wie beispielsweise SPSS oder R-Studio für die Berechnung herangezogen. Auf eine ausführliche Vorgehensweise zur manuellen Berechnung wird daher in diesem Abschnitt verzichtet. Sollte dennoch eine Beschreibung zur händischen Kalkulation benötigt werden, so kann diese unter K. Backhaus et al. (2013) eingesehen werden.

Nach Durchführung der Varianzanalyse gilt es im dritten Schritt die erhaltenen Ergebnisse zu interpretieren. Der wohl aussagekräftigste Wert der Varianzanalyse ist sicherlich der Wert des p-Werts (bzw. Signifikanz). Anhand dessen kann eine Aussage über die Stichproben getroffen werden. Bei einem festgelegten Signifikanzniveau von 0,05 würde ein errechneter p-Wert von $< 0{,}05$ das Verwerfen der Nullhypothese und eine Akzeptanz der Alternativhypothese bedeuten. Diese besagt, dass zwischen den Stichproben ein signifikanter Unterschied in mindestens einem Mittelwertvergleich anzunehmen ist. Analog würde ein p-Wert $> 0{,}05$ die Nullhypothese bestätigen und zur Aussage führen, dass keine signifikanten Mittelwertunterschiede zwischen den Stichproben in der Analyse festgestellt wurden.

Im Falle eines signifikanten Ergebnisses der Varianzanalyse ist weiterhin die Limitation der Aussagekraft zwingend zu beachten. Denn diese beschränkt sich auf die Feststellung eines möglichen Mittelwertunterschieds zwischen den Stichproben. Rückschlüsse auf einzelne Mittelwertvergleiche sind nicht zulässig, da die Varianzanalyse als globales Verfahren lediglich binäre Aussagekraft – signifikanter Unterschied der Population ja/nein – besitzt. Für weiterführende Maßnahmen zur Lokalisierung der Unterschiede kommen sogenannte Paar- bzw. Gruppenvergleiche (Post-Hoc-Test-Verfahren) zum Einsatz (Bleymüller et al., 2015).

Ferner ist die Limitation hinsichtlich der Generalisierbarkeit der Ergebnisse zu beachten. Diese beziehen sich lediglich auf die analysierten Stichproben. Rückschließende Aussagen von dem Ergebnis der Varianzanalyse auf die Gesamtpopulation sind nicht ohne weitere Analyseschritte zulässig.

Regressionsanalyse

Der Begriff der *Regression* bezeichnet in der Statistik einen gerichteten Zusammenhang zwischen Variablen. In diesem Kontext unterscheidet man zwischen einfachen und multiplen Regressionen. Mit Ersterem können die bivariaten Beziehungen zwischen zwei Variablen untersucht werden, wohingegen man mithilfe einer multiplen Regression Rückschlüsse aus der Verbindung zwischen mehreren Variablen ziehen kann.

Zur jeweiligen Bestimmung des Maßes an Zusammenhang wird eine Regressionsanalyse durchgeführt. Bei der Regressionsanalyse werden abhängige Variablen als erklärte Variable oder Regressand bezeichnet. Die unabhängigen Variablen hingegen fungieren als erklärende Variablen oder Regressoren. Die Bestimmung, welche Variablen als unabhängig und welche als abhängige Variable in die Regressionsanalyse eingehen sollen, erfolgt auf logischen Rückschlüssen aus der bestehenden Theorie.

Der Grundgedanke der Regressionsanalyse basiert auf der Idee, die vorhandenen Datenschnittpunkte zwischen unabhängigen und abhängigen Variablen in einem Koordinatensystem durch eine Regressionsgrade bestmöglich wiederzugeben bzw. zu schätzen (Holtmann, 2010). Je nach Untersuchungskontext können unterschiedliche mathematische Schätzverfahren zum Einsatz kommen. Die wohl am meist verbreitetsten Verfahren zur Schätzung der Regressionsgraden sind die Methode der kleinsten Quadrate (engl. ordinary least squares, OLS) und die Maximum-Likelihood-Methode (ML). Unabhängig vom angewandten Verfahren ist festzuhalten, dass die Regressionsanalyse einen gerichteten Zusammenhang zwischen der unabhängigen und der abhängigen Größen schätzt. Konkret kann dies mit der folgenden Formulierung beschrieben werden: „Wenn die unabhängige Größe um den Wert 1 zunimmt, dann wirkt sich dies mit der Höhe des geschätzten Effektwertes auf die abhängige Größe aus." Aufgrund dieser gerichteten Beziehung ist es ferner wichtig darauf zu achten, welche Größen den unabhängigen Variablen und welche der abhängigen Variablen zugeordnet werden. Eine Zuteilung der jeweiligen Größen basiert in der Praxis auf einer weitreichenden Theoriesichtung. Oftmals können Beziehungen aus vorausgegangenen Forschungsarbeiten geschlussfolgert werden.

Neben dem eingangs erwähnten Verhältnis zwischen den abhängigen und der unabhängigen Größen ist noch eine weitere Komponente bei der Regressionsanalyse zu beachten.

Insbesondere während der Erfassung der Daten kann es zur ungewollten Aufnahme von Abweichungen bzw. Störgrößen (engl. error) kommen. Diese können u. a. ihren Ursprung im menschlichen Antwortverhalten oder dem angewandten Mess- bzw. Datenerhebungsverfahren haben. Darüber hinaus können Fehlgrößen auch durch unberücksichtigte Wechselbeziehungen entstehen. Oftmals ist es aufgrund der Komplexität der Verhältnisse nicht möglich, alle Einflussgrößen zu erfassen bzw. empirisch zu berücksichtigen.

Bei der Regressionsanalyse kann für die Beziehung zwischen der unabhängigen und abhängigen Variablen die folgende lineare Gleichung unterstellt werden.

$$y_i = \beta_0 + \beta_1 x_i + u_i \quad \text{für } i = 1, 2, \ldots, n$$

Die unabhängige bzw. abhängige Größe wird durch x bzw. y repräsentiert. In u_i werden die zuvor beschriebenen Störgrößen zusammengefasst. β_0 wird als Interzept (engl. intercept) der linearen Gleichung aufgeführt und spiegelt den Schnittpunkt der Regressionsgraden mit der vertikalen Achse im Fall von $x = 0$ wider. Die als Regressionskoeffizient bezeichnete Größe β_1 gibt die Steigung der Geraden im Koordinatensystem an und gilt als Schätzer des Zusammenhangs zwischen der unabhängigen und abhängigen Variable.

Eine weitere Größe, die es zur Beurteilung der Regressionsanalyse zu berücksichtigen gilt, ist das sogenannte Bestimmtheitsmaß R^2. Mit diesem Maß können Rückschlüsse auf die Güte des Zusammenhangs zwischen der abhängigen und unabhängigen Variablen gezogen werden. Das Bestimmtheitsmaß kann hierbei Werte zwischen 0 und 1 annehmen. Dabei würde ein Wert von $R^2 = 1$ bedeuten, dass jeder Datenpunkt von x und y auf der Regressionsgraden liegen würden. Prinzipiell ist ein hoher R^2 Wert erstrebenswert. Wenn hier auch nur Bezug genommen wird auf den einfachen linearen Zusammenhang zwischen der unabhängigen Variable x und der abhängigen y, so gilt das in Abschnitt 1.2.4 „Kausalität" gesagte, dass auch komplexere (nicht lineare) Zusammenhänge geprüft werden sollten.

Abschließend ist anzumerken, dass die durch die Regressionsanalyse erhaltenen Ergebnisse Aufschlüsse über den Zusammenhang des zu untersuchenden Sachverhaltes der zugrunde gelegten Stichprobe liefern. Ungeachtet dessen sind Rückschlüsse der erhaltenen Ergebnisse auf eine Gesamtpopulation nicht zulässig. Um Rückschlüsse auf eine Gesamtpopulation machen zu können, müssten erst weitere Tests zur Feststellung der Signifikanz durchgeführt werden.

Diskriminanzanalyse

Bei der *Diskriminanzanalyse* handelt es sich um ein statistisches Verfahren, bei dem versucht wird, verschiedene Datenobjekte einer bestimmten Gruppe zuzuordnen. Sie stellt im Grunde den Spezialfall einer Regressionsanalyse dar, bei der die Abhängige dichotom ist. Im Gegensatz zu der Clusteranalyse, bei der ebenfalls Datenobjekte in bestimmte Gruppen eingeteilt werden, muss bei der Diskriminanzanalyse jedoch a priori schon festgelegt sein, welche Eigenschaften die Gruppenzugehörigkeit definieren. Mit anderen Worten, bei der Diskriminanzanalyse ist es das Ziel herauszufinden, wie sich Elemente einer Gruppe durch charakteristische Merkmale unterscheiden lassen (Goldstein & Dillon, 1978). Bei der Clusteranalyse sollen hingegen die tatsächlichen Gruppen identifiziert werden.

Die lineare Diskriminanzanalyse, die am häufigsten eingesetzte Diskriminanzanalyse, wurde von Fisher (1936) entwickelt. Die Voraussetzungen sind hier, dass

(1) die Daten für die unabhängigen Variablen einer (multivariaten) Normalverteilung entsprechen, (2) eine Homogenität der Varianzen/Kovarianzen vorliegt, (3) die unabhängigen Variablen nicht bzw. nur gering miteinander korrelieren (d. h., es soll keine Multikollinearität vorliegen) und (4) die Elemente zufällig und unabhängig aus einer Grundgesamtheit gezogen werden (Büyüköztürk & Çokluk-Bökeoğlu, 2008). Sofern diese genannten Voraussetzungen gegeben sind, geschieht die lineare Diskriminanzanalyse in fünf Schritten (Flury & Riedwyl, 1983; McLachlan, 2004):

1. Gruppeneinteilung: Die jeweiligen Gruppen ergeben sich entweder aus der konkreten Problemstellung oder wurden im Vorfeld (z. B. mithilfe einer Clusteranalyse) bestimmt. Oftmals werden zwei Gruppen verwendet (z. B. Käufer und Nichtkäufer), aber prinzipiell können auch mehr als zwei Gruppen eingesetzt werden.
2. Festlegung der Diskriminanzfunktion: Als Diskriminanzfunktion sollte eine lineare Funktion der folgenden Form verwendet werden:

$$z = a_0 + a_1 x_1 + a_2 x_2 + \cdots + a_n x_n$$

Mit

z = Diskriminanzvariable, nominal skaliert

x_i = Merkmalsvariable x_i ($i = 1, 2, 3, \ldots, I$), metrisch skaliert

a_i = Diskriminanzkoeffizient für Merkmalsvariable x_i

a_0 = konstantes Glied

Dabei müssen die Diskriminanzkoeffizienten a_i so bestimmt werden, dass die Trennung der jeweiligen Gruppen ein Optimum erreicht.

3. Parameterabschätzung der Diskriminanzfunktion: Bei der Abschätzung der Parameter wird darauf geachtet, dass die Trennung zwischen den einzelnen Gruppen maximiert und die Distanz innerhalb der Gruppe minimiert wird.
4. Testen der Diskriminanzfunktion: Nachdem für die Diskriminanzfunktion die Parameter bestimmt wurden, muss sie entweder durch Kreuzvalidierung oder einen unabhängigen Datensatz getestet werden.
5. Anwendung: Je nach Problemstellung kann die Diskriminanzanalyse entweder zur Klassifikation von Gruppen oder zur generellen Datenanalyse verwendet werden.

Die Diskriminanzanalyse wird sehr gerne in der Praxis eingesetzt. Insbesondere im Kreditwesen findet sie ihre Anwendung, wo Kreditnehmer in verschiedenen Gruppen auf ihre Bonität hin eingeteilt werden (z. B. guter Schuldner und schlechter Schuldner).

Strukturgleichungsmodelle

Im Allgemeinen zielen die Anstrengungen der Wissenschaft und Praxis auf die Untersuchungen von beobachteten Zusammenhängen und Sachverhalten ab. Diese Sachverhalte lassen sich wiederum, je nach Kontext, in unterschiedlicher Komplexität und Aggregation erfassen und abbilden (K. E. Backhaus, B.; Wulff, P. & Weiber, R., 2011).

Neben „einfach" zu erfassenden Werten wie beispielsweise die Anzahl der Pkw zur Erklärung der Tankstellenauslastung über einen Tag hinweg verteilt, gilt es auch Zusammenhänge zu erfassen, deren direkte Messbarkeit sich den „einfachen" empirischen Möglichkeiten entziehen. Ein konkretes Beispiel könnte z. B. eine Analyse der (Kunden-) Emotionen oder Verhalten sein. In diesem Fall spricht man von der Untersuchung von hypothetischen Konstrukten oder latenten Variablen. Um die nicht direkt zu erfassende bzw. zu erklärende Konstrukte empirisch zu untersuchen, kommt in der Wissenschaft die Strukturgleichungsmodellierung (engl. *structural equation modeling*, SEM) zur Anwendung (Huber, 2007).

Das Verfahren der *Strukturgleichungsmodellierung* zählt zu den strukturprüfenden Verfahren der multivariaten Analysemethoden. Im Vergleich zu weiteren Methoden, welche zumeist nur Rückschlüsse auf korrelierende Beziehungen ermöglichen, können mithilfe der Strukturgleichungsmodellierung kausale Zusammenhänge beobachtet und untersucht werden. Einhergehend mit der strukturprüfenden Orientierung des Verfahrens ist zu beachten, dass der Modellierung eine eingehende Auseinandersetzung mit dem theoretischen Hintergrund des zu untersuchenden Zusammenhangs vorausgeht (K. E. Backhaus, B.; Wulff, P. & Weiber, R., 2011). Strukturgleichungsmodelle setzen in direkter Linie Themen aus Abschnitt 1.2.4 (Kausalität) und Kapitel 2 (Bezugsrahmen, Theorie, Technologie) fort.

Im Allgemeinen werden zur Beschreibung der Strukturgleichungsmodellierung die folgenden Begrifflichkeiten genutzt, welche es zu differenzieren gilt: latente Variable, Indikator, Mess- und Strukturmodel (Reinecke, 2014).

Als eine latente Variable – oder auch Faktor genannt – wird ein zu erklärendes (Ziel-) Konstrukt bezeichnet, welches es durch die Strukturgleichungsmodellierung zu untersuchen gilt. Es handelt sich hierbei um ein empirisch nicht direkt zu beobachtendes bzw. zu quantifizierendes Konstrukt wie beispielsweise Intelligenz, Kaufabsicht oder Loyalität. Ferner werden abhängige Variable bzw. Konstrukte im Kontext des Strukturgleichungsmodells auch als endogene Variable bezeichnet. Analog wird der Begriff exogene Variable für unabhängige Größen genutzt, um die Abgrenzung zwischen den erklärenden und den zu erklärenden Komponenten hervorzuheben. Exogene Konstrukte können zur ganzheitlichen Erfassung des theoretischen Zusammenhangs der Konstrukte eine Vielzahl an Indikatoren (engl. items) verdichten (engl. multi-item measurement).

Aufgrund der erschwerten Quantifizierung zur Bestimmung des latenten Konstruktwertes werden Indikatoren eingesetzt. Die Indikatoren dienen hierbei zur Erfassung der Realwerte und bilden die Datengrundlage für die unabhängigen Variablen des Modells. Im Beispiel der Kaufabsicht könnten Indikatoren zur Erfassung des vergangenen und des zukünftigen Kaufverhaltens zur Datenerfassung abgefragt werden.

Der Zusammenhang, welche Indikatoren zur Messung der latenten Variable eingesetzt werden, wird im Messmodel (engl. measurement model) aufgezeigt. Das Strukturmodell hingegen skizziert die theoretischen Wirkzusammenhänge zwischen den unabhängigen und der zu erklärenden abhängigen Variable (latentes Konstrukt) (Huber, 2007).

Zur statistischen Schätzung von Strukturgleichungsmodellen ist zwischen zwei Herangehensweisen zu unterscheiden: varianz- und kovarianzbasierte Verfahren. Auch wenn es zwischen den beiden Ansätzen zu differenzieren gilt, so ist anzumerken, dass die varianz- und kovarianzbasierten Verfahren eher als komplementäre und weniger als konkurrierende Ansätze zu verstehen sind (Hair. J., 2014).

Kovarianzbasierte Verfahren

Für das weitere Verständnis des Verfahrens ist es von Nutzen, sich die Bedeutung des Begriffs der Kovarianz zu veranschaulichen. Diese beschreibt in der Stochastik ein Maß des Zusammenhangs zwischen zwei Zufallsvariablen (x und y). Numerisch kann der Kovarianz ein Wert von -1 bis $+1$ zugeordnet werden. Im Fall einer positiven Ausprägung würde es bedeuten, dass einer positiven Entwicklung von x eine positive Entwicklung von y zur Folge hätte. Hieraus lässt sich auf den Grundgedanken des kovarianzbasierten Verfahrens schließen.

Durch Ermittlung der einzelnen Kovarianzen der betrachteten Indikatoren der unabhängigen Variablen werden Rückschlüsse auf die Ausprägung der zu erklärenden abhängigen Variable gezogen. Konkret geschieht dies im kovarianzbasierten Ansatz durch die simultane Schätzung aller Parameter des Strukturgleichungsmodells. Die Grundlage der Schätzung beruht hierbei zum einen auf der Datengrundlage der beobachteten Indikatoren und deren Kovarianzmatrix. Zum anderen wird eine Kovarianzmatrix auf Grundlage der Strukturmodellierung, welche auf theoretischen Zusammenhängen basiert, konstruiert (K. E. Backhaus, B.; Wulff, P. & Weiber, R., 2011). Das eigentliche Schätzverfahren beruht auf der Absicht, die Differenz zwischen den beobachteten Kovarianzen der Stichprobe und der aus dem Modell ergehenden Kovarianzen zu minimieren.

Kovariate Verfahren eignen sich insbesondere zur konsistenten Schätzung theoriegetriebener Annahmen bzw. zur Überprüfung von Hypothesen durch die Analyse von großzahligen Stichproben (Hair. J., 2014).

Varianzbasierte Verfahren

Im Kontrast zum soliden, strukturprüfenden Ergebnis des kovarianzbasierten Verfahrens können mithilfe des varianzbasierten Verfahrens Prognosen aus dem Strukturgleichungsmodel geschlussfolgert werden.

Eine mögliche Anwendung ist beispielsweise in managementorientierten Fragestellungen mit Entscheidungsrelevanz zu finden. Der Mehrwert des Verfahrens liegt in der Perspektive, durch Veränderungen der exogenen Größen Rückschlüsse auf Veränderungen der endogenen Variablen zu ziehen (Fornell, 1982). Das varianzbasierte Verfahren nutzt die zur Verfügung stehende Datengrundlage zur bestmöglichen Ermittlung des Strukturgleichungsmodells und dessen endogenen Beziehungen. Darüber hinaus strebt das varianzbasierte Verfahren die Zielsetzung an, eine Ermittlung der endogenen Variablen bei gleichzeitiger Minimierung der einwirkenden Stör- und Fehlergrößen umzusetzen.

Demnach kann die Zielsetzung des varianzbasierten Verfahrens zweigeteilt betrachtet werden: (1) genaue Schätzung der endogenen Zusammenhänge und (2) gleichzeitige Reduktion der anfallenden Stör- und Fehlergrößen.

Abschließende Gegenüberstellung

Die aufgezeigten Verfahren sollten als sich ergänzende Ansätze interpretiert werden. Nichtsdestotrotz gilt es zu berücksichtigten, dass die jeweilige Wahl, zwischen einem varianz- bzw. kovarianzbasierten Verfahren, mit grundlegenden statistischen Folgen in der Schätzung des Strukturgleichungsmodells einhergeht (K. E. Backhaus, B.; Wulff, P. & Weiber, R., 2011). Aus dieser Tatsache geht die Notwendigkeit hervor, die jeweiligen Unterschiede zwischen den beiden Herangehensweisen zu erkennen und zu verstehen. Ausschlaggebend für eine Entscheidung sollten demnach die zu beantwortende Fragestellung und die damit einhergehende Zielsetzung sein (siehe Tabelle 8.5).

Tab. 8.5: Gegenüberstellung varianz- und kovarianzbasierte Verfahren.

	Varianzbasierte Verfahren	**Kovarianzbasierte Verfahren**
Schätzungsmethode	Zumeist Methode der kleinsten Quadrate (ordinary least squares, OLS)	Zumeist maximum likelihood (ML)
Zielsetzung	Theorie nutzen für Prognosen durch Varianzaufklärung	Theorie bestätigen und testen durch Kovarianzstrukturanalyse
Schätzung	Simultane Schätzung der Modellparameter durch Optimierung eines globalen Kriteriums	Partielles Schätzverfahren unter Einbezug der Gesamtinformation und Minimierung der Stör- und Fehlergrößen
Mindestmaß Stichprobenumfang	Geringer Umfang denkbar	Hoher Umfang benötigt
Umgang mit Komplexität	Unproblematisch	Problematisch
Softwareunterstützung	Smart PLS, PLS Graph	AMOS, Lisrel, MPlus
Datengrundlage	Normalverteilung nicht zwingend benötigt	Normalverteilung zwingend benötigt
Bestimmung der Signifikanz	Hilfsmechanismen notwendig (bootstrapping und jackknifing)	Modelintegrierte Ermittlung

Quelle: eigene Darstellung in Anlehnung an Bleymüller et al. (2015); Hair. J. (2014); Huber (2007).

Abschließend ist darauf hinzuweisen, dass unabhängig welches iterative Verfahren zur Schätzung des Strukturmodelles genutzt wird, als eigentliche Hürde zur erfolgreichen Ermittlung der Ergebnisse die Operationalisierung des Mess- und Strukturmodells zu betrachten ist. Nur eine gänzliche und sachlogische Erfassung des theoretischen Zusammenhangs durch die jeweiligen Indikatoren und Konstruktbeziehungen ermöglicht eine präzise Schätzung des Models.

Konfirmatorische Faktorenanalyse

Die *konfirmatorische Faktorenanalyse* wurde von Jöreskog (1969) entwickelt mit dem Ziel, theoretisch fundierte Modelle auf ihre Modellgüte hin zu überprüfen. Das heißt, mit diesem Verfahren ist es möglich die Theorie mit empirischen Daten abzugleichen – und je nach dem eine Falsifikation oder Verifikation durchzuführen. Im Gegensatz zu der explorativen Faktorenanalyse ist also nicht eine Datenreduktion das Ziel, sondern die Überprüfung eines theoriebasierten Modells auf seine Übereinstimmung mit der Empirie (K. Backhaus et al., 2013). Der Ausgangpunkt ist damit ein bestehendes Modell, bei dem die strukturellen Beziehungen und die Zahl der Faktoren schon bekannt sind. Dabei wird ein sogenanntes reflektives Messmodell unterstellt, welches ein Konstrukt über Indikatorvariablen operationalisiert. Aus diesem Grund muss die Definition der Indikatorvariablen so erfolgen, dass ihre jeweiligen Messwerte beispielhafte Manifestierungen des beobachteten hypothetischen Konstrukts darstellen. Die Durchführung einer konfirmatorischen Faktorenanalyse gestaltet sich in vier Schritten (vgl. dazu auch Homburg & Pflesser, 2000; Vetter, 1997):

1. Modellspezifikation: Im ersten Schritt muss ein Modell spezifiziert werden. Dieses besteht aus einer Anzahl von Faktoren und beobachteten Variablen, die bestimmte Beziehungen aufweisen. In dem Modell wird angenommen, dass die Fehlerterme nicht miteinander korrelieren und unabhängig von den Faktoren sind.

2. Zerlegung des Modells in Strukturgleichungen: Das Modell wird in Strukturgleichungen der folgenden Form zerlegt.

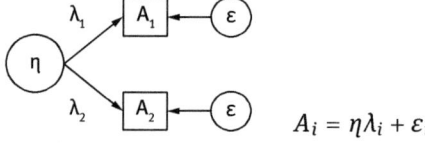

$$A_i = \eta \lambda_i + \varepsilon_i$$

Mit

A_i = Variable

η = Konstrukt (nicht beobachtet)

λ_i = Faktorladung

ε_i = Fehlervariable/-term

3. Parameterschätzung: Die Schätzung der Faktorladungen und Fehlervarianzen erfolgt mit einer iterativen Methode wie z. B. generalized least square (GLS), maximum likelihood (ML) oder unweigthed least squares (ULS). Dabei soll die Schätzung der Faktorladungen und Fehlervarianzen so erfolgen, dass sie möglichst ei-

ne hohe Übereinstimmung mit der beobachteten Kovarianz- bzw. der Korrelationsmatrix aufweisen.

4. Modelltest: Im letzten Schritt wird überprüft, ob das spezifizierte Modell anhand der Daten bestätigt werden kann. Dies geschieht anhand der Differenz zwischen der beobachteten und vom Modell implizierten Kovarianz- bzw. Korrelationsmatrix.

Typischerweise werden Softwarepakete für Strukturgleichungsmodelle (SEM) wie z. B. LISREL, PLS oder AMOS dazu verwendet, um eine konfirmatorische Faktorenanalyse durchzuführen. Die konfirmatorische Faktorenanalyse dient bei der Analyse eines Strukturgleichungsmodells auch oftmals als erster Schritt, um das Messmodell zu beurteilen.

Conjoint-Analyse

Bei der *Conjoint-Analyse* handelt es sich um ein Verfahren, mit dem man Präferenzen sowie Prognosen z. B. von Kaufabsichten analysieren kann. Das Grundkonzept der Conjoint-Analyse wurde bereits 1964 von Luce und Tukey entwickelt und fand zu Beginn in der Psychologie seine Anwendung (Luce & Tukey, 1964). Erst in den 1970er- und 1980er-Jahren fand es dann auch seine breite Anwendung im Bereich der Wirtschaftswissenschaften (Cattin & Wittink, 1982; Green & Rao, 1971; Wittink & Cattin, 1981).

Die Grundidee der Conjoint-Analyse besagt, dass sich die Nutzenpräferenz eines Probanden zu einem bestimmten Produkt aus der Summe der Teilnutzenwerte der einzelnen Merkmalsausprägungen zusammensetzt. Das heißt, der Produktnutzen (oder auch Produktwert) für den Probanden spiegelt sich in der Summe seiner Teile wider. Unter den Merkmalsausprägungen eines Produkts werden hierbei Eigenschaften wie Form, Farbe, Funktionalität etc. verstanden. Das Ziel der Conjoint-Analyse ist somit die jeweiligen Beiträge der Merkmalsausprägungen für den gesamten Produktnutzen zu ermitteln.

Ein konkreter Anwendungsfall kann hierbei wie folgt aussehen: Ein Handyhersteller möchte verschiedene Produktvariationen dem Kunden anbieten. Hierzu hat er Konfigurationsmöglichkeiten bezüglich des Speicherplatzes (64 und 128 Gb), der Farbe (pink, gold, weiß und schwarz), der Kamera (5 Megapixel und 10 Megapixel), der Bildschirmgröße (5″ und 7″) und des Preises (500 €, 600 €, 700 €, 800 € und 900 €). Ziel der Produkt- und Marketingabteilung wäre es nun, herauszufinden wie die verschiedenen Attribute der jeweiligen Konfigurationen im Prozess der Kaufentscheidung zueinander gewichtet sind. Dazu würden einer Testkaufgruppe verschiedene hypothetische Handykonfigurationen vorgestellt werden, die sich durch eine unterschiedliche Kombination der einzelnen Eigenschaften auszeichnet (z. B. 64 Gb, schwarz, 10 Megapixel und 5″ für 800 € oder 128 Gb, weiß, 5 Megapixel für 900). Die potenziellen Kunden müssten nun entscheiden, welche der verschiedenen Handykonfigurationen am ehesten ihren eigenen Wünschen entsprechen. Das heißt, nicht die einzelnen Eigenschaften, sondern das jeweilige Produkt in seiner speziellen Konfiguration wird von den Probanden bewertet. Auf Grundlage dieser Globalbewertung kann mithilfe der Conjoint-Analyse ermittelt werden, welchen Beitrag die verschiedenen Handyeigenschaften zum subjektiv wahrgenommenen Gesamtnutzen einnehmen. In diesem Sinne kann der Beitrag der einzelnen Handyeigenschaften ermittelt werden. Da es aber alleine bei diesem Anwendungsfall $2 \times 4 \times 2 \times 2 \times 5 = 160$ Produktkonfigurationen gibt, würde man den Probanden diese nicht alle bewerten lassen. Um den Interviewaufwand zu minimieren, würde man in diesem Fall den Probanden nur ausgewählte Stimuli präsentieren (fraktioniertes Design).

Die Conjoint-Analyse wurde in den letzten Jahren beständig weiterentwickelt, und aus diesem Grund gibt es mittlerweile viele Varianten von der ursprünglichen Form. Zwei der bekannteren, die sich in den letzten Jahren etabliert haben, sind die *adaptive Conjoint-Analyse* und die *wahlbasierte Conjoint-Analyse*. Ersteres ist nur computergestützt möglich. Hier werden schon während der Eingabe die Antworten verwendet, um neue Konfigurationsmuster zu erstellen. Die Befragung passt sich damit der individuellen Präferenzstruktur der einzelnen Probanden an, um möglichst aussagekräftige Informationen aus der Befragung zu gewinnen. Bei der wahlbasierten Conjoint-Analyse handelt es sich um ein Verfahren, welches auf den Erkenntnissen der ökonomischen Entscheidungstheorie basiert. Durch eine bessere Abbildung der Entscheidungssituation werden die Prognosen aufgrund der größeren Realitätsnähe genauer und außerdem kann über eine Preisabsatzfunktion ein umsatz- bzw. gewinnmaximaler Preis berechnet werden. Das heißt, die gewonnenen Kaufpräferenzen für die jeweiligen Produktkonfigurationen lassen sich direkt in wirtschaftliche Kenngrößen (z. B. Deckungsbeitrag) umrechnen (S. Albers, Becker, Clement, Papies, & Schneider, 2007).

9 Schlussbetrachtung: Empirische Forschung in der Betriebswirtschaftslehre

Wie in den einleitenden Kapiteln dieses Buches dargelegt worden ist, erreicht man wissenschaftlichen Erkenntnisfortschritt durch die Aufstellung von Vermutungen im Sinne von Hypothesen und der anschließenden Überprüfung derselben an der Empirie. Hierbei werden solche Hypothesen vorläufig akzeptiert, die den bisherigen Falsifikationsversuchen standgehalten haben (Kirsch, 1981).

Empirische Methoden in der Betriebswirtschaftslehre erlangen in diesem Kontext eine besondere Bedeutung, da diese einerseits eine Falsifikation von betriebswirtschaftlichen Vermutungen an der Empirie ermöglichen, aber andererseits nur zielführende Ergebnisse liefern, wenn das Untersuchungsdesign und die angewandte Methode gewissen Ansprüchen genügen. Erschwert wird die geeignete Anwendung von Datenerhebungs- und auswertungsmethoden noch durch die vorherrschende Vielfalt möglicher Forschungsformen und damit verbundener methodischer Ansätze. Einen Überblick über die genannte Vielfalt bietet die in diesem Buch angeführte Abbildung 1.1 zur Übersicht möglicher Forschungsformen und den damit in Verbindung stehenden Ausführungen. Hier wird deutlich, dass je nach Forschungsmotiv jeweils unterschiedliche Forschungsstrategien angewandt werden können, die wiederum verschiedene Forschungsformen und Datensammlungstechniken als geeignet erscheinen lassen. Bevor also eine mögliche Falsifikation von betriebswirtschaftlichen Vermutungen durchgeführt werden kann, sieht sich der Forscher zunächst einmal mit der zielgerichteten Auswahl eines geeigneten Forschungsdesigns konfrontiert.

Hier setzt Kapitel 4 das vorliegenden Buches an, in dem versucht wird, dem Leser mögliche Handlungsoptionen bei dem Entwurf und der Durchführung wirtschaftswissenschaftlicher empirischer Studien zu eröffnen. Ein besonderes Augenmerk lag hierbei auf der Darlegung möglicher Forschungsmotive, -strategien und -prozessen. In den weiteren Ausführungen wurde deutlich, dass neben der forschungsstrategischen Stoßrichtung eine Vielzahl an Gestaltungsparametern die Auswahl geeigneter Forschungsformen beeinflusst. Je nach gewähltem Forschungsumfeld, der inkludierten Variablen sowie der Gestaltung der Datenbasis eignen sich bestimmte Realtypen der Forschungsformen. Hier geben insbesondere die Ausführungen im Kapitel 5 Aufschluss darüber, welche Parameter zu welchen Forschungsformen führen.

Hat der betriebswirtschaftliche Forscher sich für eine geeignete Forschungsform entschieden, so liegen die nächsten Arbeitsschritte in der Datengenerierung. Hier bietet Kapitel 6 einen Überblick über verschiedene Gestaltungsmöglichkeiten von Stichproben und damit in Verbindung stehenden Qualitätsmerkmalen. Je nach angestrebter Forschungsform und Ausgestaltung der anvisierten Stichprobe ergeben sich, wie in Kapitel 7 dargelegt, verschiedene Datensammlungstechniken, die von der klassischen Befragung über eine Beobachtung der Versuchsobjekte bis hin zu umfassenden Dokumentenanalysen reichen kann. Hieraus ergeben sich dementsprechend umfangreiche

https://doi.org/10.1515/9783486709728-009

Datenbestände, die es mithilfe geeigneter Datenaufbereitungs und -auswertungsmethoden zu analysieren gilt. Kapitel 8 versucht einen ersten Überblick über traditionelle sowie aktuelle Analyseverfahren in der Betriebswirtschaft zu geben. Die besprochenen Verfahren reichen hierbei von eindimensionalen bis mehrdimensionalen Analyseverfahren und zeigen, mit welcher Vielfalt auch die Datenbasis adressiert werden kann.

Übergeordnetes Ziel dieses Buches war es dem betriebswirtschaftlichen Forscher dabei zu helfen, die entstehende Komplexität bei der Erstellung eines empirischen Untersuchungsdesigns beherrschbar zu machen, indem diesem eine grundlegende Handlungskompetenz für den Entwurf und die Durchführung wirtschaftswissenschaftlicher empirischer Studien vermittelt wird. Die Vertiefung einzelner Forschungsformen, Datensammlungstechniken, Stichprobenverfahren etc. bleibt jeweils spezialisierten Monografien und Veröffentlichungen vorbehalten, auf die an geeigneten Stellen verwiesen wurde.

Literatur

Albers, S., Becker, J. U., Clement, M., Papies, D., & Schneider, H. (2007). Messung von Zahlungsbereitschaften und ihr Einsatz für die Preisbündelung: Eine anwendungsorientierte Darstellung am Beispiel digitaler TV-Programme. *Marketing ZFP, 29*(1), 7–22.

Albers, S., Klapper, D., Konradt, U., Walter, A., & Wolf, J. (2007). *Methodik der empirischen Forschung*: Springer Gabler.

Albert, H. (1957). Theorie und Prognose in den Sozialwissenschaften. *Swiss Journal of Economics and Statistics (SJES), 93*(I), 60–76.

Aldenderfer, M. S., & Blashfield, R. K. (1984). Cluster Analysis. Sage University Paper Series On Quantitative Applications in the Social Sciences 07–044.

Angleitner, A. (1976). *Methodische und theoretische Probleme bei Persönlichkeitsfragebogen unter besonderer Berücksichtigung neuerer deutschsprachiger Fragebogen. Tabellenbd. und Testmaterial*: na.

Argyris, C., & Schon, D. A. (1974). *Theory in practice: Increasing professional effectiveness*: Jossey-Bass.

Backhaus, K. (2000). *Deutschsprachige Marketingforschung: Bestandsaufnahme und Perspektiven*: Schäffer-Poeschel.

Backhaus, K., Erichson, B., Plinke, W., & Weiber, R. (2013). *Multivariate Analysemethoden: Eine anwendungsorientierte Einführung*: Springer-Verlag.

Backhaus, K., Erichson, B., Plinke, W., & Weiber, R. (2011). *Multivariate Analysemethoden – Eine anwendungsorientierte Einführung. 13*: Springer Lehrbuch.

Bales, R. F. (1950). Interaction process analysis; a method for the study of small groups. Chicago: University of Chicago Press.

Berekoven, L., Eckert, W., & Ellenrieder, P. (2009). Marktforschung Methodische Grundlagen und praktische Anwendung. 12. überarb. u. erw. Aufl: Gabler Verlag| Springer Fachmedien Wiesbaden.

Bleymüller, J., Weißbach, R., Gehlert, G., & Gülicher, H. (2015). *Statistik für Wirtschaftswissenschaftler*: Vahlen.

Borg, I. (2013). *Anwendungsorientierte Multidimensionale Skalierung* (Vol. 1): Springer-Verlag.

Bortz, J., & Döring, H. (2002). Evaluation und Forschungsmethoden: Berlin: Springer.

Bortz, J., & Döring, N. (2007). *Forschungsmethoden und Evaluation für Human- und Sozialwissenschaftler: Limitierte Sonderausgabe*: Springer-Verlag.

Bortz, J., & Döring, N. (2013). *Forschungsmethoden und evaluation*: Springer-Verlag.

Bronner, R., Appel, W., & Wiemann, V. (1999). Empirische Personal- und Organisationsforschung. München, Wien: Walter de Gruyter GmbH & Co KG, 32.

Buber, R., & Holzmüller, H. H. (2007). Qualitative Marktforschung. *Konzepte–Methoden–Analysen*. Wiesbaden: Gabler.

Bullough, V. L. (1998). Alfred Kinsey and the Kinsey Report: Historical overview and lastnig contributions.

Bungard, W. (1984). *Sozialpsychologische Forschung im Labor*. Verlag für Psychologie Hogrefe.

Büyüköztürk, Ş., & Çokluk-Bökeoğlu, Ö. (2008). Discriminant function analysis: Concept and application. *Eurasian Journal of Educational Research, 33*, 73–92.

Buzzle, R., & Gale, B. (1989). *PIMS/Das PIMS-Programm. Strategien und Unternehmenserfolg*. Wiesbaden: Springer Gabler.

Cattell, R. B. (1950). Personality: A systematic theoretical and factual study: McGraw-Hill, 1st edn.

Cattin, P., & Wittink, D. R. (1982). Commercial Use of Conjoint Analysis: a Survey. *Journal of Marketing, 46*, 44–53.

https://doi.org/10.1515/9783486709728-010

Chlosta, S. (2005). *Einfluss der Persönlichkeit auf die Gründungsaktivität und den Gründungserfolg.* Oestrich-Winkel: European Business School.

Cooper, H. M. (1988a). *The integrative research review: a systematic aproach*: Sage Publications.

Cooper, H. M. (1988b). Organizing knowledge syntheses: A taxonomy of literature reviews. *Knowledge in Society, 1*(1), 104–126.

Cranach, M. v., & Frenz, H.-G. (1969). Systematische Beobachtung. *Handbuch der Psychologie, 7*, 1.

Diekmann, A. (2005). *Empirische Sozialforschung: Grundlagen, Methoden, Anwendungen.* Reinbek bei Hamburg: Rowohlt Taschenbuch Verlag.

Eisenhardt, K. M. (1989). Building theories from case study research. *Academy of management review, 14*(4), 532–550.

Engelkamp, P., & Sell, F. L. (2011). *Einführung in die Volkswirtschaftslehre*: Springer-Verlag.

Fisher, R. A. (1936). The use of multiple measurements in taxonomic problems. *Annals of Eugenics, 7*, 179–188.

Flury, B., & Riedwyl, H. (1983). *Angewandte multivariate Statistik: computergestützte Analyse mehrdimensionaler Daten*: G. Fischer.

Fornell, C.,& Bookstein, F.L. (1982). Two Structural Equation Models: LISREL and PLS Applied to Consumer Exit-Voice Theory. *Journal of Marketing Research, 19*(4).

Friedrichs, J. (1990). *Methoden empirischer Sozialforschung*: Springer-Verlag.

Gabler, S. (1992). Schneeballverfahren und verwandte Stichprobendesigns. ZUMA-Nachrichten, 1992, Nr. 31, S. 47–69.

Glaser, B. G., & Strauss, A. L. (2009). *The discovery of grounded theory: Strategies for qualitative research*: Transaction Publishers.

Glass, G. V. (1976). Primary, secondary, and meta-analysis of research. *Educational researcher*, 3–8.

Goldstein, M., & Dillon, W. R. (1978). *Discrete discriminant analysis*: Wiley.

Green, P. E., & Rao, V. R. (1971). Conjoint Analysis for Quantifying Judgmental Data. *Journal of Marketing Research, 13*, 355–363.

Greving, B. (2009). *Messen und Skalieren von Sachverhalten*: Springer.

Gröppel-Klein, A., & Königstorfer, J. (2009). Projektive Verfahren in der Marktforschung *Qualitative Marktforschung* (S. 537–554): Springer.

Hair Jr., J. F., Hult, G. T. M., Ringle, C., Sarstedt, M. (2014). A Primer on Partial Least Squares structural Equation Modeling (PLS-SEM): Sage Publications, Inc.

Hauschildt, J. (2003). Zum Stellenwert der empirischen betriebswirtschaftlichen Forschung. *Empirie und Betriebswirtschaft–Entwicklungen und Perspektiven*, 3–23.

Hauschildt, J., & Grün, O. (1993). Ergebnisse empirischer betriebswirtschaftlicher Forschung. *Zu einer Realtheorie der Unternehmung*: Schäffer-Poeschel Verlag Stuttgart.

Holsti, O. R. (1968). Content analysis. *The handbook of social psychology, 2*: John Wiley & Sons, Inc., Hoboken, New Jersey, 596–692.

Holtmann, D. (2010). Grundlegende multivariate Modelle der sozialwissenschaftlichen Datenanalyse: Universitätsverlag Potsdam.

Homburg, C. (2000). Entwicklungslinien der deutschsprachigen Marketingforschung. *Deutschsprachige Marketingforschung. Bestandsaufnahme und Perspektiven*: Schäffer-Poeschel Stuttgart, 340–360.

Homburg, C., & Pflesser, C. (2000). Konfirmatorische Faktorenanalyse. *Marktforschung: Methoden, Anwendungen, Praxisbeispiele, 2*, 413–437.

Huber, F., Hermann, A., Meyer, F., Vogel, J., & Vollhardt, K. (2007). Kausalmodellierung mit Partial Least Squares – Eine anwendungsorientierte Einführung. *1*: Gabler Verlag.

Jöreskog, K. G. (1969). A general approach to confirmatory maximum likelihood factor analysis. *Psychometrika, 34*(2), 183–202.

Kaiser, H. F. (1970). A second generation little jiffy. *Psychometrika, 35*(4), 401–415.

Kant, I. (1781). *Kritik der reinen Vernunft*. Riga: verlegts Johann Friedrich Hartknoch.

Keppler, W. (1975). *Empirische Organisationsforschung im deutschen Sprachraum*. Speyer: Dt. Univ. für Verwaltungswiss. Speyer.

Kieser, K. (1992). Organisation/Alfred Kieser, Herbert Kubicek: *Organisation*. 3. Aufl., Berlin–New York: De Gruyter.

Kirsch, W. (1981). Über den Sinn der empirischen Forschung in der angewandten Betriebswirtschaftslehre. *Der praktische Nutzen empirischer Forschung*. Tübingen: J.C.B. Mohr, 189–229.

Klandt, H. (1984). *Aktivität und Erfolg des Unternehmungsgründers: eine empirische Analyse unter Einbeziehung des mikrosozialen Umfeldes*: Eul.

Klandt, H. (1990). *Empirische Exploration zur Entwicklung einr Struktur von Betriebsvergleichszahlen für Software-und Systemhäuser unter Berücksichtigung der Unternehmens-Lebensphasen*: Gesellschaft für Mathematik und Datenverarbeitung mbH.

Klandt, H. (2006). *Gründungsmanagement: Der Integrierte Unternehmensplan: Business Plan als zentales Instrument für die Gründungsplanung*: Oldenbourg Verlag.

Klandt, H., & Nathusius, K. (1977). *Zur Struktur und Entwicklung der Gewerbemeldungen 1973 [ie neunzehnhundertdreiundsiebzig] bis 1975 [ie neunzehnhundertfünfundsiebzig] in Nordrhein-Westfalen: Analyse d. Gewerbeanmeldungen u.-abmeldungen*: Schwartz.

Krämer, W. (2005). So lügt man mit Statistik. *Beiträge zum Mathematikunterricht 2005*.

Kubicek, H. (1976). *Heuristische Bezugsrahmen und heuristisch angelegte Forschungsdesign als Elemente einer Konstruktionsstrategie empirischer Forschung*: Freie Universität Berlin. Fachbereich Wirtschaftswissenschaft. Institut für Unternehmungsführung.

Kuß, A. (2013). *Marketing-Theorie*: Springer.

Kuß, A., & Eisend, M. (2010). Marktforschung. *Grundlagen der Datenerhebung und Datenanalyse, 3*: Springer Gabler.

Leiprecht, R., & Bibouche, S. (2011). *„Nichts ist praktischer als eine gute Theorie": Theorie, Forschung und Praxis im Kontext von politischer Kultur, Bildungsarbeit und Partizipation in der Migrationsgesellschaft*: BIS-Verlag der Carl von Ossietzky Universität.

Lienert, G. A., & Raatz, U. (1961). *Testaufbau und Testanalyse (Vol. 3)*. Weinheim: Beltz.

Luce, R. D., & Tukey, J. W. (1964). Simultaneous Conjoint Measurement: A New Type of Fundamental Measurement. *Journal of Mathematical Psychology, 1*(17).

Lück, H. E. (2013). *Forschungsartefakte und nicht-reaktive Meßverfahren (Vol. 27)*: Springer-Verlag.

Maimon, O., & Rokach, L. (2005). *Data mining and knowledge discovery handbook (Vol. 2)*: Springer.

Martin, A. (1989). *Die empirische Forschung in der Betriebswirtschaftslehre*: Poeschel Stuttgart.

Mayring, P. (2007). *On generalization in qualitatively oriented research*. Paper presented at the Forum Qualitative Sozialforschung/Forum: Qualitative Social Research.

McClelland, D. C. (1967). *Achieving society*: Simon and Schuster.

McLachlan, G. (2004). *Discriminant analysis and statistical pattern recognition (Vol. 544)*: John Wiley & Sons.

Meinel, C., Weinberg, U., & Krohn, T. (2015). *Design thinking live*. Murmann, Hamburg.

Müller-Böling, D. (1992). Methodik der empirischen Organisationsforschung. *Handwörterbuch der Organisation, 3*, 1491–1505.

Müller-Böling, D., & Klandt, H. (1993). *Methoden empirischer Wirtschafts-und Sozialforschung: eine Einführung mit wirtschaftswissenschaftlichem Schwerpunkt*: Förderkreis Gründungs-Forschung.

Orne, M. T. (2009). Demand characteristics and the concept of quasi-controls. *Artifacts in Behavioral Research: Robert Rosenthal and Ralph L. Rosnow's Classic Books*. Oxford University Press. DOI: 10.1093/acprof:oso/9780195385540.001.0001, 110.

Osgood, C. E. (1959). The representational model and relevant research methods. *Trends in content analysis*, 33–88.

Pearson, K. (1901). On lines and planes of closest fit to systems of points in space. *Philosophical Magazine, 6* 557–572.

Popper, K. (2005). *The logic of scientific discovery*. London and New York: Routledge.

Raab, G., Unger, A., & Unger, F. (2004). Methoden der Marketing-Forschung. *Grundlagen und Praxisbeispiele*, Wiesbaden: Gabler Verlag.

Raab, G., Unger, A., & Unger, F. (2009). Methoden der Marketing-Forschung. 2: Springer Gabler.

Raffe, H., & Abel, B. (1979). *Wissenschaftstheoretische Grundlagen der Wirtschaftswissenschaften*. München: Books on Demand GmbH, Norderstedt.

Randolph, J. J. (2009). A guide to writing the dissertation literature review. *Practical Assessment, Research & Evaluation, 14*(13), 2.

Rasch, B., Friese, M., Hofmann, W. J., Naumann (2010). Quantitative Methoden 2. Einführung in die Statistik für Psychologen und Sozialwissenschaftler.

Reichertz, J. (2000). *Abduktion, Deduktion und Induktion in der qualitativen Forschung*: na.

Reinecke, J. (2014). *Strukturgleichungsmodelle in den Sozialwissenschaften*: Walter de Gruyter GmbH & Co KG.

Rogge, K.-E. (2013). *Methodenatlas*: Springer-Verlag.

Rowley, J., & Slack, F. (2004). Conducting a literature review. *Management Research News, 27*(6), 31–39.

Schefczyk, M. (2004). *Erfolgsstrategien deutscher Venture-Capital-Gesellschaften: Analyse der Investitionsaktivitäten und des Beteiligungsmanagements von Venture-Capital-Gesellschaften*: Schäffer-Poeschel.

Schmidt, M., & Hollensen, S. (2006). *Marketing research: An international approach.*. Essex: Pearson Education.

Schnell, R., Hill, P. B., & Esser, E. (2011). *Methoden der empirischen Sozialforschung*: Oldenbourg Verlag.

Schwaiger, M., & Harhoff, D. (2003). *Empirie und Betriebswirtschaft*: Stuttgart: Schäffer Poeschel.

Spearman, C. (1904). General intelligence, objectively determined and measured. *American Journal of Psychology, 15*, 201 – 293.

Strauss, A. L. (1994). *Grundlagen qualitativer Sozialforschung: Datenanalyse und Theoriebildung in der empirischen soziologischen Forschung*: UTB.

Struck, J. (1998). Gründungsstatistik als Informationsquelle der Wirtschaftspolitik. Eine empirische Analyse statistischer Quellen mit internationalem Vergleich, in Klandt, H.(Hrsg.): „FGF-Entrepreneurship-Research-Monografien", Bd. 13.

Szyperski, N., & Müller-Böling, D. (1978). *Das Planungsbewußtsein von Planungspraktikern und Planungsstudenten: eine empirische Analyse*. Zeitschrift für Organisation.

Thies, E. (2012). Der deutsche MMPI-2: Effektivität der Validitätsskalen in der Aufdeckung von Antwortverzerrung. Marburg: Tectum-Verl.

Vetter, A. (1997). Political Efficacy-Reliabilitat und Validitat. *Alte und neue Meßmodelle im Vergleich. Wiesbaden: Deutscher Universitätsverlag.*

Witt, F. H. (2013). *Theorietraditionen der betriebswirtschaftlichen Forschung: deutschsprachige Betriebswirtschaftslehre und angloamerikanische Management-und Organisationsforschung* (Vol. 153): Springer-Verlag.

Witt, H. (2001). Forschungsstrategien bei quantitativer und qualitativer Sozialforschung. *Forum Qualitative Sozialforschung/Forum: Qualitative Social Research, 2*, 1.

Witte, E. (1981). *Der praktische Nutzen empirischer Forschung*: JCB Mohr.

Wittink, D. R., & Cattin, P. (1981). Alternative Estimation Methods for Conjoint Analysis: A Monte Carlo Study. *Journal of Marketing Research, 18*, 101–106.

Woll, A. (2014). *Volkswirtschaftslehre*: Vahlen.

Wörterbuch, W. D. (2000). Gütersloh: München: Bertelsmann Lexikon Verlag.

Stichwortverzeichnis

https://doi.org/10.1515/9783486709728-011